공학도를 위한

기초미적분학

박정준 · 신현혜 · 이혜경 · 정계선 · 최건돈

KM 경문사

머리말

기록문화가 발전하고 정보를 공유할 수 있는 통로도 다양해진 현대의 인간의 삶은 정보를 얼마나 바르게 분석하느냐에 따라 그 질이 달라진다. 그러나 쏟아지는 정보를 어떻게 분석할 것이냐 하는 문제는 그리 단순하지 않다. 이는 많은 경험이나 지식으로만 해결되는 문제가 아니기 때문에 주어진 문제를 파악하고 논리적인 분석을 할 수 있는 능력이 더욱 요구된다.

그만큼 중요한 수학을 누구나 잘할 수 있는 것은 아니다. 대부분의 분야가 그렇지만 수학 역시 많은 연습이 필요한 학문이다. 대학 교육에 있어서의 수학은 문제를 위한 문제를 해결하는 능력만으로는 목적을 달성하기 어렵다. 참신하고 기발한 아이디어만 가지고는 산재해 있는 많은 문제를 해결하기는 힘들며 오랜 기간의 사고와 연습을 통하여 그 뜻을 파악하고 적용하는 능력이 필요하다.

이 책은 대학에서 배울 미적분학을 이해하는데 반드시 필요한 부분을 충분히 연습시키려고 노력하였다. 특히 고등학교에서의 미적분학과 대학에서의 미적분학의 간극을 줄이는데 좋은 가교역할을 하기를 바라면서 집필하였다.

책의 내용은 고등학교에서 배운 미적분학의 아주 기본적인 사항만 알고 있으면 이해할 수 있도록 하기 위해 노력했다. 필요하다면 기초적이지만 반드시 알아야 하는 내용 예컨대 집합, 함수 및 삼각함수나 지수함수와 같은 기본적인 함수의 정의 등을 포함시켰다. 미적분학에 등장하는 대부분의 정리의 증명은 고급 수준을 요구하고 있으므로 생략했지만 필요에 따라서는 정리에 대한 엄밀한 증명을 실었다. 증명의 내용이 이해하기 어려운 경우 증명을 생략하고 정리의 내용을 충분히 이해하는 것으로 학습을 진행해도 무방하다. 연습문제는 해답을 첨부하였는데 필요하다고 판단되는 경우에만 그 풀이를 첨가하였다. 수업에 활용할 경우는 한 학기(15주 내지 16주)의 분량으로 계획되었다. 하지만 수업을 통하지 않고 학생 스스로 읽어

나가면서 학습해도 좋도록 다양한 그림과 설명을 첨가하였다.

이 책이 수많은 수학책들 중에 하나이며 수학을 잘 할 수 있게 해준다고 주장하는 책 중 하나일지도 모르지만 학생들의 노력의 결실로 각자에게 특별한 책으로 만들어지길 바라면서, 책을 출판하는데 많은 도움을 주신 서울시립대학교 공학교육혁신센터장님 이하 선생님들과 아낌없는 정성을 쏟아주신 경문사 관계자 분들께도 깊은 감사의 마음을 표합니다.

2011년 12월　저자 일동.

차 례

제1장 ‖ 집합과 함수

제2장 ‖ 미분법

제3장 ‖ 도함수의 응용

제 1 장

집합과 함수

1.1 들어가기

수학은 약속의 학문이자 세상을 표현하는 지적인 언어이다. 그렇기 때문에 수학을 알고자 하는 사람이나, 수학을 통해 세상을 보려는 사람은 수학이라는 테두리 내에서 정해놓은 약속을 정확히 알고 있어야 한다. 이러한 약속을 정의라 한다. 그런 이유로 수학을 정의의 학문이라 부르기도 한다. 여기서는 이 책에서 사용할 기본적인 용어에 대한 정의와 기호 등을 소개하려고 한다.

1. 집합

모든 수학적인 전개는 집합의 바탕 위에서 이루어진다. 여기서는 집합의 표현법에 관한 기호를 정의하기로 한다. 집합은 영문 대문자로 쓰고 집합의 원소를 표현할 때는 영문 소문자를 쓰며 "**a는 집합 A의 원소이다**"라는 말은 기호로 다음과 같이 쓴다.

$$a \in A.$$

집합을 표현하는 방법은 원소나열법과 조건제시법을 사용한다. 특히 미적분학이 실수에서의 수학을 다루기 때문에 집합이 무한의 원소를 가지고 있는 경우가 많고, 일일이 원소를 나열하는 것이 불가능한 경우가 많아 주로 조건제시법을 쓰게 된다. 예를 들면, "집합 A는 0보다 크거나 같고 1보다 작은 실수의 집합이다"라는 문장은 다음과 같이 쓸 수 있다.

$$A = \{ a \mid 0 \le a < 1 \}.$$

미분적분학에 자주 쓰이는 실수의 부분집합 중 몇 가지를 쓰면 다음과 같다.

$$(a,\ b) = \{x \in \mathbb{R} \mid a < x < b\},\ (a,\ b] = \{x \in \mathbb{R} \mid a < x \le b\},$$
$$[a,\ b) = \{x \in \mathbb{R} \mid a \le x < b\},\ [a,\ b] = \{x \in \mathbb{R} \mid a \le x \le b\}.$$

첫 번째 줄의 첫 번째 집합을 **개구간**, 두 번째 줄의 두 번째 집합을 **폐구간**이라 부르며 나머지는 **반개구간** 또는 **반폐구간**이라 부른다.

두 집합 A와 B의 **곱집합**을 $A \times B$로 쓰고 다음과 같이 정의한다.

$$A \times B = \{(a,\ b) \mid a \in A \text{이고 } b \in B\}.$$

위의 집합의 원소 $(a,\ b)$를 **순서쌍**이라 부른다. 이 표현은 개구간 $(a,\ b)$와 혼란을 일으킬 염려가 있으니 문맥을 통하여 그 의미를 파악하도록 한다. 좌표평면을 표현할 때 $\mathbb{R}^2$을 사용하는 경우가 많은 데, 이는 $\mathbb{R} \times \mathbb{R}$을 간단히 표현한 것이다.

예제 1.1.1 집합 $A = \{1,\ 2\}$와 집합 $B = \{3,\ 4\}$에 대한 곱집합 $A \times B$는 다음과 같다. 즉,

$$A \times B = \{(1,\ 3),\ (1,\ 4),\ (2,\ 3),\ (2,\ 4)\}.$$

2. 함수

과거 함수의 개념은 관계식에 초점이 맞추어져 있었다. 예를 들어 "$x^2 + 1$과 같은 식의 x에 2를 넣으면 어떻게 될까?"와 같은 물음에 관련된 부분이었다. 그러나 현대 수학에서 함수의 개념은 집합을 바탕으로 한 대응의 개념으로 바뀌게 된다. 단순한 관계식이 아닌 대응으로 함수를 이해하는 것은 수학의 주요 개념을 이해하는데 아주 중요한 단서가 된다.

정의 1.1.1

두 집합 X와 Y에 대하여, **집합 X에서 집합 Y로의 함수**를 $f : X \to Y$ (간단히 f)로 쓰고 "집합 X의 각 원소 x가 집합 Y의 정확히 하나의 원소 y에 대응되는 규칙"으로 정의하고 다음과 같이 쓴다. 즉,

$$y = f(x),\ \ x \in X.$$

이때 집합 X를 **정의역**, 집합 Y를 **공역**이라 하며, x에 대응되는 값 y를 "**x에 대한 함수 f의 값 또는 상**"이라 부른다. 특히 모든 x에 대한 f의 값의 집합 $f(X) = \{f(x) \mid x \in X\}$를 **치역**이라 한다. 이때 x와 y를 변수라고 부르는데, 원소 x를 **독립변수**라 하고 원소 y를 **종속변수**라 한다.

별도의 언급이 없을 경우 정의역은 실수 전체로 하기로 하고 함수가 실수의 특별한 부분집합에서만 의미가 있을 경우는 그 집합을 정의역으로 받아들이기로 한다. 예를 들어 $y=\dfrac{1}{x}$의 경우는 $\{\, x \mid x \neq 0 \,\}$을 정의역으로, $y=\sqrt{1-x^2}$의 경우는 $[-1,\ 1]$을 정의역으로 생각한다.

함수를 표현하는 또 다른 중요한 방법이 있다. 예를 들어 $x^2+y^2=1\ (x,\ y \geq 0)$이라는 식은 평면에서 원점을 중심으로 하고 반지름이 1인 원의 1사분면에 놓인 부분을 나타낸다. 이 식을 y에 대하여 정리하면 $y=\sqrt{1-x^2}$으로 표현되고 $y=f(x)$의 형태인 함수로 볼 수 있다. 즉 사분원을 나타내는 관계식을 함수의 개념으로 볼 수 있다. 이 경우 x가 독립변수이고 y는 종속변수이다.

그러나 같은 관계식 $x^2+y^2=1\ (x,\ y \geq 0)$을 x에 관해 정리한다면 $x=\sqrt{1-y^2}$이 되고 y가 독립변수가 된다. 즉 관계식 $x^2+y^2=1$을 함수로 볼 때 정리하는 방법에 따라 다른 독립변수를 취할 수 있게 된다.

이와 같이 주어진 함수가 하나의 변수(종속변수)에 대하여 정리되지 않은 상태의 관계식으로 표현될 때 이 관계식의 독립변수에 대한 정보가 숨어 있다는 뜻에서 "**음함수의 표현을 갖는다**" 또는 간단히 "**음함수**"라 부르며, 음함수와 구별하기 위해 $y=f(x)$의 형태는 "**양함수**"라 부른다.

하지만 일반적으로 음함수의 표현에 대한 고려를 할 필요가 없을 때는 $y=f(x)$ 형태의 함수를 구태여 양함수라 하지 않고 그냥 함수라 부른다. 여기서 음함수로 표현된 함수를 양함수로 표현하는 과정은 주어진 음함수 표현을 방정식으로 보고 종속변수를 정한 후, 정해진 종속변수에 대해 푸는 과정이다. 그렇기 때문에 방정식을 푸는 것이 불가능한 경우는 양함수로 표현할 수 없음을 기억해두자.

예제 1.1.2 $x^3+y^3=6xy$는 음함수의 형태이다. 이는 데카르트의 엽선이라고 부르는 곡선을 나타내는 관계식이다. 이때 주어진 관계식을 y에 대하여 풀 수 있다. 3차 방정식이므로 세 개의 근을 가지며 그 중 가장 간단한 형태의 근은 다음과 같다.

$$y=\sqrt[3]{-\frac{1}{2}x^3+\sqrt{\frac{1}{4}x^6-8x^3}}+\sqrt[3]{-\frac{1}{2}x^3-\sqrt{\frac{1}{4}x^6-8x^3}}\,.$$

나머지 두 개의 근은 위의 표현보다 좀더 복잡하다. 우리가 음함수에 주목하는 이유는 이 복잡한 식을 다루는 것보다 $x^3+y^3=6xy$를 직접 다루는 것이 더 간단하기 때문이다.

3. 함수의 그래프

함수를 이해하고자 할 때 자주 쓰는 매우 중요한 도구가 바로 그래프이다.

정의 1.1.2

함수 $f: X \to Y$ 의 **그래프**는 다음과 같이 좌표평면$\mathbb{R}^2$ 의 부분집합으로 정의한다. 즉,

$$G(f) = \{ (x, f(x)) \mid x \in X \}.$$

위의 집합을 평면 위에 그림으로 표현한 것이 흔히 이해하고 있는 그래프이다. 이때 정의역은 x축 위에 있고 공역 및 치역은 y축 위에 있다. 즉 주어진 함수의 값은 y축 위에 있다.

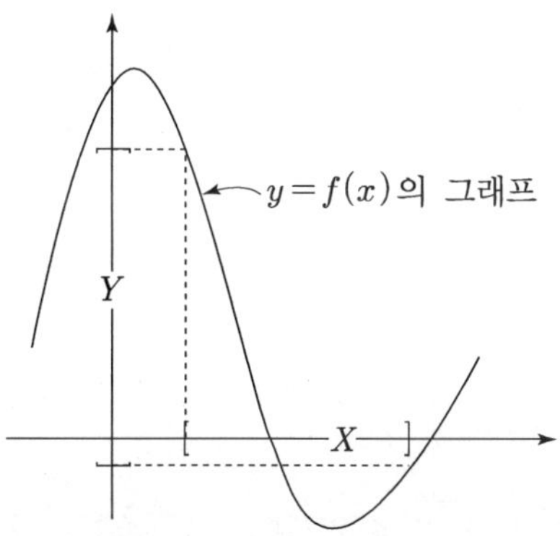

[그림 1.1] 함수의 그래프

4. 증가함수와 감소함수

독립변수의 값이 증가할 때 함숫값의 특별한 변화는 함수의 성질을 분석하는데 중요한 도구가 된다. 이에 관련된 개념을 소개하기로 하자.

정의 1.1.3

f가 X에서 Y로의 함수라 하고 x_1, x_2를 X의 임의의 원소라 하자.

(1) $x_1 < x_2$일 때, $f(x_1) < f(x_2)$를 만족하는 함수를 **증가함수**라 한다.

(2) $x_1 < x_2$일 때, $f(x_1) > f(x_2)$를 만족하는 함수를 **감소함수**라 한다.

예제 1.1.3 $y = x^2\ (x > 0)$은 증가함수이다.

풀이 x_1과 x_2가 양의 실수이고 $x_1 < x_2$라 하자.
$x_2^2 - x_1^2 = (x_2 - x_1)(x_2 + x_1)$이고 $x_1 + x_2 > 0$이며 $x_2 - x_1 > 0$이므로 $x_2^2 - x_1^2 > 0$을 얻는다. 이는 $x_2^2 > x_1^2$을 의미하며, 따라서 주어진 함수는 증가함수이다. □

5. 일대일 함수, 위로의 함수 및 일대일 대응함수

여기서는 특별한 성질을 가지고 있는 세 가지 함수를 소개하려고 한다.

정의 1.1.4

주어진 함수 $f: X \to Y$가 다음을 만족하면 이 함수를 **일대일 함수**라 한다. 즉,

$$f(x_1) = f(x_2)\text{이면 } x_1 = x_2.$$

$$(\text{또는 동치로서 } x_1 \neq x_2\text{이면 } f(x_1) \neq f(x_2))$$

위의 정의는 함수의 그래프와 수평선이 오직 한 점에서만 만난다는 뜻이다.

예제 1.1.4 함수 $y = x^3$은 일대일 함수임을 보여라.

풀이 $x_1^3 = x_2^3$이라 하자. 이 식으로부터 다음의 계산을 얻는다.

$$0 = x_1^3 - x_2^3 = (x_1 - x_2)(x_1^2 + x_1 x_2 + x_2^2).$$

위 식을 만족하려면 $x_1 - x_2 = 0$이거나 $x_1^2 + x_1x_2 + x_2^2 = 0$이어야 한다. $x_1 - x_2 = 0$일 경우는 쉽게 $x_1 = x_2$를 얻는다. $x_1^2 + x_1x_2 + x_2^2 = 0$의 경우, 식을 다음과 같이 변형할 수 있다.

$$\left(x_1 + \frac{1}{2}x_2\right)^2 + \left(\frac{\sqrt{3}}{2}x_2\right)^2 = 0.$$

위 식을 만족하려면 제곱항이 모두 0이여야 하기 때문에 $x_1 = 0 = x_2$를 얻는다. 이 경우도 $x_1 = x_2$가 성립하므로 함수 $y = x^3$은 일대일 함수이다. □

증가함수나 감소함수는 일대일 함수의 중요한 예이다.

정리 1.1.1

증가함수(또는 감소함수)는 일대일 함수이다.

(증명) 주어진 함수 f가 X를 정의역으로 하는 증가함수라 하자. X의 임의의 서로 다른 두 원소를 각각 x_1과 x_2라 하고 $x_1 < x_2$라 하자. 증가함수의 정의에 의해 $f(x_1) < f(x_2)$이다. 그러므로 $f(x_1) \neq f(x_2)$를 얻는다. 감소함수의 경우도 증가함수와 같은 방법으로 증명할 수 있다. ■

정리 1.1.1은 일대일을 보이는 것보다 증가함수임을 보이는 것이 더 쉬운 경우에 사용한다. 예를 들어 미분을 배우게 되면 미분을 이용하여 비교적 손쉽게 주어진 함수가 증가함수나 감소함수가 되는지를 확인할 수 있다.

함수에 대한 역관계는 중요한 의미가 있는데 이 역관계가 함수가 되기 위한 중요한 조건이 다음에 소개하는 정의이다.

정의 1.1.5

만약 치역이 공역과 같다면 그 함수를 **위로의 함수**라 한다. 즉, $f(X)=Y$ 일 경우를 말한다. 일대일 함수이면서 위로의 함수인 경우 **일대일 대응함수**라 한다.

6. 역함수

주어진 함수의 종속변수로부터 독립변수를 찾는 관계는 미분적분학뿐 아니라 이학 및 공학에서도 아주 중요한 역할을 담당한다. 이런 관계를 찾는 일이 가능하면 더욱 다양하게 함수를 다룰 수 있게 되기 때문이다. 예를 들어, 어떤 장치의 입력정보에 대하여 출력정보를 알 수 있는 식을 함수로 표현했다면, 원하는 출력을 얻기 위해 어떤 입력을 해야 하는가 하는 문제는 함수를 사용하여 해결할 수 있게 된다. 이를 위해 필요한 개념이 역함수이다.

정의 1.1.6

주어진 함수 $f: X \to Y$ 에 대하여 $g: Y \to X$ 를 다음과 같이 정의하자. 즉,

$$g(y)=x \quad \text{이때} \quad y=f(x).$$

이 역관계가 함수가 되면 이 함수를 **함수 f의 역함수**라 하고 이때 g를 f^{-1}으로 쓴다.

역함수가 존재하기 위해서는 주어진 함수가 일대일 대응이어야 한다. 즉 f^{-1}가 모든 $y \in Y$ 에 대하여 대응되는 규칙을 갖기 위해서는 주어진 함수 f가 위로의 함수여야 하고([그림 1.2] (2) 참조), $y \in Y$ 가 f^{-1}에 의해 정확히 하나의 X 의 원소에 대응되기 위해서는 f가 일대일 이어야 한다([그림 1.2] (1) 참조). 그러므로 f는 일대일 대응함수여야 한다. 이를 정리하면 다음과 같다.

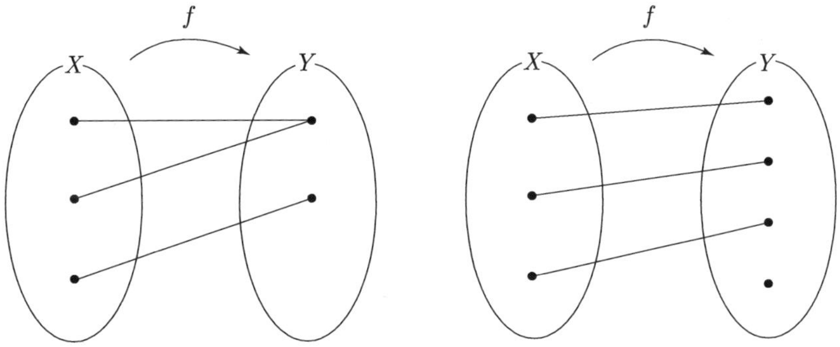

(1) f가 일대일이 아닌 경우 (2) f가 공역과 치역이 다른 경우

[그림 1.2]

정리 1.1.2

주어진 함수 $f: X \to Y$가 일대일 대응함수일 때, f의 역함수가 존재한다. 역으로 역함수를 갖는다면 주어진 함수는 일대일 대응이다.

함수 $y=f(x)$가 일대일 대응함수일 때 역함수를 구하는 과정은 다음과 같다.

(1) $y=f(x)$를 방정식으로 보고 x를 y의 식으로 나타낸다.

(2) (1)번 단계가 가능하여 $x=f^{-1}(y)$로 표현된다면, x와 y를 서로 바꾸어서 얻어진 식 $y=f^{-1}(x)$가 $y=f(x)$의 역함수이다.

역함수를 구하는 과정은 방정식을 푸는 과정이기 때문에 주어진 함수가 일대일 대응함수가 되어 역함수가 있다는 사실을 알고 있더라도 방정식을 풀 수 없어 역함수를 구할 수 없는 경우도 있다.

역함수는 독립변수와 종속변수의 역할을 바꾸어 얻어진 함수이기 때문에 역함수의 그래프와 원래 함수의 그래프는 직선 $y=x$에 대하여 대칭이다.

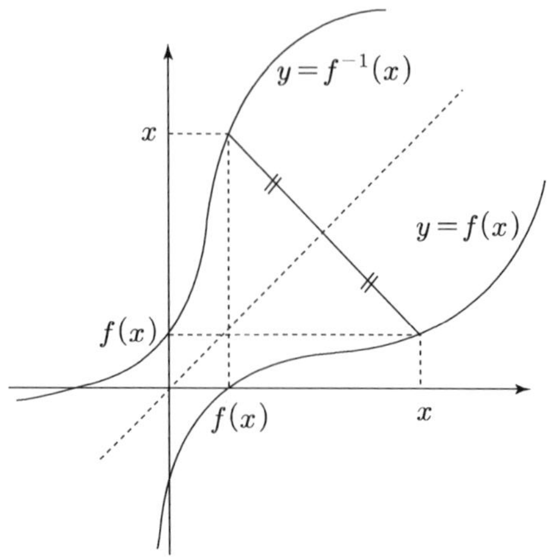

[그림 1.3]

역함수를 알고 있으면 주어진 관계식을 간단하게 할 수도 있는데 이와 관련된 역함수의 기본적인 정리는 다음과 같다.

정리 1.1.3

함수 $f: X \to Y$가 역함수를 갖는다고 하면 다음의 식이 성립한다.

(1) 모든 X의 원소 x에 대하여, $(f^{-1} \circ f)(x) = f^{-1}(f(x)) = x$가 성립한다.

(2) 모든 Y의 원소 y에 대하여, $(f \circ f^{-1})(y) = f(f^{-1}(y)) = y$가 성립한다.

위의 두 식을 **소거방정식**이라 부른다. 특히 (1)의 식은 모든 X의 원소에 대하여만 만족하며 (2)의 식은 모든 Y의 원소에 대하여만 만족한다는 사실을 강조한다. 즉, X에서 X 위로의 항등함수를 I_X로 나타낸다면, $f^{-1} \circ f = I_X$이고, 유사하게 $f \circ f^{-1} = I_Y$이다. 같은 항등함수라 하더라도 $X \neq Y$일 경우 $I_X \neq I_Y$이므로 $f^{-1} \circ f \neq f \circ f^{-1}$임을 숙지해야 한다. 물론 $X = Y$일 경우는 $f^{-1} \circ f = f \circ f^{-1}$이다.

예제 1.1.5 (1) $f(x) = x^3$의 역함수는 $f^{-1}(x) = \sqrt[3]{x}$이다. 두 함수 모두 정의역과 치역이 실수 전체이므로 다음의 식이 항상 성립한다.

$$(f^{-1} \circ f)(x) = \sqrt[3]{x^3} = x = (\sqrt[3]{x})^3 = (f \circ f^{-1})(x).$$

(2) $f(x) = x^2 + 1 \ (x \geq 0)$의 역함수는 $f^{-1}(x) = \sqrt{x-1} \ (x \geq 1)$이다. 그러므로 관계식 $(f^{-1} \circ f)(x) = \sqrt{(x^2+1)-1} = x$는 $x \geq 0$에서 성립하지만 $(f \circ f^{-1})(x) = (\sqrt{x-1})^2 + 1 = x$는 $x \geq 1$에서만 성립한다. 즉 $f^{-1} \circ f \neq f \circ f^{-1}$이다.

연 · 습 · 문 · 제 1.1

EXERCISES

1. 다음에 주어진 집합 A와 B에 대하여 다음 물음에 답하여라.

$$A = \{1, 2, 3\}, \ B = \{a, b\}.$$

(1) $A \times B$를 구하여라.

(2) $A \times B$의 부분집합의 개수를 구하여라.

(3) $A \times B$의 부분집합 중 부분집합의 원소 (x, y)를 $y = f(x)$의 형태로 표현했을 때, 이 f가 함수가 되는 집합을 모두 구하여라.

2. 다음에 주어진 함수의 정의역을 구하여라.

(1) $f(x) = \sqrt{1-x^2}$

(2) $f(x) = \dfrac{x+2}{x^2+x-2}$

(3) $f(x) = \sqrt{(x-1)(x-2)(x-3)}$

(4) $f(x) = \sqrt{\dfrac{1-x^2}{x^2-3x+2}}$

3. 다음 함수의 그래프를 그려라.

(1) $y = x^2 + 3x + 4$

(2) $y = |x|^2 + 3|x| + 4$

(3) $y = \sqrt{1-x^2}$

(4) $y = \dfrac{2x+3}{5x-1}$

4. 다음 함수가 일대일임을 보이고 일대일 대응이 되기 위한 공역을 정하여라.

(1) $y = \frac{x+1}{2x-1}$
(2) $y = \sqrt{1-x} + 2$
(3) $y = 1 - \sqrt{x+3}$
(4) $y = \frac{x+1}{x^2+3x+2}$

5. 다음 함수의 역함수를 구하여라.

(1) $y = \frac{x+1}{2x-1}$
(2) $y = \sqrt{1-x} + 2$
(3) $y = 1 - \sqrt{x+3}$
(4) $y = \frac{x+1}{x^2+3x+2}$

6. 함수 $f: X \to Y$ 와 $g: Y \to Z$ 에 대하여 다음 물음에 답하여라.

(1) f 와 g 가 모두 일대일 함수이면 $g \circ f$ 가 일대일 함수임을 보여라.

(2) f 와 g 가 모두 위로의 함수이면 $g \circ f$ 가 위로의 함수임을 보여라.

(3) (1)과 (2)로부터 일대일 대응함수의 합성은 일대일 대응함수임을 확인하고 $g \circ f$ 의 역함수를 구하여라.

(4) $g \circ f$ 가 일대일 함수이면 f 와 g 가 모두 일대일 함수인지를 말하고 그렇지 않다면 반례를 들어라.

(5) $g \circ f$ 가 위로의 함수이면 f 와 g 가 모두 위로의 함수인지를 말하고 그렇지 않다면 반례를 들어라.

1.2 수열

이공학에서 자주 등장하는 수학의 중요한 개념 중 하나가 수열이다. 수열의 말 그대로의 뜻은 "수를 나열한 것"이 틀림없다. 하지만 수학에서는 엄밀히 다음과 같이 정의한다.

정의 1.2.1

수열은 자연수에서 실수로의 함수이다.

자연수에서 실수로의 함수라는 뜻을 함수의 정의에 입각해서 말하면 "자연수 하나에 정확히 하나의 실수를 대응시키는 규칙"이라는 뜻이므로 자연수의 집합 $\mathbb{N}$의 모든 원소 n에 대하여 실수 $f(n)$에 대응시키는 규칙이다. 우리는 이러한 함수를 사용할 일이 많기 때문에, $f(n)$ 대신에 a_n으로 줄여서 쓰기로 한다. 이때 a_n을 n **번째 항**이라 부른다. 앞으로 수열을 나타낼 때는 다음과 같은 기호를 쓰고자 한다.

$$\{a_1,\ a_2,\ a_3,\ \cdots\},\ \{a_n\}_{n=1}^{\infty},\ \{a_n\},\ (a_n)_{n=1}^{\infty},\ (a_n).$$

수열은 함수이기 때문에 그래프를 생각할 수 있다. 수열 $\{a_n\}_{n=1}^{\infty}$의 그래프는 정의역이 자연수의 집합이므로 자연수에서만 값을 갖는 그래프가 된다.

고등학교에서 배운 수열의 많은 예들을 통해 수열은 어떤 규칙이 있어야 한다고 생각할 수도 있겠지만 수열은 단순히 자연수에서 실수로의 함수이기 때문에 특별한 관계식으로 표시될 필요는 없다. 예를 들어 비순환 무한소수 중 하나인 $\pi = 3.141592\cdots$에서 각 자리 수의 값을 수열로 본다고 하자. 즉, $a_1 = 3,\ a_2 = 1,\ a_3 = 4,\ \cdots$. 이는 분명히 자연수에서 실수로의 함수이므로 수열이 된다.

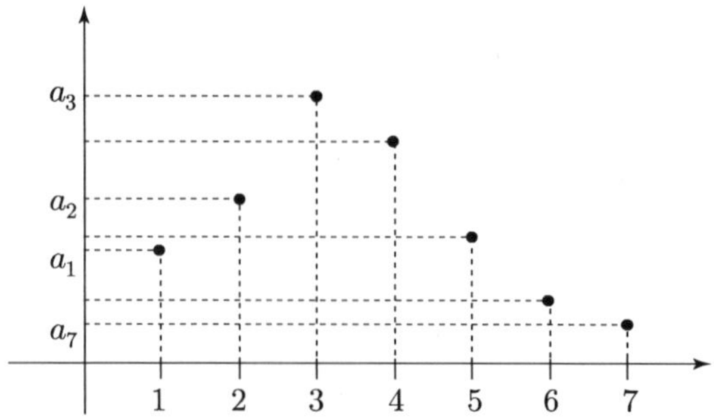

[그림 1.4] 수열의 그래프

예제 1.2.1 다음은 수열의 예이다.

(1) $\{1,\ -1,\ 1,\ -1,\ \cdots\}$

(2) $\{1,\ 1,\ 2,\ 3,\ 5,\ 8,\ 13,\ \cdots\}$

(3) $\left\{\dfrac{n}{n+1}\right\}_{n=1}^{\infty}$

(4) $\{3,\ 3,\ 3,\ \cdots\}$

수열의 항이 거듭될수록 어떠한 경향을 보이는 경우를 생각해보자. 각 항의 값이 어떤 값에 가깝게 접근하는 경향을 띠는 경우 수열이 수렴한다고 한다. 하지만 "가깝게 접근하는 경향"이라는 말은 수학적으로 볼 때 매우 모호한 개념이다. 따라서 이를 엄밀히 할 필요가 있다. 인간의 능력으로는 n의 값을 ∞가 되도록 할 수 없다. 이 사실을 논리적으로 설명하는 과정은 n을 ∞까지 도달하게 하지 않고도 알 수 있다는 사실을 말해주면 된다.(이러한 극한의 엄밀한 정의는 19세기 초 코시에 의해 체계화되었다.) 하지만 지금 단계에서 수열의 수렴을 엄밀히 정의하거나 어떤 수열에 대한 수렴성을 입증하는 방법을 설명하지는 않겠다. 다만 간단한 경우의 몇 가지 사실을 증명 없이 받아들이고 이를 이용하여 몇 가지 주요 수열의 수렴값을 알 수 있으면 그것으로 지금 단계에서의 공부는 충분하다.

정의 1.2.2

주어진 수열 $\{a_n\}$이 항이 거듭될수록 어떤 실수 값 L로 한없이 가깝게 접근할 때, "**수열 $\{a_n\}$은 수렴한다**"라고 말하며, 다음과 같이 쓴다.

$$\lim_{n \to \infty} a_n = L.$$

수렴하지 않는 수열은 "**발산한다**"라고 말한다.

발산하는 경우 중 그 값이 무한이 커질 때 $\lim_{n \to \infty} a_n = \infty$로, 그 값이 한없이 작아질 때 $\lim_{n \to \infty} a_n = -\infty$로 표현한다.

이제 엄밀한 수렴의 정의를 모르더라도 기본적인 수열의 계산을 할 수 있게 하는 몇 가지 정리를 소개하려고 한다.

정리 1.2.1

c가 주어진 상수라 할 때, 다음이 성립한다.

(1) $\lim_{n \to \infty} c = c$ (2) $\lim_{n \to \infty} \frac{1}{n} = 0$

정리 1.2.1의 (1)은 상수 수열의 극한은 바로 그 상수 값을 갖는다는 뜻이고 (2)는 분모의 값이 분자의 값에 비해 한없이 커지면 그 수렴값이 0이 된다는 사실을 말한다. 위의 간단한 두 사실은 다음의 정리와 함께 다양한 수열의 극한에 대한 계산을 가능하게 해준다.

정리 1.2.2

α, β가 임의의 실수이고, $\lim_{n \to \infty} a_n = L$이며 $\lim_{n \to \infty} b_n = M$일 때, 다음이 성립한다.

(1) $\lim_{n \to \infty} (\alpha a_n + \beta b_n) = \alpha L + \beta M$. (선형성)

(2) $\lim_{n \to \infty} (a_n b_n) = LM$.

(3) $\lim_{n \to \infty} \left(\frac{a_n}{b_n}\right) = \frac{L}{M}$. (단, $M \neq 0$)

(4) 모든 n에 대하여, $a_n \leq b_n$이면 $L \leq M$.

(5) $\lim_{n \to \infty} \sqrt[n]{a_n} = \sqrt{L}$. ($a_n \geq 0$)

정리 1.2.1과 1.2.2를 사용하면 상당히 많은 수열의 극한값을 구할 수 있다.

예제 1.2.2 $\lim_{n\to\infty} \dfrac{2n^2+3n+1}{5n^2+7}$의 값을 구하여라.

풀이 이 수열의 분자와 분모를 각각 n^2으로 나누면 다음과 같다. 즉

$$\frac{2+3\left(\frac{1}{n}\right)+\left(\frac{1}{n}\right)\left(\frac{1}{n}\right)}{5+7\left(\frac{1}{n}\right)\left(\frac{1}{n}\right)}.$$

이 식에 정리 1.2.1과 1.2.2를 사용하면 그 극한이 $\frac{2}{5}$임을 알 수 있다.

□

정리 1.2.2를 사용하는 데는 세심한 주의가 필요하다. 정리의 가정을 만족하지 않는 경우는 정리를 사용하면 다음과 같은 오류가 생길 수 있다.

예제 1.2.3 수열 $\{n\}$와 $\left\{\frac{1}{n}\right\}$를 살펴보면 분명히 $\lim_{n\to\infty} n=\infty$이고 $\lim_{n\to\infty}\frac{1}{n}=0$이다. 그러나 $\lim_{n\to\infty}\left(n\cdot\frac{1}{n}\right)=\lim_{n\to\infty}1=1$이다.

그러므로 $\left(\lim_{n\to\infty} n\right)\left(\lim_{n\to\infty}\frac{1}{n}\right)\neq\lim_{n\to\infty}\left(n\cdot\frac{1}{n}\right)$이다.

미적분학에서는 위의 정리를 사용하여 손쉽게 구할 수 있는 극한 이외에도 계산이 더 복잡한 많은 극한을 다루게 된다. 이를 위해서 사용하는 중요한 정리가 있다.

정리 1.2.3

[압축정리] 수열 $\{a_n\}$, $\{b_n\}$ 및 $\{c_n\}$이 다음의 조건을 만족한다고 하자. 즉,

(1) 모든 n에 대하여, $a_n \le c_n \le b_n$이고

(2) $\lim_{n\to\infty} a_n=\lim_{n\to\infty} b_n=L$

이면 수열 $\{c_n\}$의 극한도 L 이다. 즉 $\lim_{n \to \infty} c_n = L$이다.

예제 1.2.4 $\lim_{n \to \infty} \frac{\sin n}{n}$의 값을 구하여라.

풀이 이 극한은 압축정리를 사용하면 손쉽게 구할 수 있다. $-1 \le \sin n \le 1$ 인 사실을 이용하면

$$-\frac{1}{n} \le \frac{\sin n}{n} \le \frac{1}{n}$$

을 얻는다. 두 수열 $\left\{-\frac{1}{n}\right\}$과 $\left\{\frac{1}{n}\right\}$의 극한이 모두 0인 사실과 압축정리를 사용하면 $\lim_{n \to \infty} \frac{\sin n}{n}$의 값도 0임을 쉽게 알 수 있다. □

무한등비수열은 첫 번째 항으로부터 항이 거듭될 때마다 고정된 공통의 비율을 가지고 진행되는 수열을 말한다. 즉 $\{a,\ ar,\ ar^2,\ ar^3,\ \cdots\}$의 형태를 갖는 수열을 말한다. 이때 r을 "공통된 비율"이라는 뜻으로 **공비**라 부른다. 이 수열은 공비에 따라 수렴하기도 하고 발산하기도 하는데 이를 정리하면 다음과 같다.

정리 1.2.4

무한등비수열 $\{a,\ ar,\ ar^2,\ ar^3,\ \cdots\}$에 대하여 다음이 성립한다.

(1) $-1 < r < 1$일 때, $\lim_{n \to \infty} ar^{n-1} = 0$.

(2) $r = 1$일 때, $\lim_{n \to \infty} ar^{n-1} = a$.

(3) $r = -1$, $r < -1$ 또는 $r > 1$일 때, 무한등비수열은 발산.

특별히 $a > 0$이고 $r > 1$인 경우 $\lim_{n \to \infty} ar^{n-1} = \infty$이다.

무한등비수열은 수열 자체로도 중요한 의미를 갖지만 무한등비급수나 그에 준하

는 많은 이론에서 중요한 역할을 담당한다.

예제 1.2.5 (1) $\lim_{n\to\infty}\left(\frac{2}{3}\right)^n = 0.$

(2) $\lim_{n\to\infty}\left(\frac{3}{2}\right)^n = \infty.$

(3) 수열 $\{(-1)^n\}$은 발산.

지금까지 배운 정리나 방법으로 계산할 수 없는 극한의 경우 약간의 변형을 통하여 계산할 수 있다.

예제 1.2.6 $\lim_{n\to\infty}(\sqrt{n+1}-\sqrt{n})$의 값을 구하여라.

풀이 이 경우 그 극한값은 $\infty-\infty$의 꼴이다. 그렇기 때문에 정리 1.2.2를 쓸 수 없다. 위의 수열은 다음과 같이 변형된다.

$$0 \le \sqrt{n+1}-\sqrt{n} = \frac{1}{\sqrt{n+1}+\sqrt{n}} < \frac{1}{\sqrt{n}} \le \frac{1}{n}. \quad (n \ge 1)$$

위 부등식에 압축정리를 사용하면 그 극한값이 0임을 알 수 있다.

□

이와 같이 $\infty-\infty$, $0\cdot\infty$, $\frac{0}{0}$, $\frac{\infty}{\infty}$, 1^∞ 등의 형태를 갖는 극한을 부정형이라 부른다. 부정형의 경우는 직접 정리를 사용할 수 없기 때문에 위의 예제 1.2.6과 같이 항의 형태를 적당히 변형하여 그 극한을 계산하여야 한다.

연·습·문·제 1.2

EXERCISES

1. 다음 주어진 수열이 수렴하는지 발산하는지를 정하고 수렴하는 경우 극한을 구하여라.

(1) $a_n = \dfrac{\sqrt{n}}{1+\sqrt{n}}$

(2) $a_n = \dfrac{5n^2+1}{3n^2+n}$

(3) $a_n = \dfrac{n^{3/2}+3n}{3n^2+2n}$

(4) $a_n = \dfrac{3n^2+1}{n^{3/2}+3n}$

(5) $a_n = \dfrac{\cos n}{n}$

(6) $a_n = 2+\cos n\pi$

(7) $a_n = \dfrac{n}{2^n}$

(8) $a_n = \dfrac{2^n}{n!}$

(9) $a_n = \dfrac{n\cos n}{n^2+1}$

(10) $a_n = \dfrac{1}{n^2}+\dfrac{2}{n^2}+\cdots+\dfrac{n}{n^2}$

2. 다음의 극한이 존재할 때 다음 수열의 극한을 구하여라.

$$\left\{\sqrt{2},\ \sqrt{2\sqrt{2}},\ \sqrt{2\sqrt{2\sqrt{2}}},\ \cdots\right\}$$

3. 다음의 극한이 존재할 때, 다음 수열의 극한을 구하여라.

$$a_1 = 2, \qquad a_{n+1} = \frac{1}{2}(a_n+6).$$

1.3 함수의 극한과 연속

함수 $f(x)=\dfrac{x^2-4}{x-2}$ $(x\neq 2)$를 생각해보자. 이 함수는 x의 값을 2에 충분히 가깝게 택했을 때 그 함수 값은 4에 충분히 가까운 값을 갖는다. 이때 "x가 2에 가까이 갈 때, 함수 $f(x)$의 극한은 4이다"라 한다. 그러나 여기서 주의해야 할 점은 독립변수 x의 값이 말 그대로 움직여서 2에 도달하는 것은 아니라는 점이다. 이는 x의 값을 2에 아주 가까운 값을 택한다는 뜻이기 때문에 x는 절대 2가 될 수 없음을 의미한다.

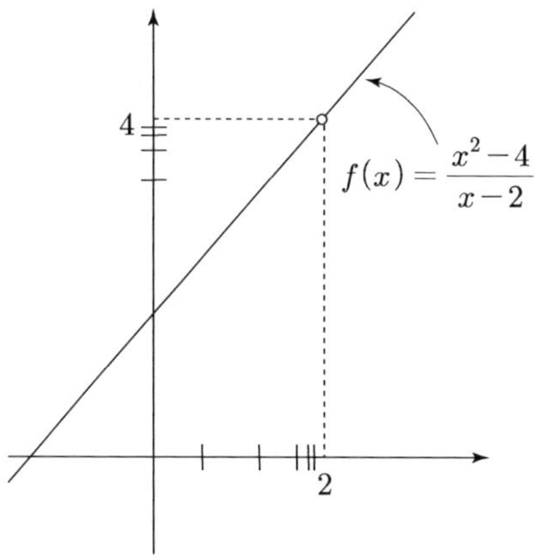

[그림 1.5]

여기서 사용하는 "충분하다"라는 말은 수학적인 용어가 아니지만 수열의 경우와 마찬가지로 수학적인 엄밀한 정의를 언급하지 않고 몇 가지 정리로부터 출발하여 간단한 함수의 극한을 계산하는 정도의 학습만 진행할 것이다. 그래서 다음과 같은 직관적인 정의만 소개하기로 한다.

정의 1.3.1

(1) 주어진 함수 $y=f(x)$에 대하여, a에 충분히 가까운 x를 택할 때, 그 함수 값이 충분히 어떤 값 L에 가까운 값을 가지면 "x가 a로 가까이 갈 때, 함수의 극한은 L이다"라 하고 다음과 같이 쓴다.

$$\lim_{x \to a} f(x) = L \text{ 또는 } f(x) \to L \ (x \to a).$$

(2) 주어진 함수 $y=f(x)$에 대하여, $x > a$인 a에 가까운 x를 택할 때, 함수 값이 충분이 어떤 값 L에 가까운 값을 가지면 "x가 a로 가까이 갈 때, 함수의 우극한은 L이다"라 하고 다음과 같이 쓴다.

$$\lim_{x \to a^+} f(x) = L \text{ 또는 } f(x) \to L \ (x \to a^+).$$

(3) 주어진 함수 $y=f(x)$에 대하여, $x < a$인 a에 가까운 x를 택할 때, 함수 값이 충분이 어떤 값 L에 가까운 값을 가지면 "x가 a로 가까이 갈 때, 함수의 좌극한은 L이다"라 하고 다음과 같이 쓴다.

$$\lim_{x \to a^-} f(x) = L \text{ 또는 } f(x) \to L \ (x \to a^-).$$

(4) 주어진 함수 $y=f(x)$에 대하여, x가 점점 커갈 때, 함수 값이 L을 가지면 "x가 무한히 커질 때, 함수의 극한은 L이다"라 하고 다음과 같이 쓴다.

$$\lim_{x \to \infty} f(x) = L \text{ 또는 } f(x) \to L \ (x \to \infty).$$

(5) 주어진 함수 $y=f(x)$에 대하여, x가 음의 무한대로 갈 때, 함수 값이 L을 가지면 "x가 음의 무한대로 갈 때, 함수의 극한은 L이다"라 하고 다음과 같이 쓴다.

$$\lim_{x \to -\infty} f(x) = L \text{ 또는 } f(x) \to L \ (x \to -\infty).$$

(6) a에 충분히 가까운 x를 택할 때 $f(x)$의 값을 임의로 크게 할 수 있으면 "x가 a로 가까이 갈 때 $f(x)$가 무한대가 된다"라 하고 다음과 같이 쓴다.

$$\lim_{x \to a} f(x) = \infty$$

(7) a에 충분히 가까운 x를 택할 때 $f(x)$의 값을 임의로 작게 할 수 있으면 "x가 a로 가까이 갈 때 $f(x)$가 음의 무한대가 된다"라 하고 다음과 같이 쓴다.

$$\lim_{x \to a} f(x) = -\infty.$$

우극한을 나타낼 때, $x \to a+0$을 사용하기도 하나 이 책에서는 이 기호 대신 $x \to a^{+}$로 쓰기로 하며, 좌극한을 나타낼 때 $x \to a-0$ 대신 $x \to a^{-}$로 쓰기로 한다.

함수의 극한과 좌우극한과의 관계를 나타내는 중요한 정리가 있다.

정리 1.3.1

다음 (1)과 (2)는 서로 동치이다.

(1) $\lim_{x \to a} f(x) = L$

(2) $\lim_{x \to a^{+}} f(x) = L = \lim_{x \to a^{-}} f(x)$

정리 1.3.1로부터 좌우극한 중 어느 하나가 존재하지 않거나 좌우극한이 같지 않으면 함수의 극한이 없다는 사실을 얻는다.

이제 극한을 계산하기 위한 기본적인 정리들을 소개하기로 하자.

정리 1.3.2

c가 주어진 상수라 할 때, 다음이 성립한다.

(1) $\lim_{x \to a} c = c$

(2) $\lim_{x \to a} x = a$

(3) $\lim_{x \to \infty} \frac{1}{x} = 0$

(4) $\lim_{x \to 0^{+}} \frac{1}{x} = \infty$

(5) $\lim_{x \to 0^{-}} \frac{1}{x} = -\infty$

그러나 $\lim_{x \to 0} \frac{1}{x}$의 경우는 ∞나 $-\infty$로 쓸 수 없고 단지 "발산한다"고 나타낼 수밖에 없음을 알아두기 바란다.

이제 함수의 연산이 극한에 어떠한 영향을 미치는가를 나타내는 정리를 소개하고자 한다.

정리 1.3.3

α, β가 임의의 실수이고, $\lim_{x \to a} f(x) = L$이며 $\lim_{x \to a} g(x) = M$일 때, 다음이 성립한다.

(1) $\lim_{x \to a} (\alpha f(x) + \beta g(x)) = \alpha L + \beta M$. (선형성)

(2) $\lim_{x \to a} (f(x) g(x)) = LM$.

(3) $\lim_{x \to a} \left(\frac{f(x)}{g(x)} \right) = \frac{L}{M}$. $(M \neq 0)$

(4) $f(x) \leq g(x)$이면 $L \leq M$.

(5) 모든 자연수 n에 대하여 $\lim_{x \to a} \sqrt[n]{f(x)} = \sqrt[n]{L}$. $(f(x),\ L \geq 0)$

위의 정리는 좌우 극한값을 계산할 때나 $x \to \infty$일 때도 여전히 성립한다. 이제 정리 1.3.2와 1.3.3을 사용하면 기본적인 극한을 계산할 수 있다.

예제 1.3.1 $\lim_{x \to 1} \frac{2x^3 + 4x^2}{x^2 + 2}$의 값을 구하여라.

풀이 $\lim_{x \to 1} x = 1$과 정리 1.3.3을 사용하면 그 극한이 2임을 알 수 있다.

□

수열의 경우와 같이 함수의 극한에 대해서도 압축정리가 성립한다. 함수의 극한에 대한 압축정리를 증명 없이 소개하면 다음과 같다.

정리 1.3.4

[압축정리] 함수 $f(x)$, $g(x)$ 및 $h(x)$가 다음의 조건을 만족한다고 하자. 즉,

(1) a를 포함하는 어떤 개구간에서, $f(x) \le h(x) \le g(x)$

(2) $\lim_{x \to a} f(x) = \lim_{x \to a} g(x) = L$

이면 $\lim_{x \to a} h(x) = L$이다.

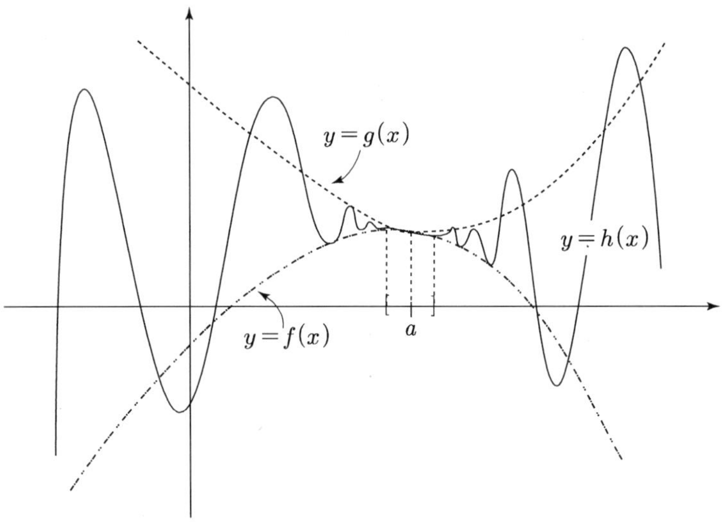

[그림 1.6]

위의 정리 1.3.4의 (2)에서 "어떤 개구간"의 의미는 주어진 세 함수의 공통된 정의역 전체에서 부등식 $f(x) \le h(x) \le g(x)$이 성립할 필요는 없다는 것을 의미한다. 극한의 개념은 주어진 함수의 a 근방에서의 값에 그 의미가 있기 때문에 a를 포함한 어떤 개구간에서만 성립하면 된다.

여기 소개되는 압축정리는 좌우극한을 계산할 때도 여전히 성립한다.

예제 1.3.2 $\lim_{x \to 0} x \sin \frac{1}{x}$를 구하여라.

풀이 함수 $x\sin\dfrac{1}{x}$는 0 근처에서 무한히 진동한다. 그러므로 그 값의 변화를 파악하기 힘들다. 하지만 $\sin x$의 크기가 1보다 작거나 같다는 사실을 이용하면 다음의 부등식을 얻을 수 있다. 즉 $x > 0$일 때,

$$-x \le x\ \sin\frac{1}{x} \le x.$$

그러므로 우극한에 대한 압축정리를 사용하면 다음을 얻는다.

$$\lim_{x \to 0^+} x\sin\frac{1}{x} = 0.$$

이와 유사하게 $x < 0$일 때, $x \le x\sin\dfrac{1}{x} \le -x$이므로

$$\lim_{x \to 0^-} x\sin\frac{1}{x} = 0.$$

이고, 정리 1.3.1에 의해 $\lim\limits_{x \to 0} x\sin\dfrac{1}{x} = 0$을 얻는다. □

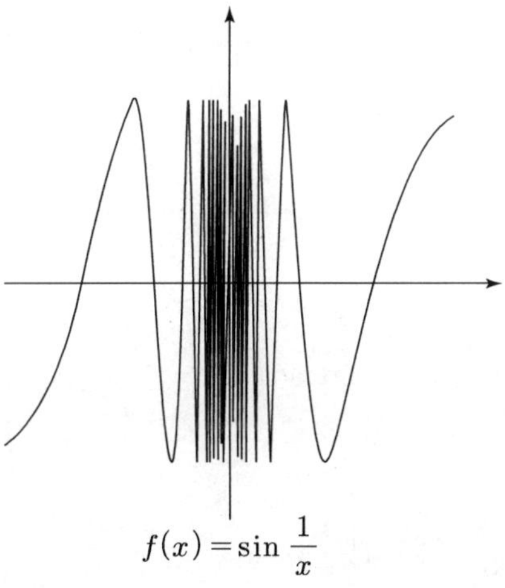

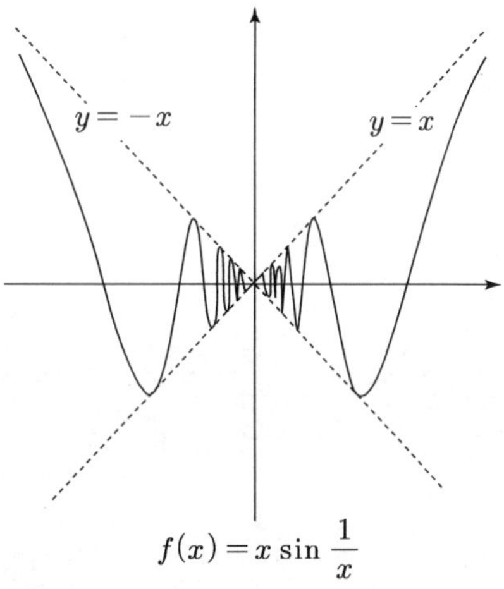

[그림 1.7]

다음은 함수의 극한을 알아보는데 유용한 또 다른 정리로서 합성함수의 극한에 관한 정리이다.

정리 1.3.5

$\lim_{x \to a} f(x) = L$이고, $\lim_{x \to L} g(x) = M$이면 다음이 성립한다.

$$\lim_{x \to a} g(f(x)) = M.$$

예제 1.3.3 $\lim_{x \to 1}(x^2-1)\sin\frac{1}{x^2-1}$의 값을 구하여라.

풀이 손쉽게 $\lim_{x \to 1}(x^2-1)=0$임을 안다. 예제 1.3.2를 통해 $\lim_{x \to 0} x\sin\frac{1}{x}=0$을 계산하였다. 이 두 사실과 정리 1.3.5를 사용하면
$\lim_{x \to 1}(x^2-1)\sin\frac{1}{x^2-1}=0$을 얻는다. □

수열의 극한에서와 마찬가지로 함수의 극한에서도 $\infty-\infty$, $0\cdot\infty$, $\frac{0}{0}$, $\frac{\infty}{\infty}$, 1^∞ 꼴의 극한을 계산해야 할 경우가 있다. 앞으로 배우게 될 로피탈의 법칙을 쓰면 손쉽게 구할 수 있지만 지금은 수열의 극한과 같은 방법으로 함수의 형태를 이미 소개된 정리에 적용할 수 있는 형태로 변형하여 극한을 구하는 몇 가지 예를 알아보자.

예제 1.3.4 $\lim_{x \to \infty}\frac{2x^2+4x}{x^2+2}$의 값을 구하여라.

풀이 위의 식은 $\frac{\infty}{\infty}$의 꼴이다. 주어진 함수의 분자와 분모를 x^2으로 나누면 다음과 같다.

$$\frac{2x^2+4x}{x^2+2}=\frac{2+4\left(\frac{1}{x}\right)}{1+2\left(\frac{1}{x}\right)^2}.$$

위의 식에 정리 1.3.2의 (1)과 (3) 및 정리 1.3.3을 사용하면 그 극한이 2임을 알 수 있다. □

예제 1.3.5 $\lim_{x \to 2} \frac{x^2-4}{x-2}$의 값을 구하여라.

풀이 주어진 함수의 극한은 $\frac{0}{0}$ 꼴이다. 이 함수를 변형하면 다음과 같다.

$$\frac{x^2-4}{x-2} = x+2 \ (x \neq 2)$$

그러므로 그 극한은 4임을 쉽게 알 수 있다. □

예제 1.3.6 다음의 등식이 성립하도록 상수 a, b를 결정하여라.

$$\lim_{x \to 1} \frac{2x^2+3x-5}{x-1} = b.$$

풀이 주어진 함수의 분모는 $x \to 1$일 때 극한이 0이다. 분자의 다항식에 대한 극한이 0이 되지 않으면 극한이 존재할 수 없다. 그러므로 분자의 극한이 0이 되는 상수 a는 3이다. 결정된 a의 값에 대하여 함수의 극한은 $\frac{0}{0}$ 꼴이므로 변형하면

$$\frac{2x^2+3x-5}{x-1} = \frac{(x-1)(2z+5)}{x-1} = 2x+5 \ (x \neq 1)$$

이다. 그러므로 구하는 극한은 7이고 $b=7$이다. □

함수의 극한과 수열의 극한 사이에는 다음과 같은 관계가 있다.

정리 1.3.6

수열 $\{a_n\}$과 함수 f가 다음을 만족한다고 하자.

(1) $\lim_{n \to \infty} a_n = a$ (2) $\lim_{x \to a} f(x) = L.$

그러면 새로운 수열 $\{f(a_1), f(a_2), f(a_3), \cdots\}$의 극한이 존재한다. 즉,

$$\lim_{n \to \infty} f(a_n) = L.$$

예제 1.3.7 $\lim_{n \to \infty} \frac{\sin n}{n}$을 구하여라.

풀이 이 극한은 이미 예제 1.2.4를 통해서 구해본 바 있다. 그러나 여기서는 정리 1.3.6을 이용해보기로 하자. 예제 1.3.2를 통해 $\lim_{x \to 0} x \sin \frac{1}{x} = 0$임을 알고 있다. 함수 $f(x) = x \sin \frac{1}{x}$의 x에 $\frac{1}{n}$을 대입하면 $f\left(\frac{1}{n}\right) = \frac{\sin n}{n}$이 된다. 여기에 $\lim_{n \to \infty} \frac{1}{n} = 0$과 정리 1.3.6을 사용하면 극한 0을 얻는다. □

정리 1.3.7

$x \geq 0$에서 정의된 함수 f와 수열 $\{f(n)\}_{n=1}^{\infty}$에 대하여 $\lim_{x \to \infty} f(x) = L$이면 $\lim_{n \to \infty} f(n) = L$이다.

예제 1.3.8 $\lim_{x \to \infty} \frac{1}{x} = 0$이기 때문에 $\lim_{n \to \infty} \frac{1}{n} = 0$이다.

정리 1.3.7은 수열의 극한을 함수의 극한으로 바꾸어 계산해도 그 결과가 같음을 의미하며 함수의 극한에 대한 많은 정리를 수열의 극한을 계산할 때 쓸 수 있다.

함수의 극한을 계산할 때 간단한 대입을 통해서 계산할 수 있는 편리한 함수가 있다. 이런 함수를 연속함수라 한다. 다음은 연속함수에 대한 정의이다.

정의 1.3.2

(1) 주어진 함수의 정의역에 속하는 a에 대하여

$$\lim_{x \to a} f(x) = f(a)$$

를 만족하면 "**함수 f는 $x = a$에서 연속이다**"라고 한다.

(2) 함수 $f : X \to Y$가 정의역의 모든 원소에서 연속이면 "**함수 f는 집합 X**

에서 연속이다"라고 한다.

위의 정리에서, 집합 $[1,\ 2]$ 위의 점 $x=1$과 같이 정의역 상에서 오른쪽 극한밖에 생각할 수 없는 경우는 $\lim_{x \to 1^+} f(x)$만 생각하고 $x=2$와 같이 정의역 상의 왼쪽의 극한밖에 생각할 수 없는 경우는 $\lim_{x \to 2^-} f(x)$만 생각한다.

예제 1.3.9 (1) $f(x)=2x^2+x+1$는 임의의 실수 a에 대하여

$$\lim_{x \to a}(2x^2+x+1)=2a^2+a+1$$

이므로 실수 전체에서 연속이다.

(2) $f(x)=\dfrac{1}{x^2+1}$은 임의의 실수 a에 대하여

$$\lim_{x \to a}\frac{1}{x^2+1}=\frac{1}{a^2+1}$$

이므로 실수 전체에서 연속이다.

(3) $f(x)=\dfrac{1}{x}$는 $x=0$에서 정의되지 않으므로 실수 전체에서 연속이 아니다. 하지만 함수의 정의역을 $(0,\ 1)$로 한정하면 $(0,\ 1)$의 모든 점 a에 대하여

$$\lim_{x \to a}\frac{1}{x}=\frac{1}{a}$$

이므로 함수 $f(x)=\dfrac{1}{x}$는 $(0,\ 1)$에서 연속이다.

예제 1.3.10 $f(x)=\dfrac{|x|}{x}\ (x \neq 0)$과 $f(0)=1$으로 정의된 함수 f는 $x=0$에서 연속이 아니다.

풀이 $x>0$인 경우 주어진 함수는 $f(x)=1$이다. 그러므로

$$\lim_{x \to 0^+} \frac{|x|}{x} = \lim_{x \to 0^+} 1 = 1.$$

$x < 0$인 경우 주어진 함수 $f(x) = -1$이다. 그러므로

$$\lim_{x \to 0^-} \frac{|x|}{x} = \lim_{x \to 0^-} -1 = -1.$$

좌우 극한이 다르므로 극한이 존재하지 않는다. 그러므로 연속이 아니다. □

예제 1.3.9의 (3)과 같이 집합에서의 연속성은 단순히 함수의 관계식에 의해서만 결정되는 것이 아니라 함수의 정의역에 따라서도 결정된다.

정리 1.3.3과 1.3.5를 사용하면 다음의 사실을 알 수 있다.

정리 1.3.8

함수 $y = f(x)$와 $y = g(x)$가 $x = a$에서 연속이라 하면 다음이 성립한다.

(1) $y = \alpha f(x) + \beta g(x)$는 $x = a$에서 연속. (이때 $\alpha,\ \beta \in \mathbb{R}$)

(2) $y = f(x)g(x)$는 $x = a$에서 연속.

(3) $y = \dfrac{f(x)}{g(x)}$는 $x = a$에서 연속. (이때 $g(a) \neq 0$)

(4) $y = g(x)$가 $x = g(a)$에서 연속이면, $y = g \circ f(x) = g(f(x))$도 $x = a$에서 연속.

정리 1.3.8로부터 다항함수, 분모가 0이 되지 않는 유리함수 등은 연속함수임을 쉽게 알 수 있다.

예제 1.3.11 $f(x) = \dfrac{x^2 - 4}{x - 2}$가 $x = 2$에서 연속이 되도록 함숫값을 정하여라.

풀이 주어진 함수는 $x = 2$에서 정의되지 않는다. 하지만 예제 1.3.5에서 이 함수의 극한값이 4임을 알았다. 그러므로 $x = 2$에서 함숫값을 4로 정의하면 함수는 실수 전체에서 연속이 된다. □

주어진 연속함수가 역함수를 갖는다고 하자. 직관적으로 역함수의 그래프는 $y=x$에 대하여 대칭 이동하여 얻어진 곡선이므로 대칭 이동하는 과정에서 곡선이 끊어지거나 하는 일은 없다. 물론 이 논의는 수학적인 것은 아니지만 직관적으로 역함수도 연속임을 알 수 있는 좋은 방법이다. 이 사실을 증명 없이 소개하기로 한다.

정리 1.3.9

함수 $f: X \to Y$가 역함수를 갖는다 하고, 정의역 상의 점 a에서 연속이라 하면 역함수 $f^{-1}: Y \to X$ 도 점 $f^{-1}(a)$에서 연속이다.

연속함수의 성질 중 하나가 다음에 소개하는 중간값 정리이다.

정리 1.3.10

[중간값 정리] 폐구간 $[a, b]$에서 정의된 함수 f가 연속이면 $f(a)$와 $f(b)$ 사이의 임의의 실수 r에 대하여 $r=f(c)$를 만족하는 c가 반드시 $[a, b]$에 있다.

[그림 1.8]은 중간값 정리가 성립하는 경우이고, [그림 1.9]는 성립하지 않는 그림이다. 물론 원인은 함수가 불연속이기 때문이다.

중간값 정리는 어떤 구간에서 방정식의 근이 존재하는지를 알아보는데 쓰인다. 방정식의 근을 구하는 것이 불가능한 경우 컴퓨터를 사용하여 근의 근삿값을 구하게 되는데 이때 반드시 필요한 중요한 정리이다. 이 정리는 특별한 계산을 위한 정리가 아니라 값의 존재성을 보장해주는 정리이다.

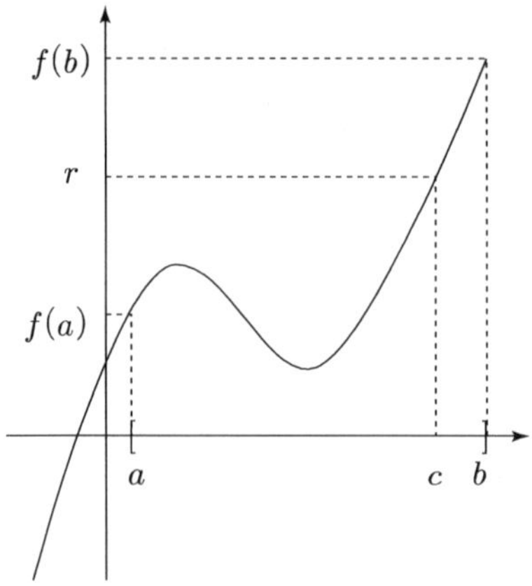

[그림 1.8]

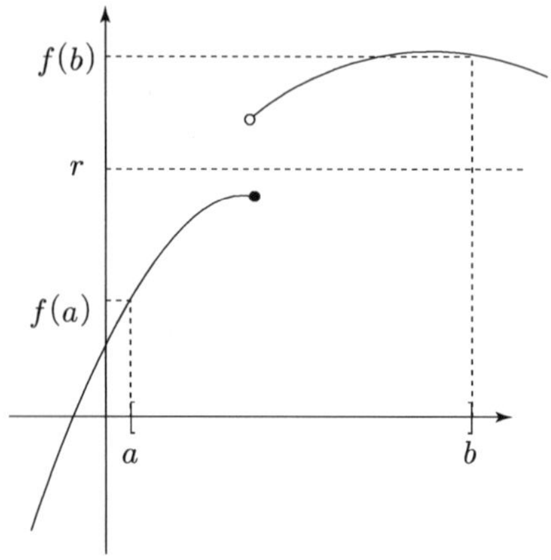

[그림 1.9]

예제 1.3.12 방정식 $x^{101}-3x^2+3=0$는 $[-1,\ 1]$에서 적어도 하나의 근을 가짐을 증명하여라.

풀이 인간은 101차 방정식을 풀 수 있는 방법을 찾지 못했다. 심지어 5차 이상의 방정식은 대수적 방법으로 풀 수 없음이 증명되어 있다. 위의 방정식의 좌변을 f라 두고 중간값 정리를 쓰자. 함수 $f(x)=x^{101}-3x^2+3$은 다항 함수이므로 연속이다. $f(-1)=-1$이고 $f(1)=1$이므로 중간값 정리에 의하면 $f(-1)$과 $f(1)$ 사이의 값 0에 대하여 $f(c)=0$을 만족하는 값 c가 $[-1,\ 1]$에 적어도 하나 존재한다. □

연 · 습 · 문 · 제 1.3

EXERCISES

1. 다음의 극한 값을 구하여라.

(1) $\displaystyle\lim_{x\to 2}\frac{x^2-9x+14}{2-x}$　　(2) $\displaystyle\lim_{x\to 3}\frac{x-3}{x^2+2x-3}$

(3) $\displaystyle\lim_{h\to 0}\frac{(3+h)^3-27}{h}$　　(4) $\displaystyle\lim_{h\to 0}\frac{(2+h)^4-16}{h}$

(5) $\lim_{x \to 16} \frac{16-x}{4-\sqrt{x}}$

(6) $\lim_{x \to -2} \frac{(1/2)+(1/x)}{2+x}$

(7) $\lim_{x \to 0} \left(\frac{1}{x\sqrt{1+x}} - \frac{1}{x} \right)$

(8) $\lim_{x \to 0} \frac{x}{\sqrt{1+2x}-1}$

2. $\lim_{x \to 0} x^3 \cos\left(\frac{3}{2x}\right) = 0$을 보여라.

3. 다음의 극한값을 구하여라.

(1) $\lim_{x \to 3^-} \frac{x^2-9}{|3-x|}$

(2) $\lim_{x \to 0} \left(\frac{1}{|x|} - \frac{1}{x} \right)$

4. $\lim_{x \to -1} \frac{x^3+ax+3a+4}{x^2-x-2}$가 극한을 갖도록 하는 a값과 그때의 극한을 구하여라.

1.4 삼각함수

이학 및 공학의 어떤 현상들은 반복적인 위치의 변화에 반응을 한다든지 일정한 시간 간격을 두고 현상이 일어나는 등의 주기적인 형태를 띠는 경우가 많이 발생한다. 이런 현상을 표현하기 위해서 주기함수라는 것이 필요하다. 더욱이 대부분의 함수가 주기함수가 아니더라도 주기함수의 급수의 형태로 표현된다는 사실이 알려져 있다. 다양한 형태의 주기함수가 있지만 가장 중요하게 다루어지는 주기함수가 삼각함수이다. 이제 삼각함수에 대한 더 분명하고 세련된 이해가 필요하다.

1. 호도법

삼각함수의 개념은 삼각비로부터 출발한다. 삼각비는 직각삼각형에서 빗변과 다른 두 변 사이의 비율을 의미하지만 삼각함수는 실수의 부분집합에서 정의되는 함수이다. 그렇기 때문에 각을 실수로 환산하는 장치가 필요한데 이것이 호도법이다. 호도법은 반지름 r인 원에 대하여 원의 반지름과 길이가 같은 호에 대한 중심각의 크기를 1라디안으로 정의하는 방법을 말한다.

반지름이 1인 원에서 생각해보면 호의 길이가 1인 중심각이 1라디안이다. 반지름의 길이가 1인 원의 원주의 길이는 2π이므로 1라디안에 대한 각의 크기 d는 다음의 비례식으로 얻을 수 있다.

$$2\pi : 360 = 1 : d$$

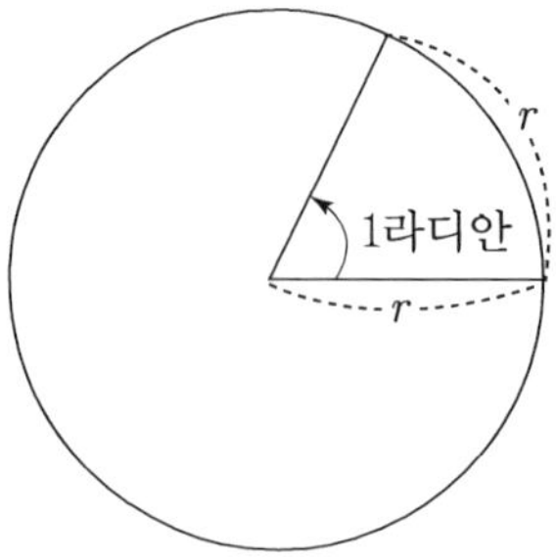

[그림 1.10]

즉 $d=\frac{360}{2\pi}=\frac{180}{\pi}$ 이다. 이때 d는 각의 크기이므로 그 단위가 도(°)이다. 그러므로 임의의 라디안 x에 대한 각 d는 다음과 같이 주어진다.

$$d=\frac{180}{\pi}x.$$

역으로 주어진 각 d에 대한 라디안 x를 구하는 과정은 다음과 같음을 쉽게 알 수 있다.

$$x=\frac{\pi}{180}d.$$

예제 1.4.1 (1) 270°를 라디안으로 바꾸면 $270\times\frac{\pi}{180}=\frac{3\pi}{2}$ 이다.
(2) $\frac{2\pi}{3}$ 을 각으로 바꾸면 $\frac{2\pi}{3}\times\frac{180}{\pi}=120°$ 이다.

2. 삼각함수

반지름이 1인 원을 사용하여 삼각함수를 손쉽게 정의할 수 있다. 삼각함수의 정의역은 실수의 부분집합이므로 각을 사용하지 않고 라디안을 사용한다는 사실을 기억하자.

정의 1.4.1

(1) 반지름이 1인 원을 중심이 원점이 되도록 좌표평면 위에 그리고, 점 (1, 0)를 원을 따라 반시계 방향으로 x라디안만큼 회전시킨 점 P의 좌표를 (a, b)라 하자. 이때 a를 $\cos x$로 쓰고 "**코사인** x"라 하고, b를 $\sin x$로 쓰고 "**사인** x"라 한다. 이 값을 독립변수를 x로 종속변수를 y로 하는 함수로 사용할 때는 $y=\cos x$와 $y=\sin x$로 쓴다.

(2) 점 (1, 0)에서 접선을 그리고, 그 점을 원을 따라 x라디안만큼 반시계 방향으로 회전시켰을 때의 점 P와 원점을 잇는 직선의 연장선이 그 접선과 만나는 점을 A라고 하고 점 (1, 0)와 점 A 사이의 거리를 $d\,(d\geq 0)$라 하면, A가 제1사분면에 있을 때는 $\tan x$를 d로, 제4사분면에 있을 때는

$\tan x$를 $-d$로 정의하고 "**탄젠트** x"라 한다. 이를 함수로 쓸 때는 $y=\tan x$로 쓴다.

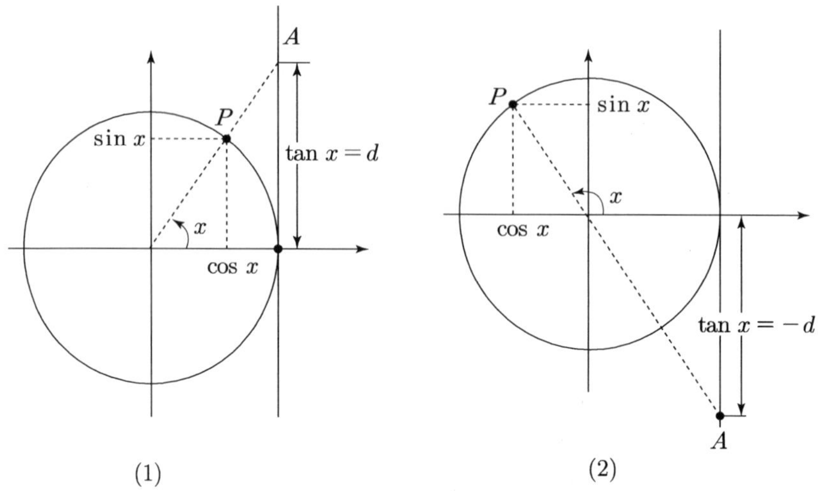

[그림 1.11] 삼각함수의 정의

(3) (1)과 (2)에서 정의된 삼각함수의 역수를 다음과 같이 정의하고 각각 $\csc x$는 "**코시컨트** x", $\sec x$는 "**시컨트** x", $\cot x$는 "**코탄젠트** x"라 한다.

$$\csc x=\frac{1}{\sin x},\ \sec x=\frac{1}{\cos x},\ \cot x=\frac{\cos x}{\sin x}.$$

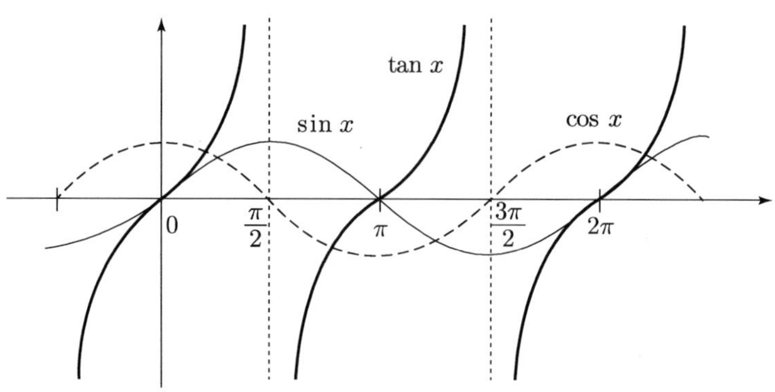

[그림 1.12]

삼각함수의 그래프를 살펴보면 삼각함수의 주기적인 특징을 잘 알 수 있다. 특히 $\tan x$의 경우 $\lim_{x \to (\pi/2)^-} \tan x = \infty$이고 $\lim_{x \to -(\pi/2)^+} \tan x = -\infty$이므로 $x = \frac{\pi}{2}$를 수직점근선으로 한다. 범위를 실수 전체로 확장하면 유사하게 $\cos x$가 0이 되는 $x = 2n\pi \pm \frac{\pi}{2}$을 수직점근선으로 한다는 사실을 알 수 있다. $\tan x$와 마찬가지로 분수의 분모가 0이 될 수 있는 함수는 수직 점근선을 갖는다. 예를 들어 $\csc x$는 $\sin x$가 0이 되는 점 $x = n\pi$에서 수직점근선을 갖는다.

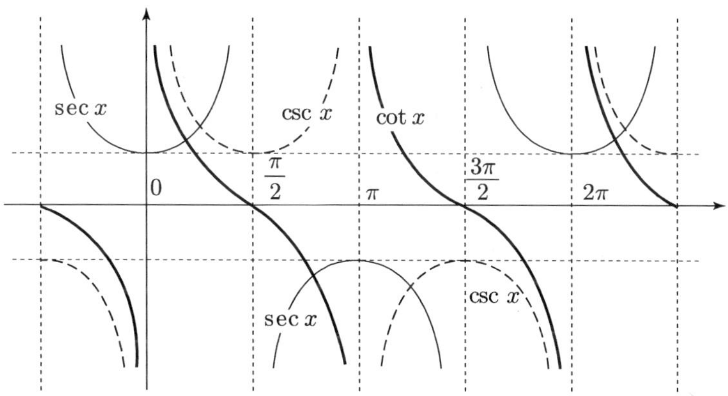

[그림 1.13]

삼각함수의 정의에 의하면, 사인함수는 기함수(모든 x에 대하여 $f(-x) = -f(x)$), 코사인함수는 우함수(모든 x에 대하여 $f(-x) = f(x)$)임을 쉽게 알 수 있다. 또한 이 사실로부터 탄젠트함수, 코시컨트함수, 코탄젠트함수는 기함수이고, 시컨트함수는 우함수임을 알 수 있다.

[그림 1.11]의 (1)에서 원점, 점 P 및 점 $(\cos x, 0)$으로 이루어진 삼각형과 원점, 점 A 및 점 $(1, 0)$으로 이루어진 삼각형은 각 x를 공통으로 하는 직각삼각형이므로 서로 닮음이다. 그러므로 다음의 비례식을 얻고 그로부터 흔히 $\tan x$의 정의로 알고 있는 세 삼각함수에 대한 관계식을 얻는다. 즉,

$$\cos x : \sin x = 1 : \tan x \quad \Leftrightarrow \quad \tan x = \frac{\sin x}{\cos x}.$$

[그림 1.11]의 (2)의 경우도 같은 결과를 얻는다.

삼각함수를 반지름이 1인 원을 사용하여 정의했기 때문에 피타고라스 정리를 사

용하면 다음의 항등식을 얻는다.

$$\cos^2 x + \sin^2 x = 1.$$

이 식의 양변을 $\cos^2 x$ (단, $\cos x \neq 0$)로 나누면 다음을 얻는다.

$$1 + \tan^2 x = \sec^2 x.$$

정리 1.4.1

[사인 법칙] 삼각형의 세 각을 각각 A, B, C라 하고 마주보는 변을 각각 a, b, c라 하며 이 삼각형의 외접원의 반지름을 R이라 하면 다음의 식을 얻는다. 즉,

$$\frac{a}{\sin A} = \frac{b}{\sin B} = \frac{c}{\sin C} = 2R.$$

(증명) [그림 1.14]의 (1)에서처럼 각 A가 직각일 때는 $\sin A$의 정의로부터 쉽게 결과를 얻을 수 있다.

다음으로 각 A가 예각일 때는 [그림 1.14]의 (2)와 같이 같은 원주각을 갖는 직각삼각형으로 변형하면 위의 식을 쉽게 알 수 있으며 [그림 1.14]의 (3)과 같이 각 A가 둔각일 때는 주어진 둔각삼각형에 중심을 지나는 직선을 빗변으로 하는 직각삼각형을 그림과 같이 그리면 원에 내접하는 사각형이 만들어 진다. 이 사각형의 대각의 합이 π이므로 이 사실을 이용하면 둔각삼각형에 대해서도 쉽게 결과를 얻을 수 있다. ■

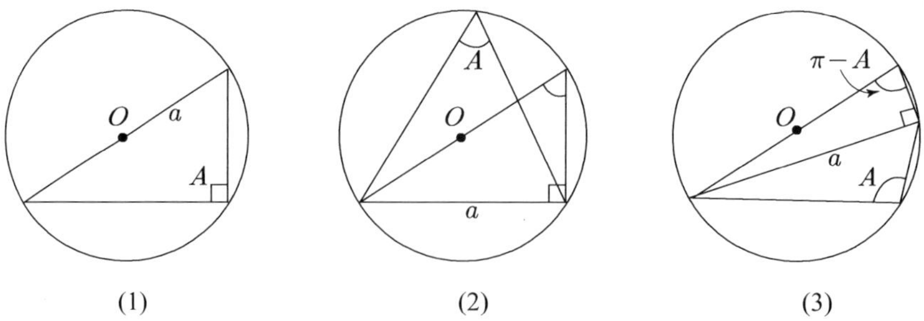

[그림 1.14]

정리 1.4.2

[코사인 제1법칙] 삼각형의 세 각을 각각 A, B, C라 하고 마주보는 변을 각각 a, b, c라 하면 다음의 식이 성립한다.

$$a = b\cos C + c\cos B, \quad b = c\cos A + a\cos C, \quad c = a\cos B + b\cos A.$$

(증명) [그림 1.15]와 같이 두 가지 삼각형의 형태를 생각할 수 있다. 그림 (1)의 경우는 쉽게 코사인 법칙을 얻을 수 있으며, 그림 (2)의 경우도 각 B가 $\frac{\pi}{2}$보다 크기 때문에 $a\cos B$ 값은 음수가 되어 같은 결과를 얻게 된다. ■

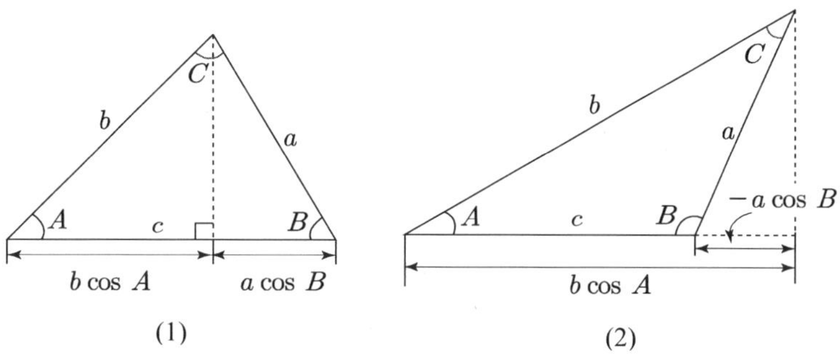

[그림 1.15]

정리 1.4.3

[코사인 제2법칙] 삼각형의 세 각을 각각 A, B, C라 하고 마주보는 변을 각각 a, b, c라 하면 다음의 식이 성립한다.

$$a^2 = b^2 + c^2 - 2bc\cos A,$$
$$b^2 = a^2 + c^2 - 2ac\cos B,$$
$$c^2 = a^2 + b^2 - 2ab\cos C.$$

(증명) 이 정리도 제1법칙의 증명과 같이 두 가지 형태의 삼각형에 대하여 생각한다. [그림 1.16] (1)의 경우 삼각형이 수선의 발의 오른쪽에 위치한 삼

각형은 직각삼각형이고 이 직각삼각형의 밑변의 길이는 $c-b\cos A$, 높이는 $b\sin A$, 빗변은 a이다. 이 사실에 피타고라스 정리를 쓰면 $a^2=(c-b\cos A)^2+(b\sin A)^2$이고 이 식을 정리하면 원하는 결과를 얻는다. [그림 1.16] (2)의 경우도 주어진 삼각형 아래에 위치하는 직각삼각형을 생각하면 같은 결과를 얻는다. ■

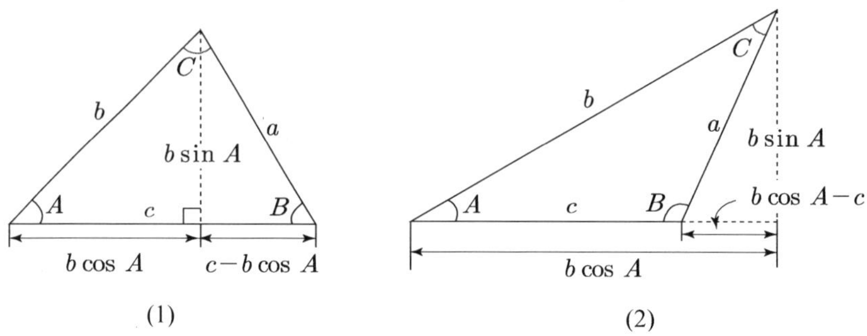

[그림 1.16]

삼각함수의 여러 법칙 중 가장 중요한 것이 덧셈공식이다. 이는 배각공식이나 삼배각공식 및 반각공식, 합을 곱으로 또는 곱을 합으로 변형시키는 공식 등의 기초가 된다.

정리 1.4.4

[덧셈공식] 모든 실수 α, β에 대하여, 다음이 성립한다.

$$\cos(\alpha+\beta)=\cos\alpha\cos\beta-\sin\alpha\sin\beta.$$

(증명) 반지름이 1인 원을 생각해보자. 점 A를 $(\cos x,\ \sin x)$라 하고 점 B를 $(\cos y, \sin y)$라 두자. 원점 O에서 점 A와 점 B에 이르는 선분을 그리면 그 두 선분에 대한 중심각은 $y-x$이다. 코사인 제2법칙을 삼각형 OAB와 각 $y-x$에 대하여 적용하면 다음을 얻는다.

$$\begin{aligned}\overline{AB}^2&=(\cos x-\cos y)^2+(\sin x-\sin y)^2\\&=1^2+1^2-2\cdot1\cdot1\cdot\cos(y-x).\end{aligned}$$

위 식의 좌변을 풀고 정리하면,

$$\cos^2 x + \cos^2 y - 2\cos x \cos y + \sin^2 x + \sin^2 y - 2\sin x \sin y$$
$$= 2 - 2(\cos x \cos y + \sin x \sin y).$$

두 식을 비교하면 다음을 얻는다. 즉,

$$\cos(x-y) = \cos x \cos y + \sin x \sin y.$$

위 식의 x를 α로 $-y$를 β라 하면 원하는 결과를 얻을 수 있다. ■

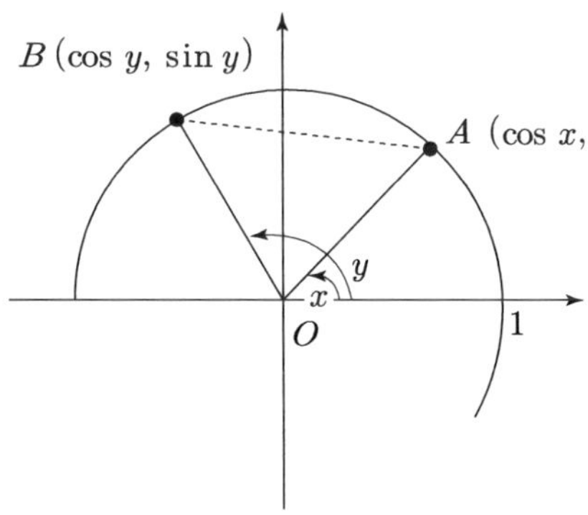

[그림 1.17]

정리 1.4.4의 덧셈공식 이외에 세 가지의 다른 공식을 얻을 수 있다.

$$\cos(\alpha-\beta) = \cos\alpha\cos\beta + \sin\alpha\sin\beta,$$
$$\sin(\alpha+\beta) = \sin\alpha\cos\beta + \sin\beta\cos\alpha,$$
$$\sin(\alpha-\beta) = \sin\alpha\cos\beta - \sin\beta\cos\alpha.$$

$\cos(\alpha-\beta)$에 대한 공식은 정리 1.4.4의 증명을 통해 알 수 있고, 사인에 대한 덧셈공식은 코사인에 대한 덧셈공식의 β에 $\beta+\frac{\pi}{2}$를 대입하여서 얻을 수 있다. 정리된 식으로부터 탄젠트 함수에 대한 덧셈공식을 쉽게 얻을 수 있는데 이는 연습문제로 남겨두기로 한다.

정리 1.4.5

[배각공식]

(1) $\sin(2\alpha) = 2\sin\alpha\cos\alpha$

(2) $\cos(2\alpha) = \cos^2\alpha - \sin^2\alpha = 2\cos^2\alpha - 1 = 1 - 2\sin^2\alpha$

이 정리는 덧셈공식의 β에 α를 대입하여 쉽게 얻을 수 있다.

정리 1.4.6

[반각공식]

(1) $\sin^2\alpha = \dfrac{1-\cos 2\alpha}{2}$　　(2) $\cos^2\alpha = \dfrac{1+\cos 2\alpha}{2}$

이 정리는 배각공식 정리 1.4.5 (2)의 오른쪽 두 항을 $\sin^2\alpha$와 $\cos^2\alpha$에 대하여 정리하면 얻어진다.

정리 1.4.7

[곱을 합으로 바꾸기]

(1) $\sin\alpha\cos\beta = \dfrac{1}{2}(\sin(\alpha+\beta) + \sin(\alpha-\beta))$

(2) $\cos\alpha\cos\beta = \dfrac{1}{2}(\cos(\alpha+\beta) + \cos(\alpha-\beta))$

(3) $\sin\alpha\sin\beta = \dfrac{1}{2}(\cos(\alpha-\beta) - \cos(\alpha+\beta))$

정리 1.4.7은 네 개의 덧셈공식을 각각 빼주거나 더해주면 얻어진다.

정리 1.4.8

[합을 곱으로 바꾸기]

(1) $\sin A + \sin B = 2\sin\frac{A+B}{2}\cos\frac{A-B}{2}$

(2) $\cos A + \cos B = 2\cos\frac{A+B}{2}\cos\frac{A-B}{2}$

(3) $\cos A - \cos B = -2\sin\frac{A+B}{2}\sin\frac{A-B}{2}$

정리 1.4.8의 (1)과 (2)는 정리 1.4.7의 (1)과 (2)에서 $\alpha+\beta$ 대신에 A를, $\alpha-\beta$ 대신에 B를 각각 대입하여 정리하면 얻어지며, (3)은 정리 1.4.7의 (3)에 $\alpha-\beta$ 대신에 A를, $\alpha+\beta$ 대신에 B를 대입하여 얻어진다. 정리 1.4.8의 (1)에 B 대신 $-B$를 대입하면 $\sin A - \sin B$의 공식도 얻을 수 있다.

위의 공식들은 삼각함수 적분을 쉽게 하기 위한 변형에 자주 등장하기 때문에 반드시 알아두기 바란다.

이제 삼각함수의 연속성에 관한 성질을 알아보자.

정리 1.4.9

$$\lim_{x\to 0}\sin x = 0.$$

(증명) 반지름이 1이고 원점을 중심으로 하는 원을 생각해보자. 반지름이 1인 원이므로 각이 x라디안일 때 호의 길이도 x이다. 한편 점 P에서 x축으로 내린 수선의 발을 H라 하면 삼각형 AHP는 직각삼각형이다. 선분 PH가 $\sin x$이므로 피타고라스 정리에 의해 선분 AP가 더 크고 선분 AP보다는 호 AP가 더 크다. 그러므로 부등식 $0<\sin x<x$을 얻는다. 이 식으로부터 압축정리를 사용하면 다음의 극한 값을 구할 수 있다. 즉,

$$\lim_{x\to 0^+}\sin x = 0.$$

다음으로 $x\left(0<x<\dfrac{\pi}{2}\right)$가 $0<\sin x<x$을 만족하기 때문에 이 부등식에 -1을 곱하면 사인함수가 기함수이므로 $-x<\sin(-x)<0$를 얻는다. 이때 $-x$는 $-\dfrac{\pi}{2}<-x<0$을 만족한다. $-x$를 t라 두면, $t\left(-\dfrac{\pi}{2}<t<0\right)$에 대하여 $t<\sin t<0$을 얻는다. 이 식으로부터 위와 같은 방법으로 압축정리를 사용하면 다음을 알 수 있다.

$$\lim_{t\to 0^-}\sin t=0.$$

사인함수의 $x=0$의 좌우극한이 0으로 같으므로 $\lim_{x\to 0}\sin x=0$이다.■

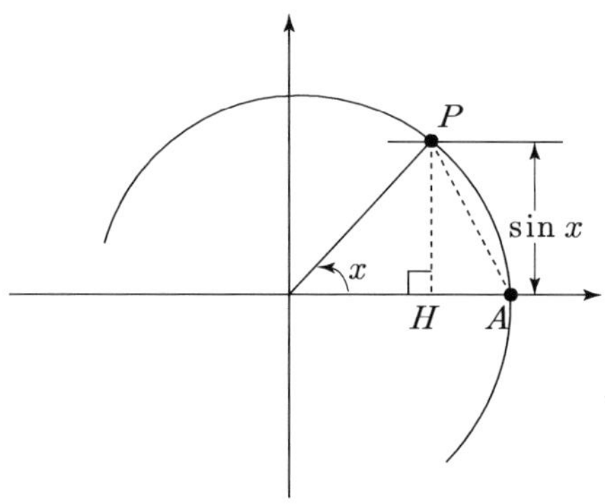

[그림 1.18]

정리 1.4.10

$$\lim_{x\to 0}\cos x=1.$$

(증명) 항등식 $\cos x=\sqrt{1-\sin^2 x}\ \left(-\dfrac{\pi}{2}\le x\le\dfrac{\pi}{2}\right)$와 정리 1.3.3 (5) 및 정리 1.4.9를 사용하면 쉽게 위의 사실을 증명할 수 있다. ■

위의 두 정리를 사용하여 사인함수의 연속성을 보이자.

정리 1.4.11

사인함수는 임의의 실수에서 연속이다.

(증명) $\lim_{x\to a}\sin x=\sin a$임을 보여야 한다.
x를 $t+a$라 두면 이 극한은 $\lim_{t\to 0}\sin(t+a)=\sin a$가 된다. 덧셈법칙에 의하면 $\sin(t+a)=\sin t\cos a+\sin a\cos t$이다. 이 사실과 정리 1.4.9와 정리 1.4.10을 이용하면 다음의 계산이 가능하다.

$$\begin{aligned}\lim_{t\to a}\sin(t+a)&=\lim_{t\to a}(\sin t\cos a+\sin a\cos t)\\&=\cos a\lim_{t\to 0}\sin t+\sin a\lim_{t\to 0}\cos t\\&=\sin a\end{aligned}$$

이 식은 임의의 실수 a에 대하여 성립하기 때문에 사인함수는 임의의 실수에서 연속이다. ■

정리 1.4.12

모든 삼각함수는 정의역에서 연속이다.

(증명) 코사인도 정리 1.4.11과 같이 정리 1.4.9 및 정리 1.4.10과 합의 법칙을 쓰면 연속성을 보일 수 있다.

$$\begin{aligned}\lim_{t\to 0}\cos(t+a)&=\lim_{t\to 0}(\cos t\cos a-\sin a\sin t)\\&=\cos a\lim_{t\to 0}\cos t-\sin a\lim_{t\to 0}\sin t=\cos a\end{aligned}$$

다른 삼각함수는 모두 삼각함수의 분수형태를 띠고 있다. 그러므로 정리 1.3.8의 (3)을 사용하면 분모가 0이 아닌 영역에서 연속이 된다. 예를 들어 $\tan x=\dfrac{\sin x}{\cos x}$이므로 $\cos x$가 0인 점 $x=2n\pi\pm\dfrac{\pi}{2}$를 제외한 영역에서 연속이다. ■

이와 비슷한 방법으로 $\csc x$, $\sec x$, $\cot x$도 분모가 0이 아닌 영역에서 연속임을 보일 수 있다.

연 · 습 · 문 · 제 1.4

EXERCISES

1. $\csc x$, $\sec x$, $\cot x$가 분모가 0이 아닌 영역에서 연속임을 보여라.

2. 다음을 증명하여라.

(1) $\frac{1}{h}(\sin(x+h)-\sin x)=\sin x\ \frac{\cos h-1}{h}+\cos x\ \frac{\sin h}{h}$

(2) $\frac{1}{h}(\cos(x+h)-\cos x)=\cos x\ \frac{\cos h-1}{h}-\sin x\ \frac{\sin h}{h}$

3. 다음 방정식의 해를 구하여라.

(1) $\cos 2x+3\sin x-3=0$

(2) $\tan x-\sqrt{3}\cot x=\sqrt{3}-1$

4. 다음의 부등식의 해를 구하여라.

(1) $\sin x<\cos x\ (0\le x\le 2\pi)$

(2) $2\cos x-\sqrt{3}\le 0\ (0\le x\le 2\pi)$

(3) $\tan x-\sqrt{3}\cot x<\sqrt{3}-1\ \left(0<x<\frac{\pi}{2}\right)$

5. 다음의 극한을 구하여라.

(1) $\lim_{x\to 0} x^3\cos\left(\frac{1}{x^2}\right)$

(2) $\lim_{x\to 0} |x|\sin\left(\frac{1}{x^3}\right)$

1.5 지수함수와 로그함수

삼각함수와 함께 공학에서 많이 쓰는 함수가 지수함수와 로그함수이다. 보다 어려운 수학적인 학습을 통하면 사실상 지수함수와 삼각함수는 밀접한 연관이 있음을 알 수 있지만 여기서는 다루지 않기로 한다.

1. 지수함수

지수함수의 정의는 기본적으로 거듭제곱에 대한 정의로부터 출발한다. 먼저 n이 자연수라 할 때 a^n을 "a의 n제곱"이라 부르고 다음과 같이 정의한다.

$$a^n = \underbrace{a \cdot a \cdots a}_{n\text{번}}.$$

이 경우 a를 **"밑"**이라 부르고 n은 **"지수"**라 부른다. 이때 $a^0 = 1$로 정의한다. 이제부터 $a \neq 0$일 때만 생각하기로 한다.

지수를 자연수에서 음의 정수로 확장하기 위해 $a^{-1} = \dfrac{1}{a}$로 정의하고 $a^{-n} = (a^{-1})^n$으로 정의한다. 이 정의로부터 다음의 식을 얻을 수 있다.

$$a^{-n} = (a^{-1})^n = \left(\frac{1}{a}\right)^n = \frac{1}{a^n}.$$

이제 모든 정수 n을 지수로 사용하여 a^n을 계산할 수 있게 되었다.

다음으로 지수를 유리수의 범위로 확장하기 위해서 $a^{\frac{1}{n}}$을 정의하자.

정의 1.5.1

a가 양의 실수이면, 임의의 자연수 n에 대하여, $a^{\frac{1}{n}}$은 다음의 식을 만족하는 양의 실수 b로 정의한다.

$$a^{\frac{1}{n}} = b \quad \Leftrightarrow \quad a = b^n.$$

이 경우 $a^{\frac{1}{n}}$를 "a의 n제곱근"이라 부른다.

예를 들어 $\pi^{\frac{1}{4}}$은 4제곱해서 π가 되는 수를 말한다. $a^{\frac{1}{n}}$를 a의 n제곱근이라 부르는 이유는 당연히 $a^{\frac{1}{n}}$가 방정식 $x^n = a$의 근이기 때문이며, 수학적으로 양의 실수 a에 대하여, 방정식 $x^n = a$의 양의 실수인 근은 유일하게 하나 존재함이 증명되어 있기 때문에 밑은 양의 실수인 경우로 한정한다.

이제 정의 1.5.1을 사용하여, 임의의 양의 유리수 $\frac{m}{n}$ $(m,\ n > 0)$에 대한 지수를 정의하자.

정의 1.5.2

$$a^{\frac{m}{n}} = \left(a^{\frac{1}{n}}\right)^m. \ (m,\ n > 0)$$

음의 유리수인 경우는 음의 정수에서와 같은 방법으로 유리수 r에 대하여 $a^{-r} = \left(a^{-1}\right)^r$ $(r > 0)$으로 정의한다.

지금까지의 과정으로 모든 유리수에 대한 지수를 정의하였고 이로부터 다음과 같은 지수의 기본 정리를 쉽게 알 수 있다.

정리 1.5.1

a와 b가 $a,\ b > 0$인 실수이고 r과 s가 임의의 유리수일 때, 다음이 성립한다.

(1) $a^{r+s} = a^r a^s$

(2) $a^{r-s} = \dfrac{a^r}{a^s}$

(3) $\left(a^r\right)^s = a^{rs}$

(4) $(ab)^r = a^r b^r$

지수함수를 실수에서 정의하기 위해서는 임의의 실수지수에 대한 의미를 알아야만 한다. 예를 들어 2^{π}이나 $3^{\sqrt{2}}$가 무슨 표현인지 알아야 한다. 일반적으로 r이 무리수일 때, a^r이 어떤 의미를 가지고 있는지를 알아야 한다. 그러나 지금의 과정에서 그의 엄밀한 수학적 정의를 알기는 어렵다. 그래서 여기서는 직관적인 개념만 소개하기로 하자.

우선 2^{π}가 어떤 의미인지 알아보자. π는 무리수이므로 소수로 표현하면 비순환 무한소수가 된다. 즉,

π=3.14159265358979323846264338327950288419716939937510582097494445⋯

여기서 다음과 같이 정의된 수열을 생각해보자.

$$p_1 = 3,\ \ p_2 = 3.1 = \frac{31}{10},\ \ p_3 = 3.14 = \frac{314}{100},\ \ p_4 = 3.141 = \frac{3141}{1000},\ \ \cdots$$

위의 수열은 당연히 π의 무한소수 표현에서 소수점 이하의 자릿수를 하나씩 늘려가며 선택한 유한소수로 정의한 수열이고 이 수열은 물론 π로 수렴한다. 그런데 각각의 수열의 항 p_n은 유한소수이므로 유리수이다. 그러므로 2^{p_n}을 알 수 있다. 예를 들어 $2^{p_2} = 2^{3.14} = 2^{\frac{314}{100}} = \left(2^{\frac{1}{100}}\right)^{314}$ 이다. 이때 새롭게 만들어진 수열 $\left\{2^{p_n}\right\}_{n=1}^{\infty}$이 수렴함이 증명되어 있다. 그러므로 2^{π}는 다음과 같이 정의하는 것이 자연스럽다. 즉

$$2^{\pi} = \lim_{n \to \infty} 2^{p_n}.$$

일반적으로 말하면, p로 수렴하는 수열 $\{p_n\}$에 대하여 새로운 수열 $\left\{a^{p_n}\right\}$은 어떤 양의 실수로 수렴함이 증명돼 있다. 이때 수렴값을 a^p로 정의한다. 즉

$$a^p = \lim_{n \to \infty} a^{p_n}. \quad (a > 0)$$

증명은 더 고급단계의 수학적 지식을 요구하기 때문에 이 과정에서는 생략하기로 하자.

직관적으로 설명된 무리수 지수에 대한 설명을 추가하면 모든 실수에 대한 정의가 가능하고 이를 사용하여 지수함수를 정의할 수 있다.

정의 1.5.3

$a>0$이고, $a\neq 1$인 실수 a에 대하여, 함수 $f:\mathbb{R}\to\mathbb{R}$가 다음의 식으로 주어질 경우 함수 f를 **지수함수**라 한다.

$$f(x)=a^x.$$

이때 a를 **밑**이라 부른다.

정의 1.5.3에서 주의할 점은 밑 a에 대한 조건에 $a\neq 1$이 첨가된 것이다. 이는 $a=1$인 경우 실제로 함수는 $f(x)=1^x=1\ (x\in\mathbb{R})$이므로 상수함수이고, 상수함수를 지수함수로 생각할 필요는 없기 때문이다. 정리 1.5.1의 지수법칙을 실수로 확장해도 성립함을 증명 없이 받아들이기로 하자.

정리 1.5.2

a와 b가 $a,\ b>0$인 실수이고 x과 y가 임의의 실수일 때, 다음이 성립한다.

(1) $a^{x+y}=a^xa^y$ (2) $a^{x-y}=\dfrac{a^x}{a^y}$

(3) $(a^x)^y=a^{xy}$ (4) $(ab)^x=a^xb^x$

지수함수의 성질을 좀더 알아보자. 지수의 정의에 의하면 무리수 지수를 갖는 경우 그 무리수에 수렴하는 유리수 수열의 항을 지수로 갖는 값의 극한으로 정의하였다. 이 사실은 자연스럽게 지수함수의 연속성을 의미하게 된다. 말하자면 무리수를 지수로 갖는 지수 함숫값의 정의는 지수함수가 연속이 되도록 정했다는 뜻이다. 여기서는 지수함수의 연속을 엄밀히 증명하는 것은 어렵기 때문에 증명 없이 소개하기로 하자.

정리 1.5.3

지수함수는 연속함수이다.

지수함수의 여러 성질을 조사하기 위해서는 다음의 성질이 필요하다.

정리 1.5.4

양의 실수 x와 1보다 큰 실수 a에 대하여 $a^x > 1$이다.

(증명) 우선 자연수 n에 대하여 $a^{\frac{1}{n}} > 1$을 보이려고 한다. $a^{\frac{1}{n}} = b$라 두고 $b \le 1$이라고 가정하자. 지수의 정의에 의하면 $a = b^n$이고 $b \le 1$이므로 $b^n \le 1$이다. 그러므로 $a \le 1$이고 가정에 모순이다. 그러므로 자연수 n에 대하여 $a^{\frac{1}{n}} > 1$이다.

임의의 유리수 $\frac{m}{n}$에 대하여는 $a^{\frac{m}{n}} = \left(a^{\frac{1}{n}}\right)^m$이고 $a^{\frac{1}{n}} > 1$이므로 $\left(a^{\frac{1}{n}}\right)^m > 1$이 성립한다.

이 사실로부터 두 유리수 r, s에 대하여 $r > s$이면, $r - s$는 양의 유리수이므로 $a^{r-s} > 1$이다. 양변에 a^s를 곱하면 $a^r = a^s a^{r-s} > a^s$이다.

이제 양의 무리수 x에 대하여 $a^x > 1$을 증명하고자 한다. 우선 정의에서처럼 x에 수렴하는 양의 유리수로 이루어진 증가수열 $\{r_n\}$을 생각한다. 이때 x가 양수이므로 수열의 항을 양수이며 증가가 되도록 할 수 있다. 예를 들어 $x > 0$이므로 $x > x - \frac{1}{n} > 0$인 자연수 n을 택할 수 있고, $0 < x - \frac{1}{n} < x - \frac{1}{n+1} < x$이므로 $x - \frac{1}{n}$과 $x - \frac{1}{n+1}$ 사이의 유리수를 선택하여 r_1이라 하자. 다음으로 $0 < x - \frac{1}{n+1} < x - \frac{1}{n+2} < x$이므로 $x - \frac{1}{n+1}$과 $x - \frac{1}{n+2}$ 사이의 유리수를 선택하여 r_2라 하자. 이런 과정을 계속하여 $x - \frac{1}{n+k}$과 $x - \frac{1}{n+k+1}$ 사이의 유리수 r_{k-1}를 선택하면 이 유리수 수열 $\{r_n\}$은 압축정리에 의해 x에 수렴한다.

r_n이 유리수이므로 전 단계의 논의에 의하면 $a^{r_n} > a^{r_1} > 1$이다. 그러므로 정리 1.2.2의 (4)에 의하면,

$$1 < a^{r_1} < \lim_{n \to \infty} a^{r_n} = a^x.$$

곧 $a^x > 1$이다. ■

정리 1.5.4를 사용하면 다음을 쉽게 보일 수 있다.

정리 1.5.5

$a>1$일 때, 함수 $f(x)=a^x$는 증가함수이다.

(증명) 임의의 두 실수 x와 y에 대하여 $x<y$라 하자. $a>1$이라 하면 $y-x>0$이므로 정리 1.5.4에 의해 $a^{y-x}>1$이고 다음의 식을 얻는다.

$$a^y=a^x a^{y-x}>a^x$$

위의 식은 1보다 큰 밑을 갖는 지수함수는 증가함수임을 의미한다. ■

$0<a<1$일 때는 $a^x=\left(a^{-1}\right)^{-x}$이고 $a^{-1}>1$이므로, a^{-1}에 정리 1.5.5를 사용하면 a^x는 감소함수임을 알 수 있다. 정리하면 다음과 같다.

정리 1.5.6

$0<a<1$일 때, 함수 $f(x)=a^x$는 감소함수이다.

정리 1.2.4 (3)과 정리 1.3.7을 사용하면 다음의 극한을 구할 수 있다.

정리 1.5.7

(1) $a>1$일 때, $\lim\limits_{x\to\infty}a^x=\infty$이고 $\lim\limits_{x\to-\infty}a^x=0$이다.

(2) $0<a<1$일 때, $\lim\limits_{x\to\infty}a^x=0$이고 $\lim\limits_{x\to-\infty}a^x=\infty$이다.

(증명) (1) 임의의 자연수 n에 대하여 $n<x$인 실수 x가 존재하며 이때 $a^n<a^x$이다. 정리 1.2.4 (3)에 의하면 $\lim\limits_{n\to\infty}a^n=\infty$이고 극한의 비교 정리에 의하여 $\lim\limits_{x\to\infty}a^x=\infty$이다. 두 번째 극한은 $x=-t$라 두면,

$$\lim_{x \to -\infty} a^x = \lim_{t \to \infty} (a^t)^{-1} = \frac{1}{\lim_{t \to \infty} a^t} = 0.$$

(2) $a^{-1} = b$라 두면 $b > 1$이므로 b에 대하여 (1)을 사용하면 쉽게 얻을 수 있다. ■

위의 정리들을 종합하여 대략적인 지수함수의 그래프를 그릴 수 있다. 우선 $a > 1$일 때, 지수함수는 증가하는 연속함수이다. 또한 정의역의 값이 한없이 커지면 함숫값도 한없이 커지며 정의역의 값이 한없이 작아지면 함수는 양수를 유지하면서 0으로 수렴한다. 즉 함수의 그래프는 x가 $-\infty$로 작아질수록 x축에 한없이 가까이 간다. 이때 x축이 수평점근선이 된다. 이상의 정보로부터 다음과 같은 지수함수의 그래프를 얻을 수 있다.

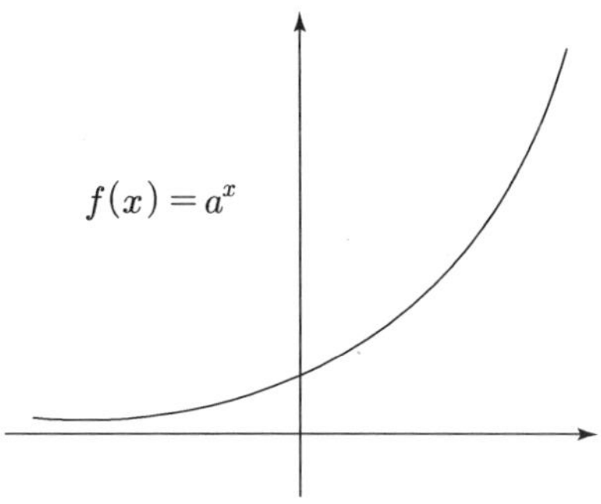

(1) $a > 1$인 경우

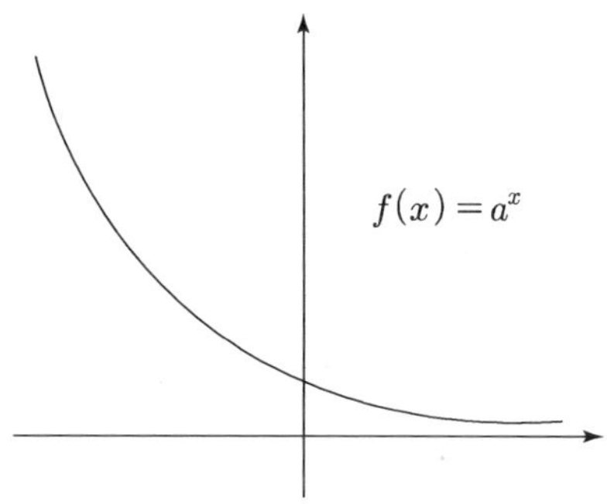

(2) $0 < a < 1$인 경우

[그림 1.19]

지수함수의 밑은 1 아닌 양수임을 이미 강조한 바 있다. 이 중에서 이학과 공학에서 밑으로 가장 많이 사용하는 수가 있다. 이 수의 10자리만 표현하면 2.718281828이고, 이 특별한 수는 무리수임이 증명되어 있으므로 정확한 값을 아는 것이 불가능하다. 그러나 논리적으로 정의하는 것은 가능하다.

정의 1.5.4

(1) 수 e를 다음 식을 만족하는 수로 정의한다.

$$\lim_{h \to 0} \frac{e^h - 1}{h} = 1.$$

(2) e를 밑으로 하는 지수함수 $f(x) = e^x$를 **자연지수함수**라 한다.

정의 1.5.4 (1)에 등장하는 e가 2보다 크고 3보다 작은 값으로 존재한다는 사실이 증명되어 있지만 여기서는 다루지 않기로 한다.

드물게 e^x 대신 $f(x) = \exp(x)$로 쓰기도 하며 특히 컴퓨터 프로그램에서는 반드시 이 표현을 쓴다. 이는 지수라는 뜻의 영단어 'exponent'로부터 온 것이다. e를 밑으로 사용하는 함수를 자연지수함수라 부르는 이유는 함수의 변화의 정도가 현재의 함숫값과 같아지는 함수라서 붙여진 것이다. 즉 순간 변화율과 함숫값이 같도록 정한 밑이 e이다. 이에 대한 자세한 내용은 미분에서 다루기로 하자.

e를 정의하는 방법은 이 방법 외에 몇 가지가 더 있다. 많이 알려진 방법이 다음의 극한으로 정의하는 것이다.

$$\lim_{n \to \infty} \left(1 + \frac{1}{n}\right)^n = e.$$

또 다른 잘 알려진 방법은 적분을 사용하여 정의하는 방법이다.

$$\int_1^x \frac{1}{t} dt = 1$$

를 만족하는 x를 e라 한다.

소개된 모든 방법은 정의 1.5.4와 모두 동치가 된다는 사실을 증명할 수 있다. 그러므로 어떠한 형태의 정의를 사용해도 상관없다.

2. 로그함수

정리 1.1.1과 정리 1.5.6을 살펴보면 지수함수는 일대일 함수임을 알 수 있다. 여기서 공역을 $\{x \mid x > 0\}$으로 한정하면, 지수함수 $f(x) = a^x$ $(a > 0,\ a \neq 1)$는 $\mathbb{R}$에서 $\{\, x \mid x > 0 \,\}$으로의 일대일 대응함수가 되어 역함수를 갖는다.

지수함수의 역함수는 공학적으로 매우 중요하며 곱셈연산을 덧셈연산으로 바꾸어 주는 놀라운 성질을 가지고 있기 때문에 지금과 같은 컴퓨터가 없던 시절에는 "천문학자들의 수명을 두 배 이상 늘렸다"는 평가를 받았던 함수이다.

정의 1.5.5

(1) 지수함수의 역함수를 **로가리듬함수**, 간단히 **로그함수**라 하고 $\log_a x$로 쓴다. 이때 a $(a > 0,\ a \neq 1)$를 **로그의 밑**이라 한다. 즉,

$$y = \log_a x \quad \Leftrightarrow \quad a^y = x.$$

(2) 특히 밑이 e인 로그함수를 $\log_e x$ 대신 $\ln x$로 쓰고 **자연로그함수**라 한다.

로그함수는 지수함수의 역함수로 정의되기 때문에 다음의 관계식을 얻을 수 있다.

정리 1.5.8

다음의 식이 성립한다.

(1) $a^{\log_a x} = x$ $(x > 0)$

(2) $\log_a (a^x) = x$ (x는 실수)

또한 지수함수가 연속이라는 사실(정리 1.5.3)과 연속함수의 역함수도 여전히 연속인 사실(정리 1.3.9)로부터 간단하게 다음의 정리를 얻을 수 있다.

정리 1.5.9

로그함수는 임의의 양의 실수에서 연속이다.

지수함수에 대한 극한의 성질(정리 1.5.7)로부터 로그함수의 극한의 성질을 얻을 수 있다.

정리 1.5.10

(1) $a > 1$일 때, $\lim_{x \to \infty} \log_a x = \infty$ 이고, $\lim_{x \to 0^+} \log_a x = -\infty$

(2) $0 < a < 1$일 때, $\lim_{x \to \infty} \log_a x = -\infty$ 이고, $\lim_{x \to 0^+} \log_a x = \infty$

정의와 위에 소개된 정리들을 사용하여 그래프를 그려 보면 다음과 같다.

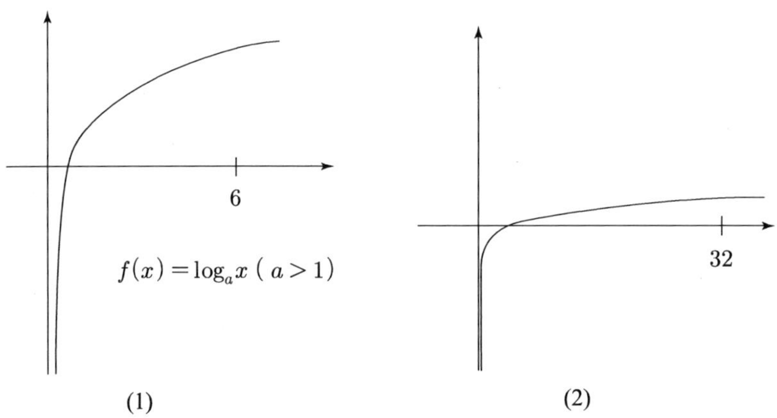

[그림 1.20]

[그림 1.20] (1)은 $a > 1$인 경우의 로그함수를 그린 것이다. 그림 (1)은 정의역을 $0 < x < 6$ 범위에서, 그림 (2)는 $0 < x < 32$의 범위에서 그린 것이다. 두 개의 그림으로부터 로그함수는 정의역의 값이 커지면 커질수록 그래프의 기울기는 점점 감소하여 0으로 다가가고 있다는 사실에 주목할 필요가 있다. 이는 로그함수의 중요한 특징이면서 공학적으로도 많은 의미를 갖는다.

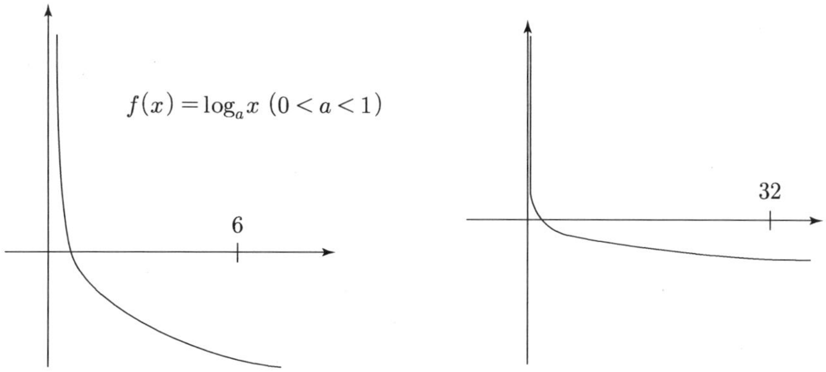

(1) (2)

[그림 1.21]

지수함수의 기본적인 성질로부터 로그함수의 중요한 정리를 얻을 수 있다.

정리 1.5.11

1이 아닌 양수 a에 대하여 다음이 성립한다.

(1) $\log_a(xy) = \log_a x + \log_a y$

(2) $\log_a x^r = r\log_a x$ (단, r은 임의의 실수)

(3) $\log_a\left(\dfrac{x}{y}\right) = \log_a x - \log_a y$

(증명) (1) $\log_a x = s$라 하고 $\log_a y = t$라 하자. 정의에 의하면 $a^s = x$이고 $a^t = y$이다. 이 사실로부터 $xy = a^s a^t = a^{s+t}$를 얻는다. 그러므로 $s + t = \log_a(xy)$이다.

(2) $\log_a x = s$라 하면 $a^s = x$이고 $x^r = (a^s)^r = a^{rs}$이므로 $rs = \log_a(x^r)$이다.

(3) (2)에서 특별히 $r = -1$일 때, $\log_a x^{-1} = -\log_a x$이고

$$\begin{aligned}\log_a\left(\frac{x}{y}\right) &= \log_a\left(x \cdot \frac{1}{y}\right) = \log_a(xy^{-1}) \\ &= \log_a x + \log_a y^{-1} = \log_a x - \log_a y.\end{aligned}$$

■

정리 1.5.12

1이 아닌 양수 a에 대하여 다음이 성립한다.

$$\log_a x = \frac{\ln x}{\ln a}.$$

(증명) $\log_a x = s$라 하면 $a^s = x$를 얻는다. 이 식의 양변에 자연로그를 취하면 $\ln a^s = \ln x$이고 $\ln a^s = s \ln a$이므로 $s \ln a = \ln x$이 된다. 이때 $a \neq 1$이므로 $\ln a \neq 0$이다. 따라서 $\log_a x = \dfrac{\ln x}{\ln a}$이다. ■

예제 1.5.1 다음 극한을 구하여라.

$$\lim_{x \to \infty}\left(1+\frac{1}{x}\right)^x.$$

풀이 $e^h - 1 = \dfrac{1}{x}$라 두자. $e^h = 1 + \dfrac{1}{x}$이고 양변에 자연로그를 취하면 $h = \ln\left(1+\dfrac{1}{x}\right)$이다. e의 정의에 의하면 $\displaystyle\lim_{h \to 0}\frac{e^h - 1}{h} = 1$이므로 위의 식을 이 극한에 대입하면, 다음을 얻는다.

$$\lim_{x \to \infty}\frac{1/x}{\ln(1+1/x)} = \lim_{x \to \infty}\frac{1}{\ln(1+1/x)^x} = 1.$$

위 식으로부터 $\displaystyle\lim_{x \to \infty}\ln(1+1/x)^x = 1$을 얻는다. 이 극한에 자연지수함수가 연속이라는 사실과 정리 1.3.5 및 정리 1.5.8의 (1)을 사용하면 다음의 계산을 얻을 수 있다.

$$\lim_{x \to \infty}\left(1+\frac{1}{x}\right)^x = \lim_{x \to \infty} e^{\ln(1+1/x)^x} = e^1 = e.$$ □

예제 1.5.1과 정리 1.3.6을 사용하면 다음의 결과를 얻을 수 있고 이는 이미 고교과정에서 배운 실수 e의 정의와 이 책의 정의 1.5.4 (1)이 동치임을 증명한 것이다.

$$\lim_{n \to \infty}\left(1+\frac{1}{n}\right)^n = \lim_{x \to \infty}\left(1+\frac{1}{x}\right)^x = e.$$

연 · 습 · 문 · 제 1.5

EXERCISES

1. 다음 함수의 그래프를 그려라.

(1) $f(x) = 2^{x+2} - 4$　　(2) $f(x) = 2^{|x+2|} - 4$

(3) $f(x) = 3 + \ln(2-x)$　　(4) $f(x) = 3 + \ln|2-x|$

2. 다음 방정식의 해를 구하여라.

(1) $\ln(\ln x) = 1$　　(2) $\log_2(\ln(\ln x)) = 1$

3. 다음의 극한을 구하여라.

(1) $\lim_{x \to 1^-} e^{\frac{1}{1-x}}$　　(2) $\lim_{x \to 1^+} e^{\frac{1}{1-x}}$

(3) $\lim_{x \to \infty} \dfrac{e^{2x} - e^{-2x}}{e^{2x} + e^{-2x}}$　　(4) $\lim_{x \to \infty} x(\ln(x+1) - \ln x)$

(5) $\lim_{x \to \infty} x(\log_2(x+1) - \log_2 x)$

(6) $\lim_{x \to 0} \dfrac{a^x - 1}{x}$ $(a > 0,\ a \neq 1,\ a \neq e)$

4. 다음 함수가 역함수를 갖는 최대의 범위를 정하고 그때의 역함수를 구하여라.

(1) $f(x) = \ln(x+1)$　　(2) $f(x) = a^{x^3}$ $(0 < a < 1)$

(3) $f(x) = \dfrac{2^x}{2^x + 1}$　　(4) $f(x) = \dfrac{e^x - e^{-x}}{2}$

제 2 장

미분법

수학에서 미분학은 하나의 양이 또 다른 양에 관하여 어떻게 변하는가에 관심을 가지는 분야이다. 미분학의 체계는 물체의 운동 속도와 가속도를 구하는 과정에서 미적분을 발견한 뉴턴(1642～1727)과 평면곡선의 접선과 법선에서 미분을 생각한 라이프니츠(1646～1716)에 의해 거의 같은 시대에 이루어졌다. 계산 기술로써만 발전하던 미적분학은 코시(1789～1857)에 의해 명확해지고 데데킨트(1831～1916)와 칸토르(1845～1918)가 실수에 대한 이론을 엄밀하게 체계화한 19세기 이후에 와서야 현재와 같은 형태를 갖추게 되었다.

이 장에서는 도함수의 정의, 여러 형태의 함수와 기본적인 초월함수들의 도함수 공식, 그리고 중요한 다섯 가지 미분법을 소개한다. 변화율과 함수의 근삿값, 그래프 그리기, 최대·최소 문제, 부정형의 극한값 구하기 등 여러 가지 문제를 해결하는데 도함수를 이용한다.

2.1 미분계수

함수 $y=f(x)$에서 구간 $[a,\ a+\Delta x]$에서의 **평균변화율**은 y의 변화량 $\Delta y=f(a+\Delta x)-f(a)$을 x의 변화량 $\Delta x=(a+\Delta x)-(a)$으로 나눈 몫, 즉 $\dfrac{\Delta y}{\Delta x}$로 정의한다. 이것은 기하학적으로 곡선 위의 두 점 $P(a, f(a))$, $Q(a+\Delta x, f(a+\Delta x))$을 지나는 직선의 기울기를 나타낸다. 이제 우리는 점 P을 지나는 순간의 변화율을 알기를 원하며 이것은 Δx을 0에 접근하도록 함으로써 얻을 수 있다.

정의 2.1.1

극한값 $\displaystyle\lim_{\Delta x\to 0}\frac{\Delta y}{\Delta x}=\lim_{\Delta x\to 0}\frac{f(a+\Delta x)-f(a)}{\Delta x}=\lim_{h\to 0}\frac{f(a+h)-f(a)}{h}$가 존재하면, 이 극한값을 $x=a$에서 함수 f의 **미분계수** 또는 **순간변화율**이라 하고 $f'(a)$로 나타낸다. $x=a$에서 f의 미분계수 $f'(a)$가 존재할 때 함수 f는 $x=a$에서 **미분가능**하다고 말한다.

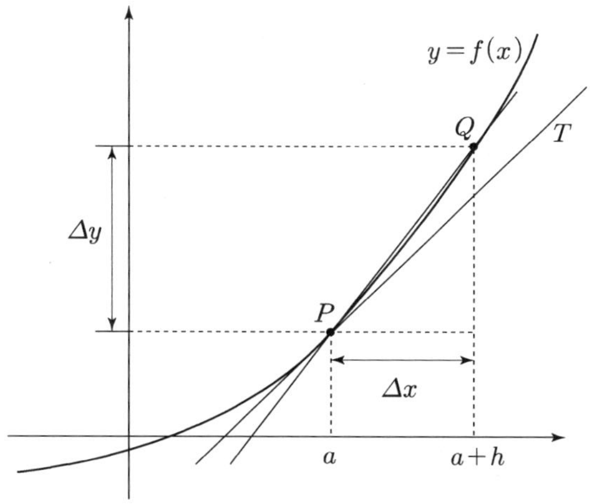

[그림 2.1]

함수 $y=f(x)$의 그래프를 그려보면 $x=a$에서의 순간변화율은 $x=a$인 곡선 위의 점 P에서의 접선 T의 기울기와 같다. 이것은 미분계수가 크면(따라서 곡선이 가파르면), y값들은 빠르게 변하고 미분계수가 작을 때는 곡선은 상대적으로 평편하고 y값들은 느리게 변한다는 것을 의미한다. 미분계수 $f'(a)$는 곡선 $y=f(x)$ 위의 점 $P(a, f(a))$에서의 접선의 기울기와 같으므로 다음의 정리를 얻을 수 있다.

정리 2.1.1

곡선 $y=f(x)$ 위의 점 $P(a, f(a))$에서의 **접선**의 방정식은

$$y-f(a)=f'(a)(x-a)$$

이고, 점 P에서의 **법선**(접선에 수직인 직선)의 방정식은 기울기가 $-\dfrac{1}{f'(a)}$이므로

$$y-f(a)=-\frac{1}{f'(a)}(x-a)$$

이다.

이제 $x = a + h$로 놓으면, $h = x - a$이고 $h \to 0$일 필요충분조건은 $x \to a$이므로 미분계수의 정의는 다음과 같이 나타낼 수도 있다.

$$f'(a) = \lim_{x \to a} \frac{f(x) - f(a)}{x - a}$$

예제 2.1.1 $f(x) = 3x^2$일 때 $f'(1)$을 구하고, 이것을 이용해 포물선 $y = 3x^2$ 위의 점 $(1, 3)$에서의 접선과 법선의 방정식을 구하여라.

풀이 정의로부터

$$f'(1) = \lim_{h \to 0} \frac{f(1+h) - f(1)}{h} = \lim_{h \to 0} \frac{3(1+h)^2 - 3}{h}$$

$$= \lim_{h \to 0} \frac{6h + 3h^2}{h} = \lim_{h \to 0}(6 + 3h) = 6$$

이다. 주어진 점 $(1, 3)$에서의 접선의 기울기가 6이므로 접선의 방정식은 $y - 3 = 6(x - 1)$ 또는 $y = 6x - 3$이다.
한편, 법선의 방정식은 $y - 3 = -\frac{1}{6}(x - 1)$에서 $y = -\frac{1}{6}x + \frac{19}{6}$이다.

□

예제 2.1.2 함수 $f(x) = \sqrt{x - 2}$에 대하여 $x = 3$에서의 미분계수를 구하여라.

풀이

$$f'(3) = \lim_{x \to 3} \frac{f(x) - f(3)}{x - 3}$$

$$= \lim_{x \to 3} \frac{\sqrt{x-2} - 1}{x - 3}$$

$$= \lim_{x \to 3} \frac{x - 3}{(x-3)(\sqrt{x-2} + 1)}$$

$$= \lim_{x \to 3} \frac{1}{\sqrt{x-2} + 1} = \frac{1}{2}$$

□

이제 함수의 미분가능성과 연속성과의 관계를 알아보자.

정리 2.1.2

함수 $f(x)$가 $x=a$에서 미분가능하면, $f(x)$는 $x=a$에서 연속이다.

(증명) f가 a에서 연속임을 보이기 위해 $\lim_{x\to a} f(x)=f(a)$임을 보이면 충분하다.

$$\lim_{x\to a}(f(x)-f(a))=\lim_{x\to a}\frac{f(x)-f(a)}{x-a}(x-a)=f'(a)\times 0=0$$

이므로, $\lim_{x\to a} f(x)=f(a)$이다. 따라서 $f(x)$는 $x=a$에서 연속이다. ■

위의 사실로부터 함수가 불연속인 점에서는 미분계수를 구할 수 없음을 알 수 있다. 정리 2.1.2의 역은 일반적으로 성립하지 않는다. 예를 들면 $f(x)=|x|$는 0에서 연속이지만 0에서 미분가능하지는 않다.

예제 2.1.3 함수 $f(x)=|x|$는 $x=0$에서 미분가능하지 않음을 보여라.

풀이

$$f'(0)=\lim_{h\to 0}\frac{f(0+h)-f(0)}{h}=\lim_{h\to 0}\frac{|h|-0}{h}=\begin{cases}1, & h>0\\ -1, & h<0\end{cases}$$

즉, h가 0에 가까이 갈 때 평균변화율의 극한값이 존재하지 않으므로 $f'(0)$은 존재하지 않는다. □

다만 위의 예제 2.1.3에서 본 바와 같이, 함수 $f(x)=|x|$에 대해서는 $x\to 0^+$일 때와 $x\to 0^-$일 때 $\dfrac{f(x)-f(0)}{x-0}$의 극한값 각각은 모두 존재한다.

일반적으로 함수 $f(x)$의 정의역에 속하는 a에 대하여 극한값

$$\lim_{h\to 0^+}\frac{f(a+h)-f(a)}{h}=\lim_{x\to a^+}\frac{f(x)-f(a)}{x-a}$$

가 존재할 때, $f(x)$는 $x=a$에서 우측 미분가능하다 하고, 이 극한값을 $x=a$에서의 **우측 미분계수**라고 한다. 비슷하게 **좌측 미분계수**도 정의할 수 있다.

함수 $f(x)=|x|$는 $x=0$에서 미분가능하지 않지만 우측으로부터 또는 좌측으로부터는 미분가능하며, 우측 미분계수는 1, 좌측 미분계수는 -1이다.

일반적으로 함수 $f(x)$가 $x=a$에서 미분가능하다는 것은 양쪽으로부터 미분가능하며, 우측 미분계수와 좌측 미분계수가 일치한다는 것이다.

예제 2.1.4 함수 $f(x)=|x^2-x|$가 $x=0$에서 미분가능한가를 결정하여라.

풀이

$$f'(0)=\lim_{h\to 0}\frac{f(0+h)-f(0)}{h}=\lim_{h\to 0}\frac{|h^2-h|}{h}=\lim_{h\to 0}\frac{|h(h-1)|}{h}$$
$$=\begin{cases}\displaystyle\lim_{h\to 0^+}\frac{-h(h-1)}{h}=1\\ \displaystyle\lim_{h\to 0^-}\frac{h(h-1)}{h}=-1\end{cases}$$

로 우측 미분계수는 1, 좌측 미분계수는 -1로 각각 존재하지만 같지 않으므로 $x=0$에서 미분가능하지 않다. □

연 · 습 · 문 · 제 2.1

EXERCISES

1. 함수 $f(x)=3x^2+2x-1$의 구간 $[1,\ 3]$에서의 평균변화율을 구하여라.

2. 곡선 $y=3x^2-5x$ 위의 점 $(2,\ 2)$에서의 접선과 법선의 방정식을 구하여라.

3. 다음 함수에 대하여 $x=2$에서의 미분계수를 구하여라.

(1) $f(x)=5-3x+4x^2$　　(2) $f(x)=\dfrac{1}{\sqrt{x+2}}$

(3) $f(x)=\dfrac{1}{x}$　　(4) $f(x)=\dfrac{2x+1}{x+3}$

4. 함수 $f(x)=x|x|$에 대하여 $f'(0)$이 존재하는지를 결정하여라.

5. 함수 $f(x)=[x]$ (단, $[x]$는 x을 넘지 않는 최대 정수)의 $x=n$ (단, n은 정수)에서의 미분계수가 존재하는지를 말하여라.

6. 함수 $f(x)=x^2-3|x|+2$가 $x=0$에서 미분가능한지를 결정하여라.

7. 함수 $f(x)$가 $x=a$에서 미분가능할 때, 다음 극한값을 $f(a)$와 $f'(a)$로 나타내어라.

(1) $\displaystyle\lim_{h\to 0}\frac{f(a+2h)-f(a+h)}{h}$

(2) $\displaystyle\lim_{x\to a}\frac{xf(a)-af(x)}{x-a}$

8. 함수 $f(x)$가 다음과 같이 정의될 때, $f(x)$는 $x=0$에서 미분가능함을 보여라.

$$f(x)=\begin{cases} x^2\sin\dfrac{1}{x}, & x\neq 0 \\ 0, & x=0 \end{cases}$$

9. 함수

$$f(x)=\begin{cases} ax^2, & x\geq 1 \\ (x-2)^2+b, & x<1 \end{cases}$$

가 $x=1$에서 미분가능할 때, a와 b의 값을 구하여라.

2.2 도함수와 그 성질

함수 $f(x)$가 어떤 구간의 모든 x의 값에 대하여 미분계수를 가질 때, $f(x)$는 그 구간에서 미분가능하다고 한다. 함수 $f(x)$가 어떤 구간에서 미분가능할 때, 그 구간 안의 모든 x에 대하여 $f'(x)$을 대응시키는 관계는 함수이다. 이 새로운 함수를 함수 f의 **도함수**라고 하며, 도함수를 구하는 것을 미분한다고 한다. 미분계수의 정의로부터, 미분가능한 함수 $f(x)$의 도함수를 다음과 같이 정의할 수 있다.

정의 2.2.1

함수 $f(x)$의 **도함수** $f'(x)$는

$$f'(x)=\lim_{\Delta x\to 0}\frac{\Delta y}{\Delta x}=\lim_{\Delta x\to 0}\frac{f(x+\Delta x)-f(x)}{\Delta x}=\lim_{h\to 0}\frac{f(x+h)-f(x)}{h}$$

이다.

함수 $y=f(x)$의 도함수를

$$y',\ f'(x),\ \frac{dy}{dx},\ \frac{d}{dx}f(x)$$

와 같이 나타내기도 한다.

상수함수 $f(x)=c$의 도함수는

$$f'(x)=\lim_{h\to 0}\frac{f(x+h)-f(x)}{h}=\lim_{h\to 0}\frac{c-c}{h}=0$$

이고 함수 $f(x)=x^n$ (n은 자연수)의 도함수는

$$
\begin{aligned}
f'(x) &= \lim_{h\to 0}\frac{(x+h)^n - x^n}{h} \\
&= \lim_{h\to 0}\frac{1}{h}((x+h)-x)\left((x+h)^{n-1}+(x+h)^{n-2}\cdot x+\cdots+x^{n-1}\right) \\
&= \lim_{h\to 0}\left((x+h)^{n-1}+(x+h)^{n-2}\cdot x+\cdots+x^{n-1}\right) \\
&= x^{n-1}+x^{n-1}+\cdots+x^{n-1} \qquad (n\text{개}) \\
&= nx^{n-1}
\end{aligned}
$$

이므로 상수함수와 멱함수의 도함수는 다음과 같다.

정리 2.2.1

(1) $\frac{d}{dx}(c)=0$

(2) n이 자연수일 때, $\frac{d}{dx}(x^n)=nx^{n-1}$.

지수가 유리수일 때의 멱함수의 도함수가 같은 꼴이 된다는 증명은 정리 2.5.2에서, 실수로의 확장은 정리 2.9.1에서 증명한다. 덧셈, 뺄셈, 곱셈, 실수 배, 나눗셈에 의하여 만들어진 새로운 함수의 도함수는 기존 함수의 도함수로부터 얻을 수 있다.

정리 2.2.2

두 함수 $f(x)$, $g(x)$가 어떤 구간에서 미분가능하면, 그 구간에서

(1) $(f(x)+g(x))'=f'(x)+g'(x)$

(2) $(f(x)-g(x))'=f'(x)-g'(x)$

(3) $(f(x)\cdot g(x))'=f'(x)g(x)+f(x)g'(x)$

(4) $(cf(x))'=cf'(x)$ (c는 상수)

(5) $\left(\frac{f(x)}{g(x)}\right)'=\frac{f'(x)g(x)-f(x)g'(x)}{(g(x))^2}$ $(g(x)\neq 0)$.

증명 (1) $$(f+g)'(x)=\lim_{h\to 0}\frac{(f+g)(x+h)-(f+g)(x)}{h}$$

$$=\lim_{h\to 0}\frac{(f(x+h)-f(x))+(g(x+h)-g(x))}{h}$$

$$=\lim_{h\to 0}\frac{f(x+h)-f(x)}{h}+\lim_{h\to 0}\frac{g(x+h)-g(x)}{h}$$

$$=f'(x)+g'(x)$$

(2) (1)과 같은 방법으로 하면 차에 대한 미분공식을 얻을 수 있다.

(3) 함수 $y=f(x)g(x)$의 도함수는

$$y'=\lim_{h\to 0}\frac{f(x+h)g(x+h)-f(x)g(x)}{h}$$

$$=\lim_{h\to 0}\frac{f(x+h)g(x+h)-f(x)g(x+h)+f(x)g(x+h)-f(x)g(x)}{h}$$

$$=\lim_{h\to 0}\frac{(f(x+h)-f(x))g(x+h)+f(x)(g(x+h)-g(x))}{h}$$

$$=\lim_{h\to 0}\frac{f(x+h)-f(x)}{h}\cdot\lim_{h\to 0}g(x+h)$$

$$+\lim_{h\to 0}f(x)\cdot\lim_{h\to 0}\frac{(g(x+h)-g(x))}{h}$$

$$=f'(x)g(x)+f(x)g'(x)$$

위의 식 맨 마지막에서 $g(x)$는 미분가능하므로 연속이고, 따라서 $\lim_{h\to 0}g(x+h)=g(x)$을 적용하였다.

(4) $$(cf)'(x)=\lim_{h\to 0}\frac{cf(x+h)-cf(x)}{h}$$

$$=c\lim_{h\to 0}\frac{f(x+h)-f(x)}{h}=cf'(x)$$

(5) 함수 $y=\dfrac{f(x)}{g(x)}$ $(g(x)\neq 0)$의 도함수를 구해보자.

$$y'=\lim_{h\to 0}\frac{\dfrac{f(x+h)}{g(x+h)}-\dfrac{f(x)}{g(x)}}{h},$$ 분자를 통분하여 정리하면

$$= \lim_{h \to 0} \frac{f(x+h)g(x) - f(x)g(x+h)}{hg(x+h)g(x)}$$

$$= \lim_{h \to 0} \frac{(f(x+h) - f(x))g(x) - f(x)(g(x+h) - g(x))}{h\, g(x+h)\, g(x)}$$

$$= \lim_{h \to 0} \frac{\dfrac{f(x+h) - f(x)}{h} \cdot g(x) - f(x) \cdot \dfrac{g(x+h) - g(x)}{h}}{g(x+h)g(x)}$$

$$= \frac{f'(x)g(x) - f(x)g'(x)}{(g(x))^2}. \qquad \blacksquare$$

n이 자연수일 때 $(x^n)' = nx^{n-1}$이 성립함을 정리 2.2.1의 (2)에서 보였다. n이 음의 정수인 경우에는 $n = -m$이라 두면, $y = x^n = x^{-m} = \dfrac{1}{x^m}$이므로 정리 2.2.2의 (5)에 의하여 다음이 성립한다.

$$y' = -\frac{mx^{m-1}}{(x^m)^2} = -mx^{-m-1} = nx^{n-1}$$

$n = 0$이면 정리 2.2.1의 (1)에 의하여 성립한다. 따라서 임의의 정수 n에 대하여

$$\frac{d}{dx}(x^n) = nx^{n-1}$$

이 성립한다.

함수 $y = f(x)$가 미분가능하면 그 도함수인 $f'(x)$도 하나의 함수이므로, 이것을 다시 한 번 미분하면 $f'(x)$의 도함수

$$\lim_{h \to 0} \frac{f'(x+h) - f'(x)}{h}$$

을 생각할 수 있다. 이것을 함수 $f(x)$의 **이계도함수**라 하고

$$y'', \quad f''(x), \quad \frac{d^2y}{dx^2}, \quad \frac{d^2}{dx^2}f(x)$$

등으로 나타낸다.

일반적으로, 함수 $y = f(x)$을 n번 거듭 미분함으로써 얻어지는 함수를 $f(x)$의 **n계도함수**라 하고

$$y^{(n)}, \quad f^{(n)}(x), \quad \frac{d^n y}{dx^n}, \quad \frac{d^n}{dx^n}f(x)$$

등으로 나타낸다.

예제 2.2.1 (1) $y = \dfrac{1}{x}$ 이면, $\dfrac{dy}{dx} = \dfrac{d}{dx}(x^{-1}) = -x^{-2} = -\dfrac{1}{x^2}$

(2) $y = \dfrac{1}{\sqrt[3]{x^2}}$ 이면, $\dfrac{dy}{dx} = \dfrac{d}{dx}(x^{-\frac{2}{3}}) = -\dfrac{2}{3}x^{-\frac{5}{3}}$

예제 2.2.2 함수 $y = \dfrac{1}{\sqrt{x}-1}$ 의 $x=2$에서의 미분계수를 구하여라.

풀이 몫의 공식을 사용하면

$$y' = -\frac{(\sqrt{x}-1)'}{(\sqrt{x}-1)^2} = -\frac{1}{2\sqrt{x}(\sqrt{x}-1)^2}$$

이다. $x=2$을 대입하면

$$y'|_{x=2} = -\frac{1}{2\sqrt{2}(\sqrt{2}-1)^2} = -\frac{3\sqrt{2}+4}{4}$$

을 얻는다. □

예제 2.2.3 곡선 $y = \dfrac{\sqrt{x}}{1+x^2}$ 위의 점 $\left(1, \dfrac{1}{2}\right)$에서의 접선의 방정식을 구하여라.

풀이 몫의 공식을 사용하면

$$y' = \frac{\frac{1}{2\sqrt{x}}(1+x^2) - \sqrt{x}(2x)}{(1+x^2)^2}$$

$$= \frac{(1+x^2)-4x^2}{2\sqrt{x}(1+x^2)^2} = \frac{1-3x^2}{2\sqrt{x}(1+x^2)^2}$$

점 $\left(1, \dfrac{1}{2}\right)$에서 접선의 기울기는 $y'|_{x=1} = -\dfrac{1}{4}$이고 따라서 접선의

방정식은 $y-\frac{1}{2}=-\frac{1}{4}(x-1)$ 또는 $y=-\frac{1}{4}x+\frac{3}{4}$ 이다. □

예제 2.2.4 $f(x)=x^m\ (m \geq n)$일 때, $f^{(n)}(x)$을 구하여라.

풀이 규칙성을 찾기 위해 처음 몇 개의 고계도함수들을 구해보면

$$
\begin{aligned}
f(x) &= x^m \\
f'(x) &= mx^{m-1} \\
f''(x) &= m(m-1)x^{m-2} \\
f'''(x) &= m(m-1)(m-2)x^{m-3} \\
f^{(4)}(x) &= m(m-1)(m-2)(m-3)x^{m-4} \\
&\vdots
\end{aligned}
$$

따라서 $m \geq n$인 모든 자연수 m, n에 대하여

$$f^{(n)}(x)=m(m-1)(m-2)(m-3)\cdots(m-n-1)x^{m-n}. \quad \square$$

예제 2.2.5 f, g를 같은 구간에서 정의된 함수라고 하자.

(1) f, g의 이계도함수, 삼계도함수가 존재할 때

$$
\begin{aligned}
(fg)'' &= f''g+2f'g'+fg'' \\
(fg)''' &= f'''g+3f''g'+3f'g''+fg'''
\end{aligned}
$$

임을 보여라.

(2) 위의 식으로부터 일반적으로 f, g의 n계도함수가 존재할 때 $(fg)^{(n)}$이 어떤 식으로 주어지는지 추정해보아라.

풀이 (1) 곱의 미분공식 $(fg)'=f'g+fg'$으로부터

$$(fg)''=f''g+f'g'+f'g'+fg''=f''g+2f'g'+fg''$$

을 얻고 비슷하게

$$(fg)'''=f'''g+3f''g'+3f'g''+fg'''$$

을 얻는다.

(2) 다시 한 번 양변을 미분해보면

$$(f\,g)'''' = f''''g + 4f'''g' + 6f''g'' + 4f'g''' + f\,g''''$$

을 얻고, 반복하면

$$(f\,g)^{(n)} = {}_nC_0 f^{(n)} g^{(0)} + {}_nC_1 f^{(n-1)} g^{(1)} + {}_nC_2 f^{(n-2)} g^{(2)} + \cdots$$
$$+ {}_nC_{n-1} f^{(1)} g^{(n-1)} + {}_nC_n f^{(0)} g^{(n)}$$
$$(\text{여기서, } f^{(0)} = f,\ g^{(0)} = g)$$

을 얻을 수 있다는 것을 알 수 있다(정확한 증명은 수학적 귀납법을 써야 하지만 여기서는 생략한다). 이로써 이항정리와 유사한 형태가 된다는 것을 추정할 수 있다. □

연·습·문·제 2.2

EXERCISES

1. 다음 함수의 도함수를 구하여라.

(1) $y = (x^2 - 1)(x+3)(5 - x^2)$ (2) $y = x^{-4}$

(3) $y = \dfrac{1-x}{2+x}$ (4) $y = \dfrac{x-1}{\sqrt{x}}$

(5) $y = \dfrac{x^3 - 2x\sqrt{x}}{x}$ (6) $y = \dfrac{1+x^2}{1-x^2}$

2. $f(x) = \sqrt{x}\,g(x)$이고, $g(4) = 8$, $g'(4) = 7$일 때, $f'(4)$의 값을 구하여라.

3. $f(x) = \dfrac{1-4x}{1+3x}$의 일계와 이계도함수를 구하여라.

4. 점 $(-2, -1)$에서 곡선 $y = \dfrac{-4}{x^2}$에 그은 접선의 방정식을 구하여라.

5. $f(x)=\dfrac{1}{x}$일 때, $f^{(n)}(x)$을 구하여라.

6. 함수 f가 $f(x)=\begin{cases} x^2, & x>0 \\ 0, & x\le 0 \end{cases}$로 정의되었을 때 f의 정의역에서 도함수를 구하여라.

2.3 삼각함수의 도함수

삼각함수의 미분에서 기본이 되는 다음 극한값에 대하여 알아보자.

정리 2.3.1

$$\lim_{\theta \to 0} \frac{\sin \theta}{\theta} = 1.$$

(증명) (1) 먼저 $\theta \to 0^+$일 때, 그림과 같이 반지름의 길이가 1이고 각의 크기가 θ인 부채꼴 OAB에서 $\overline{OB}$의 연장선 위에 $\overline{OA} \perp \overline{AT}$가 되도록 점 T을 잡는다. 넓이를 비교해 보면

$$\Delta OAB < \text{부채꼴 } OAB < \Delta OAT$$

이므로

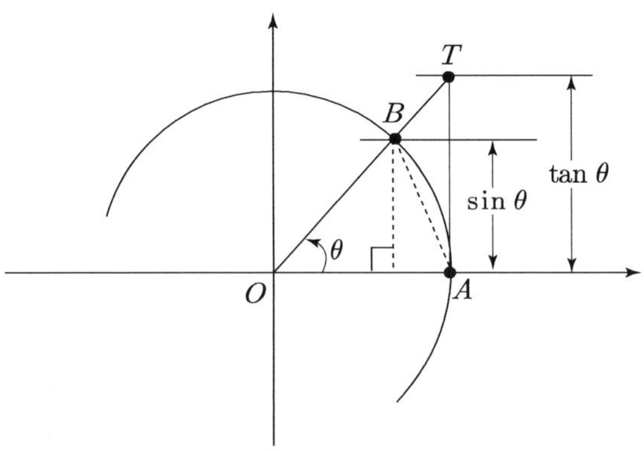

[그림 2.2]

$$\frac{1}{2}\sin\theta < \frac{1}{2}\theta < \frac{1}{2}\tan\theta.$$

$\theta > 0$이고 0에 가까운 값일 때, $\sin\theta > 0$이므로 각 변을 $\frac{1}{2}\sin\theta$로 나누면

$$1 < \frac{\theta}{\sin\theta} < \frac{1}{\cos\theta} \quad \text{즉,}\ 1 > \frac{\sin\theta}{\theta} > \cos\theta$$

이다. $\lim_{\theta\to 0^+} 1 = 1$이고 $\lim_{\theta\to 0^+}\cos\theta = 1$이므로 압축정리에 의하여 $\lim_{\theta\to 0^+}\frac{\sin\theta}{\theta} = 1$이 성립한다.

(2) $\theta\to 0^-$일 때 $t = -\theta$라 하자. $t > 0$이므로

$$\lim_{\theta\to 0^-}\frac{\sin\theta}{\theta} = \lim_{t\to 0^+}\frac{\sin(-t)}{-t} = \lim_{t\to 0^+}\frac{-\sin t}{-t} = \lim_{t\to 0^+}\frac{\sin t}{t} = 1$$

이다. 따라서 (1)과 (2)에 의해 $\lim_{\theta\to 0}\frac{\sin\theta}{\theta} = 1$이다. ■

예제 2.3.1 다음 극한값을 구하여라.

(1) $\lim_{x\to 0}\frac{\cos x - 1}{x}$ (2) $\lim_{x\to 0} x\cot x$

풀이 (1) $$\lim_{x\to 0}\frac{\cos x - 1}{x} = \lim_{x\to 0}\frac{\cos x - 1}{x}\cdot\frac{\cos x + 1}{\cos x + 1} = \lim_{x\to 0}\frac{\cos^2 x - 1}{x(\cos x + 1)}$$

$$= \lim_{x\to 0}\frac{\sin x}{x}\cdot\frac{-\sin x}{\cos x + 1} = 1\cdot 0 = 0$$

(2) $$\lim_{x\to 0} x\cot x = \lim_{x\to 0}\frac{x\cos x}{\sin x} = \lim_{x\to 0}\left(\frac{x}{\sin x}\cdot\cos x\right)$$

$$= \lim_{x\to 0}\frac{1}{\frac{\sin x}{x}}\cdot\lim_{x\to 0}\cos x = 1$$ □

예제 2.3.2 $\lim_{x\to 0}\frac{\sin 5x}{3x}$을 구하여라.

풀이 $$\lim_{x\to 0}\frac{\sin 5x}{3x} = \lim_{x\to 0}\frac{\sin 5x}{5x}\cdot\frac{5x}{3x} = \frac{5}{3}$$ □

이제 삼각함수의 도함수를 구해보자.

삼각함수 $y = \sin x$의 도함수는

$$
\begin{aligned}
y' &= \lim_{h\to 0}\frac{\sin(x+h)-\sin x}{h}\\
&= \lim_{h\to 0}\frac{\sin x\cos h+\cos x\sin h-\sin x}{h} \quad \text{(사인에 대한 덧셈공식)}\\
&= \lim_{h\to 0}\frac{\sin x(\cos h-1)+\cos x\sin h}{h}\\
&= \lim_{h\to 0}\left[\sin x\left(\frac{\cos h-1}{h}\right)+\cos x\left(\frac{\sin h}{h}\right)\right]\\
&= \sin x\cdot 0+\cos x\cdot 1=\cos x \qquad \text{(예제 2.3.1 (1)과 정리 2.3.1)}
\end{aligned}
$$

를 얻는다. 비슷한 방법으로 다음을 증명할 수 있다.

$$(\cos x)' = -\sin x$$

$\tan x = \dfrac{\sin x}{\cos x}$ 이므로, $y=\tan x$의 도함수는

$$
\begin{aligned}
y' &= \left(\frac{\sin x}{\cos x}\right)' = \frac{(\sin x)'\cos x-\sin x(\cos x)'}{\cos^2 x} = \frac{\cos^2 x+\sin^2 x}{\cos^2 x}\\
&= \frac{1}{\cos^2 x} = \sec^2 x
\end{aligned}
$$

이고, $y=\sec x$의 도함수는

$$y' = \left(\frac{1}{\cos x}\right)' = \frac{-(\cos x)'}{\cos^2 x} = \frac{\sin x}{\cos^2 x} = \sec x\tan x$$

이다. 따라서 다음과 같은 삼각함수의 도함수 공식을 얻을 수 있다.

정리 2.3.2

$(\sin x)' = \cos x$ $\qquad$ $(\csc x)' = \left(\dfrac{1}{\sin x}\right)' = -\csc x\cot x$

$(\cos x)' = -\sin x$ $\qquad$ $(\sec x)' = \left(\dfrac{1}{\cos x}\right)' = \sec x\tan x$

$(\tan x)' = \sec^2 x$ $\qquad$ $(\cot x)' = \left(\dfrac{1}{\tan x}\right)' = -\csc^2 x\,.$

예제 2.3.3 다음 식을 미분하여라.

(1) $y = x \csc x - \cot x$　　　　(2) $y = \dfrac{\sec x}{1 + \sin x}$

(3) $y = \cos x \sin x$　　　　(4) $y = \dfrac{\tan x}{\sin x + \cos x}$

풀이 (1) $y' = \csc x + x(-\csc x \cot x) - (-\csc^2 x)$

$= \csc x - x \csc x \cot x + \csc^2 x$

(2) $y' = \dfrac{\sec x \tan x (1 + \sin x) - \sec x (\cos x)}{(1 + \sin x)^2}$

$= \dfrac{\sec x \tan x (1 + \sin x) - 1}{(1 + \sin x)^2}$

(3) $y' = -\sin x \sin x + \cos x \cos x = -\sin^2 x + \cos^2 x$

(4) $y' = \dfrac{\sec^2 x (\sin x + \cos x) - \tan x (\cos x - \sin x)}{(\sin x + \cos x)^2}$ □

연 · 습 · 문 · 제 2.3

1. 다음 식을 미분하여라.

(1) $y = x^3 \cot x$　　　　(2) $f(x) = \dfrac{\sec x}{1 + \sec x}$

(3) $y = \dfrac{\sin x}{x^2}$　　　　(4) $f(x) = \sec x \tan x$

(5) $y = x^2(\cos x - \csc x)$　　　　(6) $f(x) = x \sec x - \cot x$

2. 점 $(\pi, -\pi)$에서 곡선 $y = x \cos x$에 대한 접선 및 법선의 방정식을 구하여라.

3. $\dfrac{d}{dx}(\csc x) = -\csc x \cot x$임을 증명하여라.

4. $\dfrac{d}{dx}(\cot x) = -\csc^2 x$ 임을 증명하여라.

5. 다음 극한을 구하여라.

(1) $\displaystyle\lim_{x\to 0}\frac{\sin 3x}{x}$

(2) $\displaystyle\lim_{x\to 0^+}\frac{\cos 5x}{x}$

(3) $\displaystyle\lim_{x\to 0}\frac{x}{\tan 3x}$

(4) $\displaystyle\lim_{x\to 0}\frac{\tan 6x}{\sin 3x}$

2.4 합성함수의 미분법(연쇄법칙)

두 함수 $f(x)$, $g(x)$의 도함수가 존재할 때, 이 두 함수의 합성함수 $y=(f\circ g)(x)=f(g(x))$의 도함수를 구해보자.

정리 2.4.1

두 함수 $y=f(u)$, $u=g(x)$가 미분가능할 때, 함수 $y=f(g(x))$의 도함수는

$$\frac{dy}{dx}=\frac{dy}{du}\cdot\frac{du}{dx}=f'(u)g'(x)=f'(g(x))g'(x)$$

이다.

(증명) x의 변화량 Δx에 대응하는 u의 변화량을 Δu라고 하자. 즉,

$$\Delta u=g(x+\Delta x)-g(x).$$

그러면 이에 대응하는 y의 변화량은

$$\Delta y=f(u+\Delta u)-f(u)$$

이고 $\Delta x\to 0$이면 $\Delta u\to 0$이다. 따라서

$$\begin{aligned}\frac{dy}{dx}&=\lim_{\Delta x\to 0}\frac{\Delta y}{\Delta x}=\lim_{\Delta x\to 0}\frac{\Delta y}{\Delta u}\cdot\frac{\Delta u}{\Delta x}=\lim_{\Delta x\to 0}\frac{\Delta y}{\Delta u}\cdot\lim_{\Delta x\to 0}\frac{\Delta u}{\Delta x}\\&=\lim_{\Delta u\to 0}\frac{\Delta y}{\Delta u}\cdot\lim_{\Delta x\to 0}\frac{\Delta u}{\Delta x}=\frac{dy}{du}\cdot\frac{du}{dx}.\end{aligned}$$

■

예제 2.4.1 $y=(x^3+2x)^4$의 도함수를 구하여라.

풀이 $u=x^3+2x$, $y=u^4$라고 하면

$$y'=\frac{dy}{du}\cdot\frac{du}{dx}=4u^3(3x^2+2)=4(x^3+2x)^3(3x^2+2)$$

□

예제 2.4.2 다음 함수를 미분하여라.

(1) $y = \cos(x^2)$

(2) $y = \cos^2 x$

풀이 (1) $u = x^2$, $y = \cos u$라고 하면

$$y' = \frac{dy}{du} \cdot \frac{du}{dx} = -\sin u(2x)$$
$$= -\sin(x^2)(2x) = -2x\sin(x^2)$$

(2) $f(x) = x^2$, $g(x) = \cos x$이라고 하면 $y = \cos^2 x = f(g(x))$이므로

$$y' = f'(g(x))g'(x) = 2\cos x(-\sin x)$$
$$= -2\sin x\cos x = -\sin 2x$$

□

여러 개의 함수로 이루어진 합성함수를 미분하는 경우에 연쇄법칙을 고리 모양으로 적용하게 되는데 이러한 이유로 이 법칙을 연쇄법칙이라고 부른다. 미분 가능한 함수 f, g, h에 대하여 $y = f(u)$, $u = g(t)$, $t = h(x)$라고 하자. x에 대한 y의 도함수를 계산하기 위해 연쇄법칙을 두 번 사용하면

$$\frac{dy}{dx} = \frac{dy}{dt} \cdot \frac{dt}{dx} = \frac{dy}{du} \cdot \frac{du}{dt} \cdot \frac{dt}{dx}$$

가 된다.

예제 2.4.3 $f(x) = \cos(\sin(\cot x))$일 때, 연쇄법칙을 두 번 사용하면

$$f'(x) = -\sin x(\sin(\cot x))\frac{d}{dx}(\sin(\cot x))$$
$$= -\sin(\sin(\cot x))(\cos(\cot x))\frac{d}{dx}(\cot x)$$
$$= -\sin(\sin(\cot x))\cos(\cot x)(-\csc^2 x)$$
$$= \sin(\sin(\cot x))\cos(\cot x)\csc^2 x$$

예제 2.4.4 $f(x)=\dfrac{1}{\sqrt[3]{x^2+3x+2}}$ 일 때, $f'(x)$을 구하여라.

풀이 $f(x)=(x^2+3x+2)^{-\frac{1}{3}}$로 변형한다. 그러면

$$\begin{aligned} f'(x) &= -\frac{1}{3}(x^2+3x+2)^{-\frac{4}{3}}\frac{d}{dx}(x^2+3x+2) \\ &= -\frac{1}{3}(x^2+3x+2)^{-\frac{4}{3}}(2x+3) \end{aligned}$$

□

연 · 습 · 문 · 제 2.4

EXERCISES

1. 다음 함수의 도함수를 구하여라.

(1) $y=\dfrac{1+\cos 3x}{1-\cos 3x}$

(2) $y=\sin(x+\cos x)$

(3) $y=-\csc^2 2x$

(4) $y=\cot^2(\sin x)$

(5) $y=\sin(\tan\sqrt{\cos x})$

(6) $y=\sec\left(\dfrac{1}{x^2+2x}\right)$

(7) $y=\sqrt{\dfrac{x-1}{x+1}}$

(8) $y=x^3\tan 2x$

(9) $y=\dfrac{1}{(x^4+1)^3}$

(10) $y=\sin\sqrt{x^2+1}$

2. 곡선 $y=\sin(\cos x)$ 위의 점 $\left(\dfrac{\pi}{2},\ 0\right)$에서의 접선의 방정식을 구하여라.

3. f가 0에서 미분가능하고 $g(x)=f(x^2\sin x)$일 때, $g'(0)$을 구하여라.

4. 함수 g가 미분가능한 함수일 때 다음 함수 f의 도함수를 구하여라.

(1) $f(x)=g(x^2+g(2))$

(2) $f(x)=g(x^2g(1))$

(3) $f(x) = g(x^2 + g(x))$

(4) $f(x) = g(x^2 g(x))$

5. $\dfrac{d}{dx}\sin x°$을 구하여라.

2.5 음함수 미분법

다음과 같이 주어진 음함수를 생각하자.

$$x^4 + 2y^2 = 8$$

y'을 구하기 위해 우리는 이 함수를 양함수 $y = f(x) = \pm\sqrt{\dfrac{8-x^4}{2}}$로 고친 다음에 미분할 수 있다. 양함수로 표현하기가 어려운 경우에 y의 도함수를 구하기 위해 다행스럽게도 y을 x에 관하여 풀지 않고 다음과 같은 방법으로 y'을 구할 수 있는데 이를 **음함수 미분법**이라 한다.

양함수로 고친 형태인 $y = f(x)$을 주어진 식의 y에 대입하면 $x^4 + 2(f(x))^2 = 8$이라는 식을 얻을 수 있고, 양변을 x에 관하여 미분하면(이때 합성함수 미분법이 사용된다), $4x^3 + 4y\dfrac{dy}{dx} = 0$이고 이 식을 y'에 대하여 풀면 $\dfrac{dy}{dx} = \dfrac{-4x^3}{4y} = -\dfrac{x^3}{y}$을 얻는다.

일반적으로 음함수의 도함수는 다음과 같이 구한다.

정리 2.5.1

x의 함수 y가 $F(x,\ y) = 0$의 꼴로 주어지면 y를 x에 대한 함수로 보고 각 항을 x에 대하여 미분한 다음 정리하여 $\dfrac{dy}{dx}$을 구한다.

예제 2.5.1 $x^2 + 3xy = 1$일 때, $\dfrac{dy}{dx}$을 구하고 $x = 1$일 때의 미분계수를 구하여라.

풀이 1 양함수로 고치면 $y = f(x) = \dfrac{1-x^2}{3x} = \dfrac{1}{3}\left(\dfrac{1}{x} - x\right)$이다.

양변을 x에 대하여 미분하고 $x = 1$을 대입하면

$$y'|_{x=1} = \frac{1}{3}\left(-\frac{1}{x^2}-1\right) = -\frac{2}{3}$$

을 얻는다.

풀이 2 음함수 미분법을 이용하여 풀기 위해 주어진 식의 양변을 x에 대하여 미분하면

$$2x+3\left(y+x\frac{dy}{dx}\right)=0,\ \text{즉}\ 2x+3y+3x\frac{dy}{dx}=0$$

이므로 $\frac{dy}{dx}=-\frac{2x+3y}{3x}$이다. $x=1$이면 $1+3y=1$에서 $y=0$이므로 $x=1$에서의 미분계수는 $-\frac{2}{3}$이다. □

위의 예제에서 보았듯이 양함수로 쉽게 고칠 수 있는 경우라도 음함수 미분법을 이용하는 것이 편리할 때가 종종 있다. 또한 음함수 미분법을 사용하여 y'을 구하면 그 결과는 일반적으로 x와 y을 포함하는 식으로 표현된다.

예제 2.5.2 $y=\cos(x+y+1)$일 때, y'을 구하여라.

풀이 음함수 미분법을 이용하여 풀기 위해 주어진 식의 양변을 x에 대하여 미분하면

$$y' = -\sin(x+y+1)(1+y')$$

이다. 이 식을 정리하면 $(1+\sin(x+y+1))y' = -\sin(x+y+1)$을 얻는다. 그러므로 $y' = \frac{-\sin(x+y+1)}{1+\sin(x+y+1)}$이다. □

n이 정수일 때, $y=x^n$의 도함수는 $y'=nx^{n-1}$임을 앞에서 보였다.

이제 음함수 미분법을 이용하여 n이 유리수일 때에도 위의 공식이 성립하는가를 알아보자. $n=\frac{q}{p}$ (p, q는 정수, $p \neq 0$)로 놓으면 $y=x^n$에서 $y=x^{\frac{q}{p}}$이므로 양변을 p제곱하면

$$y^p = x^q.$$

위 식의 양변을 x에 대하여 미분하면 p, q는 정수이므로 $py^{p-1}\dfrac{dy}{dx}=qx^{q-1}$이다. 따라서

$$\frac{dy}{dx}=\frac{q}{p}\cdot\frac{x^{q-1}}{y^{p-1}}=\frac{q}{p}\cdot\frac{x^{q-1}}{\left(x^{\frac{q}{p}}\right)^{p-1}}=\frac{q}{p}\cdot\frac{x^{q-1}}{x^{q-\frac{q}{p}}}$$

$$=\frac{q}{p}x^{q-1-(q-\frac{q}{p})}=\frac{q}{p}x^{\frac{q}{p}-1}=nx^{n-1}$$

이고, 이상을 정리하면 다음과 같다.

정리 2.5.2

n이 유리수일 때, $y=x^n$이면 $y'=nx^{n-1}$.

연 · 습 · 문 · 제 2.5

1. 음함수 미분법을 사용하여 $\dfrac{dy}{dx}$을 구하여라.

(1) $y^2=x$

(2) $x(y+1)=2y-1$

(3) $x^2+y^2=2$

(4) $\sqrt{xy}=1+x^2y$

(5) $x^2y^2+x\sin y=4$

(6) $xy=\cot(xy)$

(7) $\dfrac{1}{x}+\dfrac{1}{y}=1$

(8) $\tan\left(\dfrac{x}{y}\right)=x+y$

(9) $(x^2+y^2)^2=x^2y^2$

(10) $4\cos x\sin y=3$

2. $2x^3-\sin 4y=x^2y+2$ 위의 점 $(1,\ 0)$에서 접선의 방정식을 구하여라.

3. $x^2 + y^2 = 9$일 때, y''을 구하여라.

4. 타원 $\dfrac{x^2}{a^2} + \dfrac{y^2}{b^2} = 1$ 위의 점 (x_0, y_0)에서 접선의 방정식을 구하여라.

2.6 역함수 미분법

함수 f가 일대일이며 미분가능한 함수라 가정하자. 기하학적으로 미분가능한 함수의 그래프는 꺾이거나 꼬임이 없는 함수로 생각할 수 있다. 역함수의 그래프는 f의 그래프를 $y=x$로 대칭 이동시켜 얻어지므로, 꺾임이나 꼬임이 없다. 그러므로 f^{-1}도 미분가능함을 기대할 수 있다.

정리 2.6.1

f가 역함수를 갖고 a을 포함하는 개구간 I에서 연속이라 가정하자.
$f'(a)$가 존재하고 $f'(a) \neq 0$이고 $f(a)=c$라 가정하면 $(f^{-1})'(c)$는 존재하고

$$(f^{-1})'(c) = \frac{1}{f'(f^{-1}(c))} = \frac{1}{f'(a)}$$

이다.

(증명) $f^{-1}(c)=a$와 도함수의 정의에 의하여

$$(f^{-1})'(c) = \lim_{y \to c} \frac{f^{-1}(y) - f^{-1}(c)}{y-c} = \lim_{y \to c} \frac{f^{-1}(y) - a}{f(f^{-1}(y)) - f(a)}.$$

정리 1.3.9에 의하여

$$\lim_{y \to c} f^{-1}(y) = f^{-1}(c) = a$$

이다. 이때 $x = f^{-1}(y)$이면 y가 c에 접근할 때 x는 a에 접근한다. 더욱이 f^{-1}가 역함수를 갖고 $f^{-1}(c)=a$이므로 $y \neq c$에 대해 $f^{-1}(y) \neq a$이다. 따라서

$$(f^{-1})'(c) = \lim_{y \to c} \frac{f^{-1}(y) - a}{f(f^{-1}(y)) \quad f(a)} = \lim_{x \to a} \frac{x-a}{f(x) - f(a)}$$

$$= \lim_{x \to a} \frac{1}{\dfrac{f(x)-f(a)}{x-a}} = \frac{1}{f'(a)}. \qquad \blacksquare$$

위의 정리에서 c를 일반적인 수 x로 바꾸면

$$(f^{-1})'(x) = \frac{1}{f'(f^{-1}(x))}$$

이고, $y = f^{-1}(x)$로 놓으면 $f(y) = x$이다. 그러므로 라이프니츠의 기호법으로 표현하면 위의 식은

$$\frac{dy}{dx} = \frac{1}{\dfrac{dx}{dy}}$$

이 된다.

예제 2.6.1 $f(x) = x^7 + 8x^3 + 4x - 2$일 때, $(f^{-1})'(-2)$을 구하여라.

풀이 먼저 $f(a) = -2$인 a를 찾자. $f(0) = -2$이므로 $a = 0$이다. $f'(x) = 7x^6 + 24x^2 + 4$이므로 $f'(0) = 4$이다. 그러므로

$$(f^{-1})'(-2) = \frac{1}{f'(0)} = \frac{1}{4}$$

이다. □

예제 2.6.2 $f(x) = 3x + \sin\left(\dfrac{\pi x}{2}\right)$은 일대일 함수임을 보이고, $(f^{-1})'(4)$을 구하여라.

풀이 $f'(x) = 3 + \dfrac{\pi}{2}\cos\left(\dfrac{\pi x}{2}\right)$이고, 모든 x에 대하여 $f'(x) > 0$이므로 증가함수이다. 정리 1.1.1에 의하여 f는 일대일 함수이다. $f(1) = 4$이므로 역함수 미분법에 의하여

$$(f^{-1})'(4) = \frac{1}{f'(1)} = \frac{1}{3} \qquad \square$$

연 · 습 · 문 · 제 2.6

EXERCISES

1. 그래프를 이용하여 함수 $f(x)=x^3-x$가 일대일 함수인지 결정하여라.

2. 함수 $f(x)=2x^2 \quad (x \geq 0)$의 역함수 g을 구하고 $y=f(x)$의 그래프와 $y=g(x)$의 그래프를 같은 평면에 그려라.

3. f^{-1}가 주어진 함수의 역함수일 때, $(f^{-1})'(c)$을 구하여라.

   (1) $f(x)=x^3+7, \quad c=6$

   (2) $f(x)=x+\sin x, \quad c=0$

   (3) $f(x)=3x-\dfrac{1}{x^3} \quad (x<0), \quad c=-2$

   (4) $f(x)=\sqrt[3]{x+5}, \quad c=2$

4. 다음 함수의 $\dfrac{dx}{dy}$을 구하여라.

   (1) $y=x^9+7x$

   (2) $y=\sin x \quad \left(-\dfrac{\pi}{2}<x<\dfrac{\pi}{2}\right)$

2.7 자연지수함수와 자연로그함수의 도함수

도함수의 정의를 이용하여 $f(x)=a^x$의 도함수를 계산하면

$$f'(x)=\lim_{h\to 0}\frac{f(x+h)-f(x)}{h}=\lim_{h\to 0}\frac{a^{x+h}-a^x}{h}=\lim_{h\to 0}\frac{a^x a^h-a^x}{h}$$

$$=\lim_{h\to 0}\frac{a^x(a^h-1)}{h}=a^x\lim_{h\to 0}\frac{a^h-1}{h}=a^x f'(0)$$

이다. 정의 1.5.4에 의하여 $\lim_{h\to 0}\frac{e^h-1}{h}=1$인 수가 e이므로 위 식에서 $a=e$로 놓으면 $f'(0)=1$이다. 따라서 다음과 같은 정리를 얻을 수 있다.

정리 2.7.1

$$\frac{d}{dx}(e^x)=e^x.$$

예제 2.7.1 함수 $y=e^{\tan x}$을 미분하여라.

풀이 연쇄법칙을 사용하기 위해 $u=\tan x$로 치환하면, $y=e^u$이므로

$$\frac{dy}{dx}=\frac{dy}{du}\frac{du}{dx}=e^u\sec^2 x=e^{\tan x}\sec^2 x$$ □

예제 2.7.2 $y=e^{-3x}\cos 4x$일 때, y'을 구하여라.

풀이 곱의 법칙과 연쇄법칙을 이용하면

$$y'=-3e^{-3x}\cos 4x+e^{-3x}(-\sin 4x)(4)$$

$$=-3e^{-3x}\cos 4x-4e^{-3x}\sin 4x$$ □

미분가능한 자연지수함수 $y=e^x$의 역함수로 정의된 자연로그함수 $y=\ln x$도 역시 미분가능하고 그 도함수를 구해보면 다음과 같다.

정리 2.7.2

$$\frac{d}{dx}\ln x=\frac{1}{x}.$$

(증명) $y=\ln x$라고 놓으면, $x=e^y$이다. 역함수 미분법을 이용하면

$$\frac{dy}{dx}=\frac{1}{\frac{dx}{dy}}=\frac{1}{e^y}=\frac{1}{e^{\ln x}}=\frac{1}{x} \qquad ■$$

예제 2.7.3 $y=\ln(x^3+2x)$을 미분하여라.

풀이 연쇄법칙을 이용하기 위하여 $u=x^3+2x$로 놓으면, $y=\ln u$이므로

$$\begin{aligned}\frac{dy}{dx}&=\frac{dy}{du}\frac{du}{dx}=\frac{1}{u}(3x^2+2)=\frac{1}{x^3+2x}(3x^2+2)\\&=\frac{3x^2+2}{x^3+2x}\end{aligned} \qquad □$$

예제 2.7.4 $\dfrac{d}{dx}\ln(\cos x)$을 구하여라.

풀이 $\dfrac{d}{dx}\ln(\cos x)=\dfrac{1}{\cos x}\dfrac{d}{dx}(\cos x)=\dfrac{-\sin x}{\cos x}=-\tan x$ □

예제 2.7.5 $f(x)=\sqrt{\ln x}$을 미분하여라.

풀이 연쇄법칙에 의하여

$$f'(x)=\frac{1}{2\sqrt{\ln x}}\frac{d}{dx}(\ln x)=\frac{1}{2\sqrt{\ln x}}\frac{1}{x}=\frac{1}{2x\sqrt{\ln x}} \qquad □$$

예제 2.7.6 $y=(\ln x)^3$의 도함수를 구하여라.

풀이 $y'=3(\ln x)^2(\ln x)'=\dfrac{3(\ln x)^2}{x}$ □

예제 2.7.7 $\dfrac{d}{dx}\ln\dfrac{2x+3}{\sqrt{x-2}}$을 구하여라.

풀이 1 우선 로그법칙을 사용하여 주어진 함수를 간단히 하면 미분하기가 쉽다.

$$\begin{aligned}\frac{d}{dx}\ln\frac{2x+3}{\sqrt{x-2}}&=\frac{d}{dx}\left(\ln(2x+3)-\frac{1}{2}\ln(x-2)\right)\\&=\frac{2}{2x+3}-\frac{1}{2}\left(\frac{1}{x-2}\right)=\frac{2x-11}{2(2x+3)(x-2)}\end{aligned}$$

풀이 2 연쇄법칙과 몫의 미분공식을 이용하여 풀면 복잡해진다.

$$\begin{aligned}\frac{d}{dx}\ln\frac{2x+3}{\sqrt{x-2}}&=\frac{1}{\dfrac{2x+3}{\sqrt{x-2}}}\,\frac{d}{dx}\left(\frac{2x+3}{\sqrt{x-2}}\right)\\&=\frac{\sqrt{x-2}}{2x+3}\,\frac{2\sqrt{x-2}-(2x+3)\dfrac{1}{2\sqrt{x-2}}}{x-2}\\&=\frac{\sqrt{x-2}}{2x+3}\,\frac{2x-11}{2\sqrt{x-2}\,(x-2)}\\&=\frac{2x-11}{2(2x+3)(x-2)}\end{aligned}$$ □

정리 2.7.3

$$\frac{d}{dx}\ln|x|=\frac{1}{x}.$$

증명

$$f(x)=\begin{cases}\ln x, & x>0\\ \ln(-x), & x<0\end{cases}$$

이므로 $f'(x) = \begin{cases} \dfrac{1}{x}, & x > 0 \\ \dfrac{1}{-x}(-1), & x < 0 \end{cases}$

이다. 따라서 $x \neq 0$인 모든 x에 대하여 $f'(x) = \dfrac{1}{x}$이다. ■

$f(x)$가 미분가능한 함수이고, $f(x) \neq 0$일 때, 정리 2.7.3과 합성함수 미분법을 이용하면 함수 $y = \ln|f(x)|$의 도함수를 구할 수 있다.

정리 2.7.4

$$\frac{d}{dx}\ln|f(x)| = \frac{f'(x)}{f(x)}.$$

예제 2.7.8 $\dfrac{d}{dx}\ln|3x+2| = \dfrac{(3x+2)'}{3x+2} = \dfrac{3}{3x+2}$

연·습·문·제 2.7

EXERCISES

1. 다음 함수를 미분하여라.

(1) $f(x) = e^{\frac{1}{x}}$

(2) $f(x) = x^2 e^x$

(3) $y = \sin(e^{3x} + 1)$

(4) $y = \dfrac{\ln x}{1 + \ln 3x}$

(5) $f(x) = e^x \ln(\sin x)$

(6) $y = \dfrac{e^x \cos x}{1 + \sin x}$

(7) $f(x) = \ln \dfrac{(2x+1)^3}{\sqrt[4]{3x-1}}$

(8) $f(x) = \ln(e^{-x} + x e^{-x})$

(9) $f(x) = \sqrt[3]{\ln x}$

(10) $y = e^{e^x}$

2. $y=e^{2x}$의 n계 도함수 $y^{(n)}$을 구하여라.

3. $e^{x^2 y}=x+y$에 대하여 y'을 구하여라.

4. $f(x)=3+x+e^x$일 때 $(f^{-1})'(4)$을 구하여라.

5. 곡선 $y=\ln(\ln x)$ 위의 점 $(e,\ 0)$에서의 접선의 방정식을 구하여라.

6. $f(x)=x^3 e^x$일 때, $f^{(n)}(0)$을 구하여라.

2.8 일반적인 지수함수와 로그함수의 도함수

자연로그와 밑이 e인 지수함수를 이용하여 양의 실수 a을 밑으로 갖는 임의의 지수함수를 다음과 같이 정의한다.

정의 2.8.1

양의 실수 a와 임의의 실수 x에 대하여

$$a^x = (e^{\ln a})^x = e^{x \ln a}.$$

만일 $y = x^c$ (단, $x > 0$)이면

$$\frac{dy}{dx} = \frac{d}{dx}(e^{c \ln x}) = e^{c \ln x}\frac{c}{x} = x^c \frac{c}{x} = c x^{c-1}$$

이다.

함수 a^x의 도함수는 연쇄법칙에 의해 $e^{x \ln a}$을 미분함으로써 얻어진다.

정리 2.8.1

$$\frac{d}{dx}(a^x) = a^x \ln a.$$

(증명) $\frac{d}{dx}(a^x) = \frac{d}{dx}(e^{x \ln a}) = e^{x \ln a}\frac{d}{dx}(x \ln a) = a^x \ln a.$ ■

예제 2.8.1 $y = 3^{x^2}$을 미분하여라.

풀이 연쇄법칙을 적용하면

$$y' = 3^{x^2}(\ln 3)\frac{d}{dx}(x^2) = 2x(\ln 3)3^{x^2}. \qquad \square$$

밑과 지수가 모두 변수인 $f(x)^{g(x)}$ 꼴의 함수에 대하여는

$$f(x)^{g(x)} = e^{g(x)\ln f(x)}$$

로 고쳐서 도함수를 구할 수 있다. 위와 같은 형태는 다음 절에서 배우는 로그 미분법을 사용하여 도함수를 구할 수도 있다.

예제 2.8.2 $y = x^x$을 미분하여라.

풀이 $y = x^x = e^{x\ln x}$이므로 연쇄법칙에 의하여

$$y' = e^{x\ln x}(\ln x + x\frac{1}{x}) = x^x(\ln x + 1). \qquad \square$$

예제 2.8.3 $f(x) = (2x)^{\sin x}$일 때, $f'(x)$을 구하여라.

풀이 $f(x) = (2x)^{\sin x} = e^{\sin x\ln(2x)}$이므로

$$\begin{aligned} f'(x) &= e^{\sin x\ln(2x)}\left(\cos x\ln(2x) + \sin x\frac{2}{2x}\right) \\ &= (2x)^{\sin x}\left(\cos x\ln(2x) + \frac{\sin x}{x}\right). \qquad \square \end{aligned}$$

지수함수 $y = a^x$ $(a > 0,\ a \neq 1)$의 역함수로 정의된 로그함수 $y = \log_a x$는 자연로그함수로 표현될 수 있다는 것을 정리 1.5.12에서 배웠다.

그러므로 임의의 밑을 갖는 로그함수는 다음과 같이 미분할 수 있다.

$$\frac{d}{dx}(\log_a x) = \frac{d}{dx}\left(\frac{\ln x}{\ln a}\right) = \frac{1}{\ln a}\frac{d}{dx}(\ln x) = \frac{1}{x\ln a}.$$

정리 2.8.2

$$\frac{d}{dx}(\log_a x) = \frac{1}{x \ln a}.$$

예제 2.8.4 $y = \log_{10}(\tan x + 2)$의 도함수를 구하여라.

풀이 $$y' = \frac{1}{(\tan x + 2)\ln 10} \frac{d}{dx}(\tan x + 2) = \frac{\sec^2 x}{\ln 10(\tan x + 2)}$$ □

조금 더 일반적인 $y = \log_a |f(x)|$의 도함수는 밑이 e인 자연로그로 바꾼 다음 정리 2.7.4에 의하여 구할 수 있다. 즉,

$$\frac{d}{dx}(\log_a |f(x)|) = \frac{d}{dx}\left(\frac{\ln|f(x)|}{\ln a}\right) = \frac{1}{\ln a} \frac{f'(x)}{f(x)}.$$

예제 2.8.5 $y = \log_3 |2x - 1|$의 도함수를 구하여라.

풀이 $$y' = \frac{(2x-1)'}{\ln 3(2x-1)} = \frac{2}{\ln 3(2x-1)}$$ □

이제 실수 e를 극한에 의하여 정의해보자. $f(x) = \ln x$라 하면 $f'(x) = \dfrac{1}{x}$이므로 $f'(1) = 1$이다. 극한으로 수 e을 표현하기 위하여 이 사실을 사용한다. 도함수의 정의로부터

$$\begin{aligned} f'(1) &= \lim_{h \to 0} \frac{f(1+h) - f(1)}{h} = \lim_{x \to 0} \frac{f(1+x) - f(1)}{x} \\ &= \lim_{x \to 0} \frac{\ln(1+x) - \ln 1}{x} = \lim_{x \to 0} \frac{1}{x} \ln(1+x) = \lim_{x \to 0} \ln(1+x)^{\frac{1}{x}} \end{aligned}$$

$f'(1) = 1$이므로 $\lim_{x \to 0} \ln(1+x)^{\frac{1}{x}} = 1$이고, 따라서 $\lim_{x \to 0} (1+x)^{\frac{1}{x}} = e$이다.

위 식에서 $n = \dfrac{1}{x}$로 놓으면 $x \to 0^+$에 따라 $n \to \infty$이므로 e에 대한 또 다른 표현을 얻는데 이는 예제 1.5.1의 결과와 같다.

정리 2.8.3

$$\lim_{x\to 0}(1+x)^{\frac{1}{x}} = \lim_{n\to\infty}(1+\frac{1}{n})^n = e.$$

예제 2.8.6 다음 극한값을 구하여라.

(1) $\lim_{x\to 0}(1+2x)^{\frac{1}{x}}$ (2) $\lim_{x\to\infty}\left(1+\frac{1}{x}\right)^{2x}$

풀이 밑도 변하고 지수도 변하는 형태의 극한을 구하기 위하여 정리 2.8.3을 이용할 수 있으므로

(1) $\lim_{x\to 0}(1+2x)^{\frac{1}{x}} = \lim_{x\to 0}\left[(1+2x)^{\frac{1}{2x}}\right]^2 = e^2$

(2) $\lim_{x\to\infty}\left(1+\frac{1}{x}\right)^{2x} = \lim_{n\to\infty}\left[\left(1+\frac{1}{x}\right)^x\right]^2 = e^2$ □

예제 2.8.7 $\lim_{x\to 0}(1+\sin x)^{\frac{1}{\sin 2x}}$ 의 값을 구하여라.

풀이 $x\to 0$일 때, $\sin x\to 0$이므로 주어진 식은

$$\lim_{x\to 0}\left[(1+\sin x)^{\frac{1}{\sin x}}\right]^{\frac{\sin x}{\sin 2x}}$$

의 형태로 바꿀 수 있다. 따라서 극한값은 $e^{\lim_{x\to 0}\frac{\sin x}{\sin 2x}} = e^{\frac{1}{2}} = \sqrt{e}$ 이다. □

연 · 습 · 문 · 제 2.8

EXERCISES

1. 다음 극한값을 구하여라.

(1) $\lim_{x\to 0}(1+3x)^{\frac{2}{x}}$ (2) $\lim_{n\to\infty}\left(1+\frac{2}{n}\right)^{3n}$

(3) $\lim_{n\to\infty}\left(\frac{n}{1+n}\right)^{n}$ (4) $\lim_{x\to 0}\frac{\ln(1+3x)}{2x}$

(5) $\lim_{x\to 0}(1-\tan x)^{\frac{1}{x}}$

2. 다음 함수를 미분하여라.

(1) $y=2^{-\frac{1}{x}}$ (2) $y=\log_{10}x$

(3) $f(x)=(3^x+3^{-x})^5$ (4) $f(x)=x^{\sin x}$

(5) $y=(\ln x)^x \quad (x>1)$ (6) $y=\frac{x}{4^x}$

(7) $y=a^{x^2}$ (8) $y=\log_a(\tan x)$

(9) $y=\ln(\sec x+\tan x)$ (10) $y=x^2\log_2 x$

(11) $y=\log_5|x^2-2x|$ (12) $y=3^{\sin x}$

3. 곡선 $y=10^x$ 위의 점 $(1,\ 10)$에서의 접선의 방정식을 구하여라.

4. 함수 $y=\frac{10^x}{10^x+1}$의 역함수를 구하여라.

5. $f(x)=\ln x,\ g(x)=\sqrt{x^2+1}$일 때, $\frac{d}{dx}(f^{-1}\circ g)(x)$을 구하여라.

6. $f(x)=e^x+\ln\sqrt{x}$일 때, $(f^{-1})'(e)$의 값을 구하여라.

2.9 로그 미분법

곱, 몫, 멱을 포함하는 복잡한 함수의 미분은 먼저 로그를 취함으로써 간단히 할 수 있다. 다음과 같은 방법으로 도함수를 구하는 것을 로그 미분법이라 한다.

(1) $y=f(x)$의 양변에 자연로그를 취한다.

(2) x에 관하여 미분한다.

(3) 정리하여 y'을 구한다.

예제 2.9.1 $y=\dfrac{x^{\frac{3}{2}}\sqrt{x^2+1}}{(5x-2)^4}$의 도함수를 구하여라.

풀이 먼저 양변에 자연로그를 취하고 로그의 성질을 이용하여 간단히 정리하면 $\ln y=\dfrac{3}{2}\ln x+\dfrac{1}{2}\ln(x^2+1)-4\ln(5x-2)$이고, x에 관하여 미분하면 $\dfrac{1}{y}\dfrac{dy}{dx}=\dfrac{3}{2}\dfrac{1}{x}+\dfrac{1}{2}\dfrac{2x}{x^2+1}-4\dfrac{5}{5x-2}$이다. 정리하여 $\dfrac{dy}{dx}$을 구하면

$$\begin{aligned}\frac{dy}{dx}&=y\left(\frac{3}{2x}+\frac{x}{x^2+1}-\frac{20}{5x-2}\right)\\&=\frac{x^{\frac{3}{2}}\sqrt{x^2+1}}{(5x-2)^4}\left(\frac{3}{2x}+\frac{x}{x^2 1}-\frac{20}{5x-2}\right)\end{aligned}$$

□

예제 2.9.2 $y=x^x$을 미분하여라.

풀이 1 로그 미분법을 사용하면 $\ln y=x\ln x$이므로

$$\frac{y'}{y}=\ln x+x\frac{1}{x}$$

그러므로 $y'=y(\ln x+1)=x^x(\ln x+1)$

풀이 2 예제 2.8.2와 같이 밑이 e인 지수로 바꾸어 미분해도 된다. □

예제 2.9.3 $y=(\ln x)^x$의 도함수를 구하여라.

풀이 1 로그 미분법을 사용하면 $\ln y = x\ln(\ln x)$이므로

$$\frac{y'}{y} = \ln(\ln x) + x\frac{1}{\ln x}\frac{1}{x}$$

이다. 그러므로 $y' = y\left(\ln(\ln x) + \frac{1}{\ln x}\right) = (\ln x)^x\left(\ln(\ln x) + \frac{1}{\ln x}\right)$

풀이 2 밑이 e인 지수로 바꾸면 $y=(\ln x)^x = e^{\ln(\ln x)^x} = e^{x\ln(\ln x)}$이므로

$$\begin{aligned} y' &= e^{x\ln(\ln x)}\left(\ln(\ln x) + x\cdot\frac{1}{\ln x}\cdot\frac{1}{x}\right) \\ &= (\ln x)^x\left(\ln(\ln x) + \frac{1}{\ln x}\right) \end{aligned}$$

□

로그 미분법을 이용하여 n이 실수일 때, $y=x^n$의 도함수를 구해보자.
$y=x^n$의 양변의 절댓값에 자연로그를 취하면 $\ln|y| = \ln|x^n| = n\ln|x|$이다. 양변을 x에 대하여 미분하면, 정리 2.7.4에 의하여

$$\frac{y'}{y} = n\frac{1}{x}.$$

그러므로 $y' = n\frac{1}{x}y = n\frac{1}{x}x^n = nx^{n-1}$이다.

이상을 정리하면 다음과 같다.

정리 2.9.1

n이 실수일 때, $y=x^n$이면 $y'=nx^{n-1}$.

예제 2.9.4 (1) $(x^{\sqrt{5}})' = \sqrt{5}\,x^{\sqrt{5}-1}$

(2) $(x^{2\pi})' = 2\pi x^{2\pi-1}$

연 · 습 · 문 · 제 2.9

EXERCISES

1. 로그 미분법을 사용하여 다음 함수의 도함수를 구하여라.

(1) $y=(3x+1)^4(x^4-2)^6$

(2) $y=\dfrac{\sin^2 x \cot x}{(x^3-2)^2}$

(3) $y=\dfrac{(x+1)^2(x+2)^3}{(x-1)^4}$

(4) $y=\sqrt[3]{\dfrac{3+x^2}{3-x^2}}$

(5) $y=(1+x)^x$

(6) $y=(\cos x)^{\cos x}$

(7) $y=(\ln x)^{\cot x}$

(8) $y=x^{e^x}$

2. $y=x^{\sin x}$ 위의 점 $\left(\dfrac{\pi}{2}, \dfrac{\pi}{2}\right)$에서의 접선의 방정식을 구하여라.

3. $f(x)=(1+\sqrt{x})^{\frac{1}{\sqrt{x}}}$ 일 때, $f'(1)$을 구하여라.

제3장

도함수의 응용

3.1 최댓값과 최솟값

3.2 평균값 정리

3.3 함수의 증가와 감소

3.4 곡선의 오목성과 그래프 그리기

3.5 속도와 가속도

3.6 부정형과 로피탈의 법칙

3.7 미분과 근삿값

3.8 역도함수

앞 장에서 도함수의 정의와 여러 가지 미분법 등을 배웠다. 이 장에서는 미분을 이용하여 해결할 수 있는 다양한 응용들을 소개하고 문제들의 해결방법을 제시하고자 한다. 먼저 최댓값과 최솟값을 구하는 문제이다. 어떤 일을 하는데 최적의 방법을 찾기 위한 최적화 문제들이 이에 해당한다. 다음은 평균값 정리를 사용하여 어떤 방정식에서 근의 유일성을 보이거나 부등식이 성립함을 보인다. 그리고 평균값 정리와 도함수의 부호에 의한 함수의 증가와 감소문제를 다룬다. 다음으로 이계도함수를 이용하여 곡선의 오목성을 판정하고 이러한 도함수의 성질과 점근선을 사용한 그래프 그리기를 설명한다. 이처럼 도함수는 함수의 가장 중요한 특징을 빠르게 알아내고 그래프를 그리는 도구로 사용할 수 있다. 실제로 곡선을 그리는 기술은 물리학에서 필수적으로 요구되고 또한 미분학이 경제학, 생물학 혹은 심리학의 연구에서 수학을 필요로 하는 사람들에게 제공해 줄 수 있는 매우 유용한 기술 중 하나라 할 수 있다. 다음으로는 움직이는 물체의 위치함수에 대한 미분으로 속도와 가속도 함수를 구하고, 함수의 극한을 구할 때 부정형이라 부르는 형태의 극한을 구하는 방법의 하나로 로피탈 법칙을 소개한다. 또한 미분을 이용하여 함수의 근삿값을 구할 수 있음을 보이고 주어진 도함수의 원래함수인 원시함수를 정의하고 구해 본다.

3.1 최댓값과 최솟값

주어진 함수 f에 대하여 최댓값, 최솟값, 극댓값과 극솟값을 정의하고 함수 f의 도함수를 이용하여 임계수를 정의한다. 함수 f의 임계수를 이용하여 극댓값, 극솟값, 최댓값과 최솟값을 구하는 방법을 알아보자.

정의 3.1.1

연속 함수 $y=f(x)$에 대하여, f의 정의역에 속하는 모든 x에 대하여

$$f(c) \geq f(x)$$

가 될 때 f는 c에서 **최댓값** $f(c)$를 갖는다고 한다. 같은 방법으로 모든 x에 대하여

$$f(c) \leq f(x)$$

가 될 때 f는 c에서 **최솟값** $f(c)$를 갖는다고 한다.

한편 함수 $y=f(x)$가 c를 포함하는 개구간의 모든 x에 대하여 $f(c) \geq f(x)$가 될 때 f는 c에서 **극댓값** $f(c)$를 갖는다고 하고, 같은 방법으로 d를 포함하는 개구간의 모든 x에 대하여 $f(d) \leq f(x)$가 될 때 f는 d에서 **극솟값** $f(d)$를 갖는다고 한다. 최댓값과 최솟값을 합쳐 **극값**(extreme value) 이라 하고, 극댓값과 극솟값을 통틀어 **상대극값**(relative value)이라고 한다.

다음 그림을 통해 최대, 최소, 극대와 극소에 대하여 알아보자.

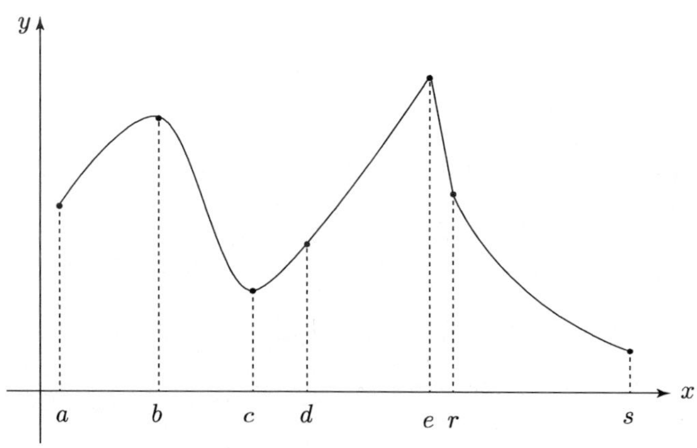

[그림 3.1]

위 그래프를 갖는 함수에 대하여 먼저 극댓값을 갖는 x좌표는 $x=b$와 $x=e$이

고 극솟값을 갖는 x좌표는 $x=c$이다. 최댓값을 갖는 x좌표는 $x=e$이고 최솟값을 갖는 x좌표는 $x=s$이다. 그리고 나머지 $x=a$, d, r에서는 극대도, 극소도, 최대도 최소도 아닌 값을 갖는다.

최댓값, 최솟값과 관련된 극값의 정리는 직관적으로 보면 쉽게 알 수 있으나 이 정리의 증명은 어려우므로 생략하기로 하자.

정리 3.1.1

[극값의 정리] 함수가 폐구간 $[a, b]$에서 연속이면 f는 이 구간에서 반드시 최댓값과 최솟값을 갖는다.

다음에서 상대극값을 가질 수 있는 수를 정의한다.

정의 3.1.2

$f'(c)=0$이거나 $f'(c)$가 존재하지 않는 f의 정의역 안에 있는 수 $x=c$를 함수 f의 임계수(critical number)라고 한다.

일반적으로 함수 $f(x)$가 어느 점에서 극댓값과 극솟값을 갖는지를 상대극값의 정의에 따라 알아내는 것은 쉬운 일이 아니다. 다음 정리는 $f'(c)$가 상대극값을 갖는 x를 쉽게 구할 수 있도록 해주고 있음을 보여준다.

정리 3.1.2

f가 c에서 극댓값 또는 극솟값을 가지면 c는 임계수이다.

(증명) f가 $x=c$에서 미분불가능한 경우는 임계수의 정의로부터 성립한다. $f(x)$가 $x=c$에서 미분가능하고 극댓값을 갖는다 하자. 그러면 c 근처의 x에 대하여 $f(c)\ge f(x)$이다. 즉 작은 양 또는 음의 모든 값 h에 대하여

$$f(c+h)-f(c) \le 0$$

가 된다. 그러므로 $h>0$일 때

$$\frac{f(c+h)-f(c)}{h} \le 0$$

이고, 또 $h<0$일 때

$$\frac{f(c+h)-f(c)}{h} \ge 0$$

이다. 여기서, $h \to 0$일 때 극한을 취하고 $f'(c)$가 존재한다면, 위의 두 부등식은

$$\lim_{h\to 0}\frac{f(c+h)-f(c)}{h} \le 0, \quad \lim_{h\to 0}\frac{f(c+h)-f(c)}{h} \ge 0$$

따라서 $f'(c)=0$이다.

f가 c에서 극솟값을 갖는 경우도 같은 방법으로 $f'(c)=0$임을 보일 수 있다. 그러므로 c는 임계수이다. ■

참고 정리 3.1.2는 함수 f가 극값을 갖는 x는 임계수에 포함됨을 말해 주고 있다. 그러나 정리 3.1.2의 역은 일반적으로 성립하지 않는다. 예를 들면,

$$f(x)=x^3$$

일 때 $x=0$은 $f(x)$의 임계수이지만 $f(0)$은 $f(x)$의 극댓값도 극솟값도 아니다.

예제 3.1.1 $f(x)=x^{\frac{3}{5}}(x-3)^2$의 임계수를 모두 구하라.

풀이 함수 $f(x)=x^{\frac{3}{5}}(x-3)^2$에 대하여

$$f'(x)=\frac{3}{5}x^{-\frac{2}{5}}(x-3)^2+2x^{\frac{3}{5}}(x-3)=\frac{(x-3)(13x-9)}{5x^{\frac{2}{5}}}$$

이고 $x=3$ 또는 $x=\dfrac{9}{13}$ 이면 $f'(x)=0$이고, $x=0$일 때 $f'(x)$는 존재하지 않는다. 그러므로 $f(x)$의 임계수는 $x=3$, $x=\dfrac{9}{13}$ 그리고 $x=0$이다. □

함수 f가 폐구간 $[a, b]$에서 연속일 때 최댓값과 최솟값을 구하는 방법은 다음과 같다.

(1) 함수 $f(x)$의 개구간 (a, b)에서의 모든 임계수를 찾고 임계수에서의 f값을 구한다.

(2) 구간 $[a, b]$의 양 끝점에서의 함수 f의 값을 구한다.

(3) 최댓값과 최솟값은 각각 구간의 끝점에서의 함수 값과 임계수에서의 함수 값들 중 가장 큰 값과 가장 작은 값이 된다.

예제 3.1.2 구간 $[-1, 3]$에서 함수 $f(x)=-x^4+8x^2-2$의 최댓값과 최솟값을 구하여라.

풀이 함수 $f(x)=-x^4+8x^2-2$에 대하여

$$f'(x)=-4x^3+16x=-4x(x-2)(x+2)$$

이므로 개구간 $(-1, 3)$의 임계수는 $x=0, 2$이다. 구간 $[-1, 3]$에서

$$f(-1)=5,\quad f(0)=-2,\quad f(2)=14,\quad f(3)=-11$$

이므로 $x=2$에서 최댓값 $f(2)=14$를, $x=3$에서 최솟값 $f(3)=-11$을 갖는다. □

예제 3.1.3 함수 $f(x)=|x|$의 구간 $[-2, 1]$에서의 최댓값과 최솟값을 구하여라.

풀이 함수 $f(x)=|x|$에서

$$f'(x)=\frac{|x|}{x},\quad x\neq 0$$

이다. 따라서 $x=0$가 유일한 임계수이다. 그리고

$$f(-2)=2,\quad f(1)=1,\quad f(0)=0$$

이므로 최댓값은 $f(-2)=2$이고, 최솟값은 $f(0)=0$이다. □

예제 3.1.4 함수 $f(x)=x^3\sqrt{4-x^2}$의 최댓값과 최솟값을 구하여라.

풀이 함수 $f(x)=x^3\sqrt{4-x^2}$에서

$$\begin{aligned} f'(x) &= 3x^2\sqrt{4-x^2}+x^3\frac{(-2x)}{2\sqrt{4-x^2}} \\ &= \frac{-4x^2(x+\sqrt{3})(x-\sqrt{3})}{\sqrt{4-x^2}} \end{aligned}$$

이고 이 식으로부터 임계수들은

$f'(x)=0$인 $x=-\sqrt{3},\ 0,\ \sqrt{3}$과

$f'(x)$가 존재하지 않는 $x=-2,\ 2$이다.

또한 함수 $f(x)$는

$$-2\le x\le 2$$

를 정의역으로 갖는다. 따라서

$$f(-2)=0,\quad f(-\sqrt{3})=-3\sqrt{3},$$
$$f(0)=0,\quad f(\sqrt{3})=3\sqrt{3},\quad f(2)=0$$

들 중에서 $f(x)$의 최솟값은 $-3\sqrt{3}$이고, 최댓값은 $3\sqrt{3}$이다. □

예제 3.1.5 뚜껑이 없는 원통 모양이 일정한 겉넓이 27π를 가질 때 그 부피를 최대로 하는 밑면의 반지름과 높이를 구하여라.

풀이 뚜껑이 없는 원통의 겉넓이($\pi r^2+2\pi rh=27\pi$)로부터

$$h=\frac{27-r^2}{2r}$$

이다. 한편, 뚜껑이 없는 원통의 부피는

$$V = \pi r^2 h = \frac{\pi r(27 - r^2)}{2}$$

이고

$$\frac{dV}{dr} = \frac{\pi(27 - 3r^2)}{2} = 0$$

으로부터 반지름 $r = 3$, 높이 $h = 3$일 때 최대부피 $V = 27\pi$가 된다.

□

연 · 습 · 문 · 제 3.1

EXERCISES

1. 다음 함수의 임계수를 구하여라.
   (1) $f(x) = 2x^3 + x^2 - 4x$
   (2) $f(x) = 3x^2 + 7x + 1$
   (3) $g(x) = |2x + 3|$
   (4) $g(x) = x^{\frac{2}{5}}(2 - x)^2$

2. 주어진 구간에서 함수 f의 최댓값과 최솟값을 구하여라.
   (1) $f(x) = 2x^3 - 3x^2 - 12x + 1$, $[-2,\ 3]$
   (2) $f(x) = x^4 - 8x^2 + 1$, $[-3,\ 2]$
   (3) $f(x) = x + 2\cos x$, $\left[0,\ \frac{\pi}{2}\right]$
   (4) $f(x) = x\sqrt{9 - x^2}$, $[-1,\ 3]$

3. 다음 그래프에서 최댓값, 최솟값, 극댓값, 극솟값을 갖는 x를 구하여라.

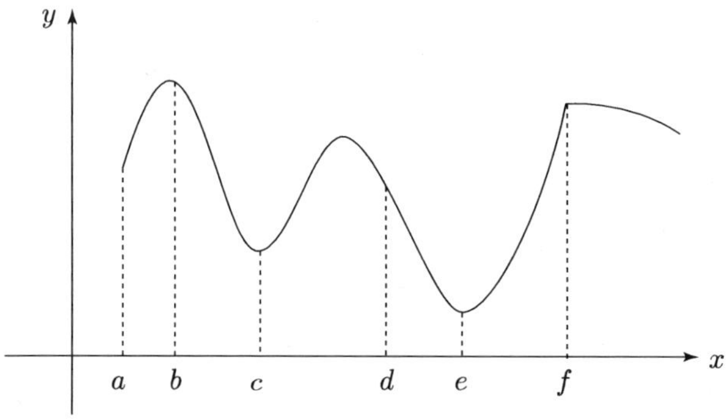

[그림 3.2]

4. 함수 $f(x) = x^3 + ax^2 + bx$는 $x = 1$에서 극댓값을 갖고 $x = 2$에서 극솟값을 갖는다고 한다. 이때 a와 b를 구하여라.

3.2 평균값 정리

이 절에서는 미분가능 함수의 가장 대표적인 성질인 평균값 정리를 공부하고, 이를 이용하여 다음 절에서 함수의 증감을 판정해 보도록 하자. 그러나 평균값 정리를 말하기 전에 다음 정리가 필요하다.

정리 3.2.1

[롤의 정리] 함수 $f(x)$가

(1) 폐구간 $[a, b]$에서 연속이고
(2) 개구간 (a, b)에서 미분가능하고
(3) $f(a)=f(b)$이면

$f'(c)=0$인 c가 개구간 (a, b) 안에 존재한다.

(증명) 일반적으로 폐구간에서 연속인 함수는 이 구간에서 최댓값과 최솟값을 갖는다.
먼저 함수 f가 상수함수이면 개구간 (a, b) 안의 모든 c에 대해서

$$f'(c)=0$$

이다. 따라서 롤의 정리가 성립한다.
함수 f가 상수 함수가 아닌 경우는 함수 f가 폐구간 $[a, b]$에서 연속이고 $f(a)=f(b)$이므로 **극값의 정리**에 의하여 $f(c)$가 최댓값 또는 최솟값이 되는 c가 $a<c<b$에 존재한다(그림 3.3 참고). 이 경우 $f(c)$는 극댓값 또는 극솟값이며 정리 3.1.2에 의하여

$$f'(c)=0$$

이어야 한다. ■

위의 세 가지 조건을 만족하는 몇 가지 함수들의 그래프를 살펴보자.

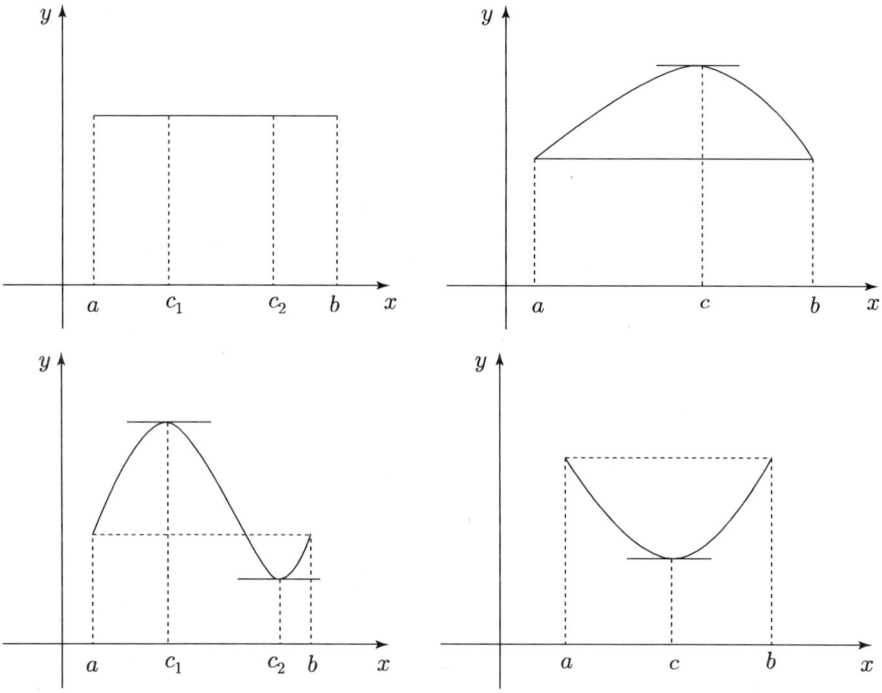

[그림 3.3]

참고 롤의 정리의 기하학적 의미는 함수 $f(x)$가 $[a, b]$에서 연속이고 미분가능하며 $f(a)=f(b)$이면, (a, b) 내의 적어도 한 점에서 x축에 평행한 $f(x)$의 접선을 그을 수 있다는 것이다.

참고 $f(x)$가 미분가능하지 않는 점이 (a, b) 내에 있으면 롤의 정리가 반드시 성립하지는 않는다. 예를 들어 함수

$$f(x)=|x|$$

는 $[-1, 1]$에서 연속이고 $f(-1)=1=f(1)$이지만 개구간 $(-1, 1)$ 안에서 $f'(x)=0$이 되는 x는 없다.

롤의 정리를 이용하여 다음 정리를 증명할 수 있다.

정리 3.2.2

[평균값 정리] 함수 $f(x)$가

(1) 폐구간 $[a, b]$에서 연속이고
(2) 개구간 (a, b)에서 미분가능하면

$$f'(c) = \frac{f(b)-f(a)}{b-a}$$

를 만족하는 c가 개구간 (a, b) 안에 존재한다.

(증명) 롤의 정리에서 세 가지 조건 중 폐구간 $[a, b]$의 양 끝점에서의 함수 값이 같다는 조건을 제거함으로 롤의 정리보다 일반적인 정리인 평균값 정리를 얻고 있다. 이 정리는 기하학적으로 [그림 3.4]에서 보듯이 미분가능한 함수의 그래프상의 두 점 A와 B를 지나는 직선과 기울기가 같은 접선을 갖는 점 P_1, P_2의 존재성을 말해준다.

함수 $g(x)$를 다음과 같이 정의하자.

$$g(x) = f(x) - \frac{f(b)-f(a)}{b-a}(x-a) - f(a)$$

(1) $g(x)$는 f와 다항식의 연속성에 의해 $[a, b]$에서 연속이다.
(2) 같은 이유로 $g(x)$는 (a, b)에서 미분가능하다.
(3) $g(b) = f(b) - \frac{f(b)-f(a)}{b-a}(b-a) - f(a) = 0$

$g(a) = f(a) - \frac{f(b)-f(a)}{b-a}(a-a) - f(a) = 0$이므로 $g(a) = g(b)$이다.

함수 $g(x)$는 롤의 정리의 가정을 만족하므로

$$g'(c) = 0$$

인 c가 (a, b) 안에 존재한다. 그런데

$$0 = g'(c) = f'(c) - \frac{f(b)-f(a)}{b-a}$$

이므로

$$f'(c)=\frac{f(b)-f(a)}{b-a}$$

이다. ■

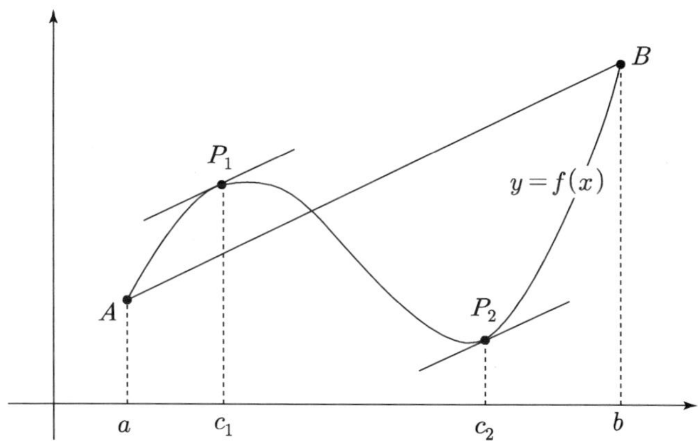

[그림 3.4]

예제 3.2.1 함수 $f(x)=x^3-x$의 그래프에서 두 점 $(0,\ 0)$, $(2,\ 6)$을 잇는 직선과 평행한 접선을 갖는 점의 좌표를 구하여라.

풀이 두 점 $(0,\ 0)$, $(2,\ 6)$을 지나는 직선의 기울기는 $\frac{6-0}{2-0}=3$이다. 그리고

$$f'(x)=3x^2-1$$

이므로

$$f'(c)=3c^2-1=3$$

에서 $c=\pm\frac{2}{\sqrt{3}}$이지만 $(0,\ 2)$ 구간에 있는 것은 $c=\frac{2}{\sqrt{3}}$이다. □

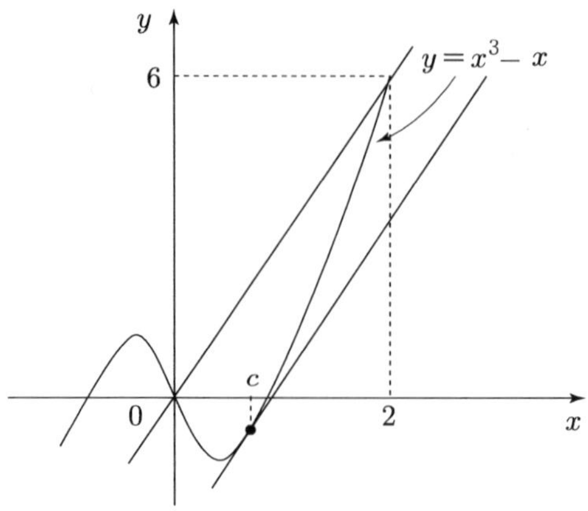

[그림 3.5]

예제 3.2.2 함수 $f(x) = 2\sqrt{x}$ 에 대하여 $f'(c) = \dfrac{f(9) - f(4)}{9 - 4}$ 를 만족하는 c를 구간 $[4,\ 9]$ 안에서 구하여라.

풀이 $f'(x) = \dfrac{1}{\sqrt{x}}$ 이고 $\dfrac{f(9) - f(4)}{9 - 4} = \dfrac{6 - 4}{5} = \dfrac{2}{5}$ 이므로 $f'(c) = \dfrac{2}{5}$ 인 c 는 $\dfrac{1}{\sqrt{c}} = \dfrac{2}{5}$ 로부터 $c = \dfrac{25}{4}$ 이고 이것은 구간 $[4,\ 9]$ 안에 있다. □

예제 3.2.3 함수 $f(x) = \dfrac{1}{2}(e^{2x} + e^{-2x})$에 대하여 구간 $[-1,\ 1]$에서 평균값 정리를 만족하는 상수 c를 구하여라.

풀이 함수

$$f(x) = \frac{1}{2}(e^{2x} + e^{-2x})$$

는 폐구간 $[-1,\ 1]$에서 연속이고 개구간 $(-1,\ 1)$에서 미분가능하므로 평균값 정리에 의하여

$$f'(c) = \frac{f(1) - f(-1)}{1 - (-1)} = \frac{1}{2}\left(\frac{e^2 + e^{-2}}{2} - \frac{e^{-2} + e^2}{2}\right) = 0$$

을 만족하는 c가 $(-1,\ 1)$ 안에 존재한다. 한편

$$f'(x) = e^{2x} - e^{-2x}$$

이므로

$$f'(c) = e^{2c} - e^{-2c} = 0$$

이 되는 c는 $c = 0$이 된다. □

평균값 정리를 이용하여 다음 부등식이 성립함을 보일 수 있다.

예제 3.2.4 임의의 두 실수 a, b에 대하여 다음 부등식이 항상 성립함을 보여라.

$$|\sin a - \sin b| \le |a - b|$$

풀이 만약 $a = b$이면

$$|\sin a - \sin b| = |a - b| = 0$$

이므로 성립한다.

만약 $a \ne b$라고 하면 $\sin x$는 미분가능한 함수이므로 평균값 정리에 의하여

$$\frac{\sin b - \sin a}{b - a} = \cos c$$

를 만족하는 c가 구간 (a, b) 안에 존재한다. 따라서

$$\left|\frac{\sin b - \sin a}{b - a}\right| = |\cos c|$$

이고 모든 x에 대하여 $|\cos x| \le 1$이므로

$$\left|\frac{\sin b - \sin a}{b - a}\right| = |\cos c| \le 1$$

이다. 그러므로 부등식

$$|\sin a - \sin b| \le |a - b|$$

이 성립한다. □

예제 3.2.5 $x > -1$일 때, 평균값 정리를 이용하여 다음 부등식이 성립함을 보여라.

$$\ln(1+x) \le x$$

풀이 $f(x)=\ln(1+x)$라 하자. $x > 0$이면 f는 폐구간 $[0, x]$에서 연속이고 개구간 $(0, x)$에서 미분가능하므로 평균값 정리에 의하여

$$\frac{f(x)-f(0)}{x-0}=\frac{\ln(1+x)-\ln 1}{x}=f'(c)=\frac{1}{1+c}$$

인 c가 $(0, x)$ 안에 존재한다. 그리고

$$\frac{1}{1+c} \le 1$$

이고

$$\frac{\ln(1+x)}{x}=\frac{1}{1+c}$$

이므로

$$\frac{\ln(1+x)}{x} \le 1$$

이다. 즉,

$$\ln(1+x) \le x$$

가 성립한다. 같은 방법으로 $-1 < x \le 0$인 경우도 부등식이 성립함을 보일 수 있다. 연습문제에서 풀어 보기로 하자. □

연 · 습 · 문 · 제 3.2

1. 함수 $f(x)=x^2-4x+1$가 구간 $[0,\ 4]$에서 롤의 정리의 가정을 만족함을 보이고 그 결과를 만족하는 구간 내 c를 모두 구하여라.

2. 함수가 다음과 같이 주어져 있을 때 주어진 $a,\ b$에 대하여

$$\frac{f(b)-f(a)}{b-a}=f'(c)$$

를 만족하는 c를 구간 $(a,\ b)$ 안에서 구하여라.

(1) $f(x)=\ln x,\quad (1,\ e)$
(2) $f(x)=\sqrt{x},\quad (0,\ 2)$
(3) $f(x)=x^3,\quad (1,\ 2)$
(4) $f(x)=x^2+3x-1,\quad (-3,\ 1)$

3. 다음 함수들이 주어진 구간에서 평균값 정리를 만족하는지 알아보고 만족할 경우 c의 값을 구하고 만족하지 않는 경우 그 이유를 설명하여라.

(1) $f(x)=\sqrt{x-2},\quad [6,\ 11]$
(2) $f(x)=\dfrac{x+2}{x-2},\quad [0,\ 3]$

4. 방정식 $4x^5+x^3+2x+1=0$은 단 하나의 실근을 가짐을 보여라.

5. $f(x)=|3-x|$가 구간 $[1,\ 5]$에서 $f(5)-f(1)=f'(c)(5-1)$를 만족하는 c가 존재하지 않음을 보여라. 평균값 정리가 적용되지 않는 이유는 무엇인가?

6. 평균값 정리를 이용하여 $x>0$에 대하여 부등식 $\sqrt{1+x}<1+\dfrac{1}{2}x$이 성립함을 보여라.

7. $-1<x\le 0$일 때 부등식 $\ln(1+x)\le x$이 성립함을 보여라.

3.3 함수의 증가와 감소

도함수의 부호에 의한 함수의 증가, 감소 상태의 판정은 평균값 정리를 이용하여 쉽게 보일 수 있다.

정리 3.3.1

함수 $f(x)$가 어떤 개구간에서 미분가능하고, 이 구간의 모든 점 x에서

(1) $f'(x) > 0$이면, $f(x)$는 이 구간에서 증가함수이다.

(2) $f'(x) < 0$이면, $f(x)$는 이 구간에서 감소함수이다.

(3) $f'(x) = 0$이면, $f(x)$는 이 구간에서 상수함수이다.

(증명) (1) 함수 $f(x)$가 어떤 개구간에서 미분가능하고 x_1, $x_2(x_1 < x_2)$를 주어진 개구간 안의 임의의 두 점이라 하자. 그러면 f는 $[x_1, x_2]$에서 미분가능하므로 평균값 정리에 의하여

$$\frac{f(x_2)-f(x_1)}{x_2-x_1}=f'(c) \quad (x_1<c<x_2)$$

인 c가 적어도 하나 존재한다. 이때

$$f'(c) > 0$$

이면 이 식으로부터

$$f(x_1) < f(x_2)$$

가 성립한다. 따라서 f는 이 구간에서 증가함수이다.

(2) 한편 $f'(x) < 0$이면 위의 식으로부터

$$f(x_1) > f(x_2)$$

가 성립한다. 따라서 f는 이 구간에서 감소함수이다.

(3) 마찬가지로 $f'(x)=0$이면 위의 식으로부터

$$f(x_1)=f(x_2)$$

가 성립한다. 이때 x_1, x_2는 구간 내의 임의의 두 수이므로 구간 내의 모든 x에 대한 함수값들이 같음을 말해준다. 그러므로 f는 이 구간에서 상수함수이다. ■

예제 3.3.1 함수 $f(x)=e^x$에 대하여 증가 또는 감소하는 구간을 구하여라.

풀이 함수 $f(x)=e^x$와 모든 x에 대하여

$$f'(x)=e^x > 0$$

이므로 $f(x)=e^x$는 모든 실수에서 증가한다. □

예제 3.3.2 함수 $f(x)=2-2x-x^2$의 증가 또는 감소하는 구간을 구하여라.

풀이 함수 $f(x)=2-2x-x^2$에 대하여

$$f'(x)=-2-2x=-2(1+x)$$

이고 $x=-1$에서 $f'(x)=0$이다. 먼저 $x<-1$인 구간에서 $f'(x)>0$이고, $x>-1$인 구간에서는 $f'(x)<0$이다.
따라서 f는 $x<-1$인 구간에서는 증가하고 f는 $x>-1$인 구간에서는 감소한다. □

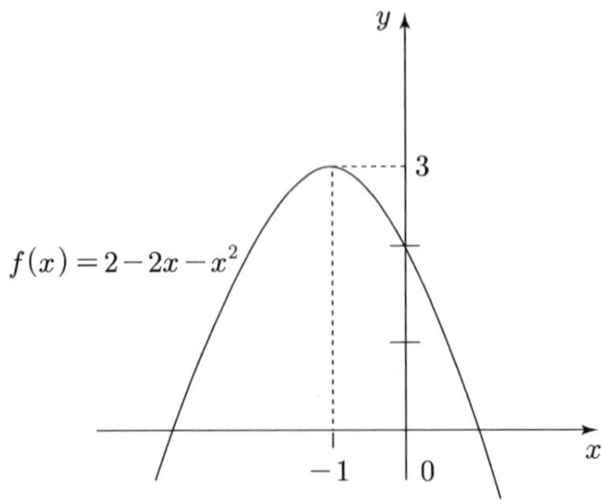

[그림 3.6]

예제 3.3.3 함수 $f(x)=\dfrac{\ln x}{x}$의 증가, 감소를 조사하여라.

풀이 함수 $f(x)=\dfrac{\ln x}{x}$에 대하여

$$f'(x)=\frac{\frac{1}{x}x-\ln x}{x^2}=\frac{1-\ln x}{x^2}$$

이고 $x=e$에서 $f'(x)=0$이다. 그리고 $0<x<e$인 구간에서 $\ln x<1$이므로 $f'(x)>0$이다. 따라서 f는 $0<x<e$인 범위에서는 증가하고 $x>e$인 구간에서는 $\ln x>1$이므로 $f'(x)<0$이다.
따라서 f는 $x>e$인 범위에서는 감소한다. □

예제 3.3.4 $x>0$일 때 $x>\sin x$가 성립함을 보여라.

풀이 $x\geq 1$일 때 $x>\sin x$은 분명하므로

$$0<x\leq 1\text{일 때 } x>\sin x$$

가 성립함을 보이자.

$$f(x)=x-\sin x$$

라 두면

$$f'(x) = 1 - \cos x$$

이므로, $0 < x \le 1$일 때 $f'(x) > 0$이다.

그러므로 $0 < x \le 1$일 때 $f(x)$는 증가하고,

$$f(0) = 0$$

이므로 $f(x) > 0$이다. 즉 $x > \sin x$가 성립한다. □

정리 3.3.1을 이용하여 다음 정리를 얻는다.

따름정리 3.3.2

개구간 (a, b) 안의 모든 x에 대하여 $f'(x) = g'(x)$이면, $f - g$는 상수함수이다. 즉 $f(x) = g(x) + C$.

(증명) $h(x) = f(x) - g(x)$라 하자. 그러면 도함수는

$$h'(x) = f'(x) - g'(x)$$

이고 $f'(x) = g'(x)$이므로

$$h'(x) = f'(x) - g'(x) = 0$$

이다. 따라서 정리 3.3.1 (3)으로부터

$$h(x) = C.$$

즉 $f - g$는 상수함수이다. ■

일계도함수를 이용하여 극대 극소를 판정하는 방법은 다음과 같다.

정리 3.3.3

미분가능한 함수 $f(x)$에 대하여 $f'(a) = 0$일 때,

(1) $x = a$의 좌우에서 $f'(x)$의 부호가 $+$에서 $-$로 바뀌면 $f(x)$는 $x = a$에서

극대이다. ([그림 3.7]의 (1))

(2) $x=a$의 좌우에서 $f'(x)$의 부호가 $-$에서 $+$로 바뀌면 $f(x)$는 $x=a$에서 극소이다. ([그림 3.7]의 (2))

(증명) (1) 가정에 의하여 $x=a$의 왼쪽 근방의 x에 대하여

$$f'(x)>0$$

이 성립하고, $x=a$의 오른쪽 근방의 x에 대하여

$$f'(x)<0$$

이 성립한다. 따라서 정리 3.3.1에 의하여 f는 a의 왼쪽에서 증가하고 a의 오른쪽에서 감소한다.

그러므로 $f(x)$는 $x=a$에서 극대이다.

(2) (1)의 증명과 유사한 방법으로 보일 수 있다. ■

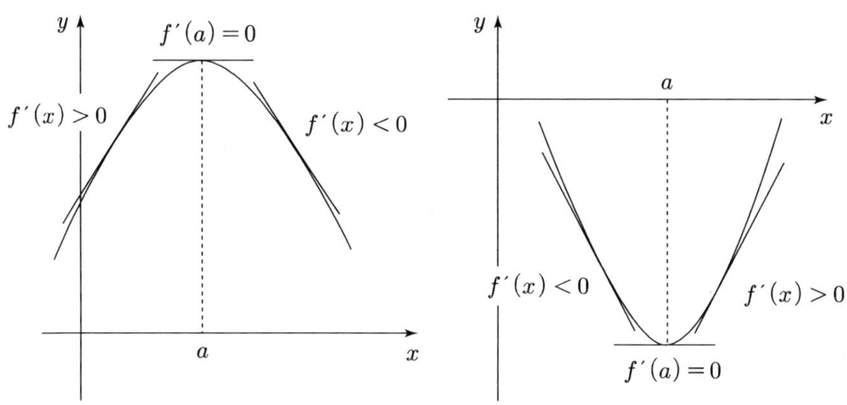

(1) (2)

[그림 3.7]

예제 3.3.5 다음 함수의 상대극값을 구하여라.

(1) $f(x)=x+\sqrt{1-x^2}$ (2) $f(x)=\dfrac{2x}{x^2+1}$

풀이 (1) 함수 $f(x)=x+\sqrt{1-x^2}$에 대하여

$$f'(x) = 1 + \frac{-x}{\sqrt{1-x^2}}, \quad x = 1 - \frac{1}{\sqrt{2}} \text{은 무연근}$$

이고 $f(x)$의 증감표는 다음과 같다.

x	$-1 < x < \frac{1}{\sqrt{2}}$	$\frac{1}{\sqrt{2}}$	$\frac{1}{\sqrt{2}} < x < 1$
$f'(x)$	$+$	0	$-$
$f(x)$	$\nearrow$	$\sqrt{2}$	$\searrow$

따라서 $f(x) = x + \sqrt{1-x^2}$ 는

$$x = \frac{1}{\sqrt{2}} \text{에서 극댓값 } \sqrt{2}$$

를 갖는다.

(2) 함수 $f(x) = \frac{2x}{x^2+1}$에 대하여

$$f'(x) = \frac{2(x^2+1) - 2x(2x)}{(x^2+1)^2} = \frac{-2(x+1)(x-1)}{(x^2+1)^2}$$

이고 $f(x)$의 증감표는 다음과 같다.

x	$x < -1$	$x = -1$	$-1 < x < 1$	$x = 1$	$x > 1$
$f'(x)$	$-$	0	$+$	0	$-$
$f(x)$	$\searrow$	-1	$\nearrow$	1	$\searrow$

따라서 $f(x) = \frac{2x}{x^2+1}$는

$$x = -1\text{에서 극솟값 } f(-1) = -1,$$
$$x = 1\text{에서 극솟값 } f(1) = 1$$

를 갖는다. □

연 · 습 · 문 · 제 3.3

EXERCISES

1. 다음 함수의 증가 또는 감소하는 구간을 구하여라.

(1) $f(x) = x^4 - 2x^2 + 3$

(2) $f(x) = x - 2\sin x, \quad [0,\ 2\pi]$

2. 다음 함수의 상대극값을 구하여라.

(1) $f(x) = x^3 - 9x^2 + 15x - 5$ (2) $f(x) = x + \dfrac{1}{x}$

(3) $f(x) = x^{\frac{1}{5}}(x+1)$ (4) $f(x) = x^2 e^x$

3. 다음 f의 도함수 f'의 그래프가 아래와 같다.

(1) f가 증가 또는 감소하는 구간을 말하여라.

(2) f가 극댓값, 또는 극솟값을 갖는 점 x의 값을 말하여라.

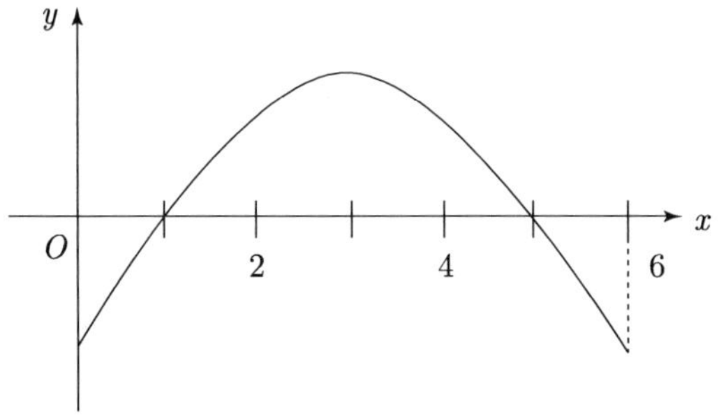

[그림 3.8]

4. 함수 $f(x) = 3x^2 + \dfrac{2a}{x}$가 $x = 2$에서 극솟값을 갖도록 a를 구하여라.

5. 가로, 세로, 높이의 합이 12 cm 이고, 밑면이 정사각형인 직육면체를 만들려고 한다. 이때, 부피를 최대로 하려면 밑면의 한 변의 길이는 몇 cm 로 해야 하는가?

3.4 곡선의 오목성과 그래프 그리기

어떤 구간에서 곡선 $y=f(x)$ 위의 임의의 두 점 P, Q에 대해 P, Q를 잇는 곡선의 호가 선분 PQ보다 아래쪽에 있을 때, 곡선 $y=f(x)$는 이 구간에서 **위로 오목**하다고 한다. 또한, P와 Q 사이의 곡선이 선분 PQ보다 위쪽에 있을 때, 곡선 $y=f(x)$는 이 구간에서 **아래로 오목**하다고 한다.

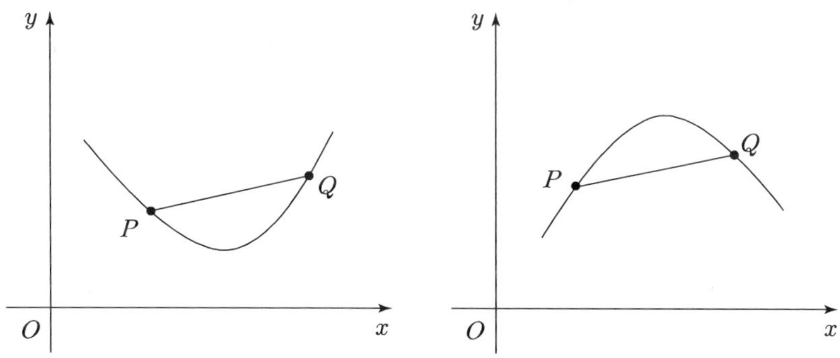

[그림 3.9]

어떤 구간에서 $f''(x)>0$이면, 그 구간에서 $f'(x)$는 증가하고, 따라서 곡선 $y=f(x)$는 위로 오목한 것을 관찰할 수 있다. 마찬가지로 $f''(x)<0$이면, 그 구간에서 $f'(x)$는 감소하고, 따라서 곡선 $y=f(x)$는 아래로 오목한 것을 관찰할 수 있다.

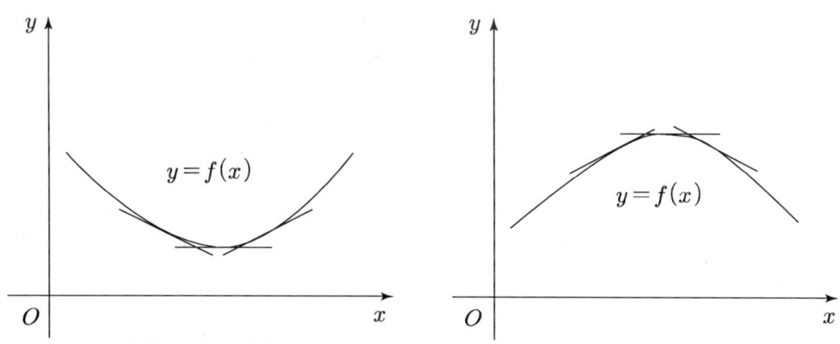

$f''(x)>0$, $f'(x)$ 증가　　$f''(x)<0$, $f'(x)$ 감소

[그림 3.10]

이처럼 이계도함수의 부호를 이용하여 함수의 오목성을 판정할 수 있다. 증명은 생략하기로 한다.

정리 3.4.1

함수 $f(x)$가 어떤 개구간에서 $f''(x)$를 가질 때

(1) $f''(x) > 0$이면 곡선 $y = f(x)$는 이 구간에서 위로 오목하다.
(2) $f''(x) < 0$이면 곡선 $y = f(x)$는 이 구간에서 아래로 오목하다.

예제 3.4.1 함수 $f(x) = 2\sin x - x$, $0 < x < 2\pi$의 오목성을 조사하여라.

풀이 함수 $f(x) = 2\sin x - x$에 대하여

$$f'(x) = 2\cos x - 1$$

이고

$$f''(x) = -2\sin x$$

이다. 따라서

$$0 < x < 2\pi\text{에서 } f''(\pi) = 0\text{이고,}$$

$f''(x)$의 부호는 다음과 같다.

x	$0 < x < \pi$	$x = \pi$	$\pi < x < 2\pi$
$f''(x)$	$-$	0	$+$
$f(x)$의 모양			

그러므로 정리 3.4.1에 의하여 $f(x) = 2\sin x - x$는 $0 < x < \pi$에서는 아래로 오목, $\pi < x < 2\pi$에서는 위로 오목하다. □

함수 $y = f(x)$의 이계도함수와 극대, 극소와의 관계는 다음과 같음을 알 수 있다. 증명은 생략하기로 한다.

정리 3.4.2

함수 $f(x)$가 이계도함수를 가지고 $f'(a)=0$일 때,

(1) $f''(a)>0$이면 $f(x)$는 $x=a$에서 극소이다.
(2) $f''(a)<0$이면 $f(x)$는 $x=a$에서 극대이다.

참고 정리 3.4.2의 역은 성립하지 않는다. 예로써, $f(x)=x^4$은 $x=0$에서 극소이지만 $f''(x)=12x^2$이므로 $f''(0)=0$이다.

예제 3.4.2 이계도함수를 이용하여 $f(x)=2x^3+2x^2-2x-5$의 상대극값을 구하여라.

풀이 함수 $f(x)=2x^3+2x^2-2x-5$에 대하여

$$f'(x)=6x^2+4x-2=2(3x-1)(x+1)\text{이고}$$
$$f''(x)=12x+4\text{이다.}$$
$$f'(x)=0\text{인 } x\text{는 } x=-1,\ \frac{1}{3}$$

이고

$$f''(-1)=-8<0,\ f''\left(\frac{1}{3}\right)=8>0$$

이다. 따라서 정리 3.4.2로부터 $f(x)$는

$$x=-1\text{에서 극댓값 } f(-1)=-3$$
$$x=\frac{1}{3}\text{에서 극솟값 } f\left(\frac{1}{3}\right)=-\frac{145}{27}$$

를 가진다. □

$y=f(x)$의 그래프가 위로 오목에서 아래로 오목으로 또는 아래로 오목에서 위로 오목으로 바뀌는 점 $(a,\ f(a))$를 **변곡점**이라고 한다.

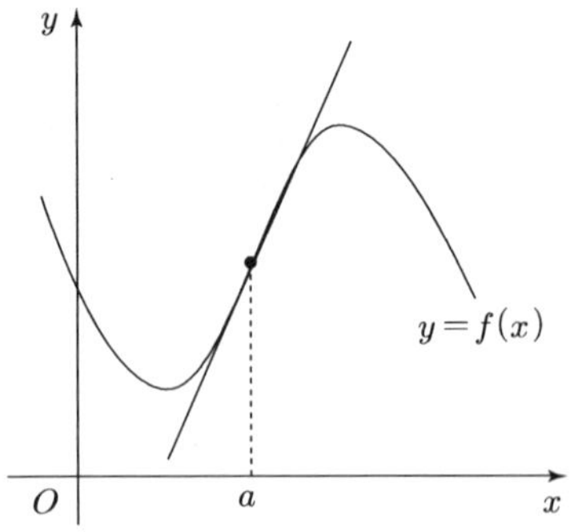

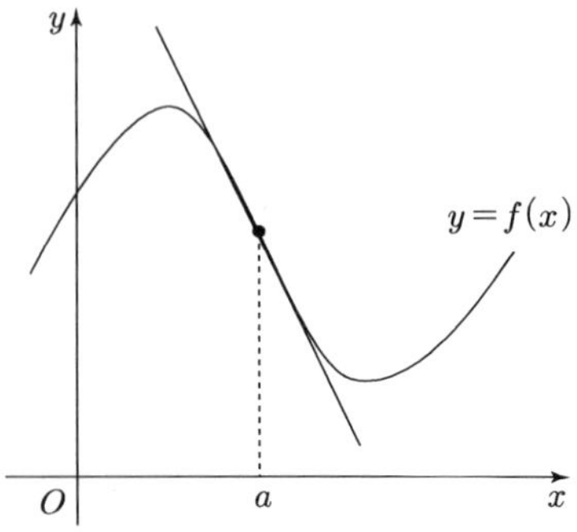

[그림 3.11]

이계도함수를 이용한 변곡점 판정법은 다음과 같다.

정리 3.4.3

[변곡점 판정법] 함수 f가 이계도함수를 가지고 $f''(a) = 0$일 때, $x = a$의 좌우에서 $f''(x)$의 부호가 $+$에서 $-$로 또는 $-$에서 $+$로 바뀌면 점 $(a,\ f(a))$는 곡선 $y = f(x)$의 변곡점이다.

참고 [그림 3.12]에서 보듯이 $f(x) = x^4$는 $f''(x) = 12x^2$이므로 $x = 0$에서 $f(0) = 0$이지만, $x = 0$의 좌우에서 $f''(x)$의 부호가 바뀌지 않음을 볼 수 있다. 즉 $(0,\ 0)$은 변곡점이 아니다. 다시 말해 $f''(a) = 0$이라도 점 $(a,\ f(a))$가 변곡점이 아닌 경우도 있음을 간과하지 말자.

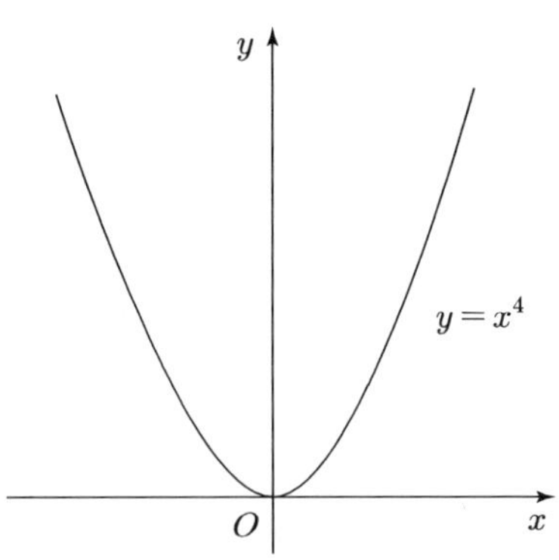

[그림 3.12]

예제 3.4.3 함수 $f(x)=x^3-x-1$의 상대극값과 변곡점을 구하고, 그래프를 그려라.

풀이 함수 $f(x)=x^3-x-1$에 대하여

$$f'(x)=3x^2-1=3\left(x+\frac{\sqrt{3}}{3}\right)\left(x-\frac{\sqrt{3}}{3}\right),$$
$$f''(x)=6x$$

이므로 $f'(x)=0$인 x는

$$x=-\frac{\sqrt{3}}{3},\ \frac{\sqrt{3}}{3}$$

이고 $f''(x)=0$인 x의 값은 $x=0$이다.

$f(x)$의 증감표는 다음과 같다.

x		$x=-\frac{\sqrt{3}}{3}$		$x=0$		$x=\frac{\sqrt{3}}{3}$	
$f'(x)$	$+$	0	$-$	$-$	$-$	0	$+$
$f''(x)$	$-$	$-$	$-$	0	$+$	$+$	$+$
$f(x)$	↗	$\frac{-9+2\sqrt{3}}{9}$ 극댓값	↘	변곡점	↘	$\frac{-9-2\sqrt{3}}{9}$ 극솟값	↗

따라서 $f(x)$는

$$x=\frac{\sqrt{3}}{3}\text{에서 극솟값 }\frac{-9-2\sqrt{3}}{9}$$
$$x=-\frac{\sqrt{3}}{3}\text{에서 극댓값 }\frac{-9+2\sqrt{3}}{9}$$

을 갖고, 변곡점은 $(0,\ -1)$이다. 그러므로 그래프는 [그림 3.13]과 같다.

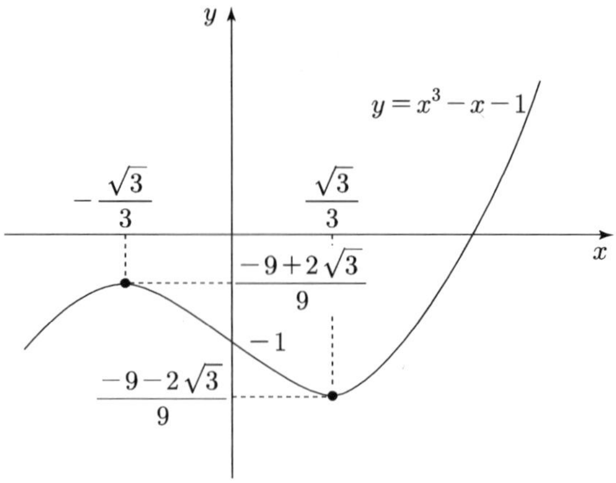

[그림 3.13] □

함수의 그래프를 잘 그리기 위해서 다음과 같은 점근선의 조사가 도움이 된다.

1. 점근선 조사

(1) $\lim_{x\to a^+} f(x)$, $\lim_{x\to a^-} f(x)$가 $+\infty$ 또는 $-\infty$이면 $x=a$는 $y=f(x)$의 **수직점근선**이다.

(2) $\lim_{x\to\infty} f(x)=b$ 또는 $\lim_{x\to-\infty} f(x)=b$이면 $y=b$는 $y=f(x)$의 **수평점근선**이다.

(3) $\lim_{x\to\infty}|f(x)-(ax+b)|=0$ 또는 $\lim_{x\to-\infty}|f(x)-(ax+b)|=0$이면 $y=ax+b$는 **사선점근선**이다.

예제 3.4.4 함수 $f(x)=\frac{1}{x}$의 점근선을 구하여라.

풀이 함수 $f(x)=\frac{1}{x}$에 대하여

$$\lim_{x\to\infty}\frac{1}{x}=0,\ \lim_{x\to-\infty}\frac{1}{x}=0$$

이므로 $y=0$은 f의 수평점근선이다.

그리고 $\lim_{x\to0^+}\frac{1}{x}=\infty$, $\lim_{x\to0^-}\frac{1}{x}=-\infty$이므로 $x=0$은 f의 수직점근선

이다. □

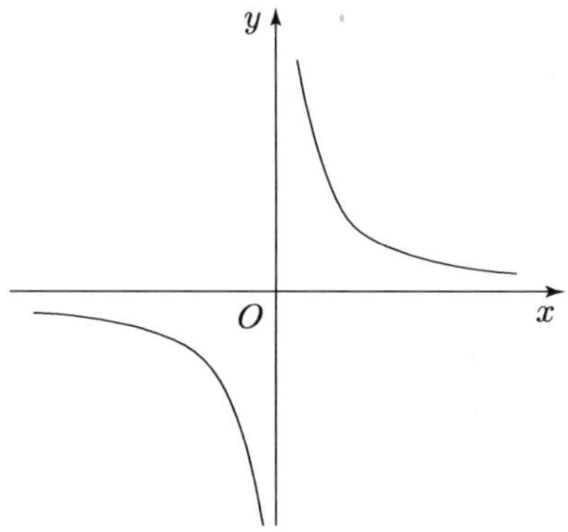

[그림 3.14]

예제 3.4.5 $f(x) = \dfrac{x^2-1}{x^2+1}$의 점근선을 구하여라.

풀이 x가 ∞나 $-\infty$로 갈 때 f의 값이 1로 가까이 가고 있다. 따라서 $y=1$이 함수 f의 수평점근선이다. □

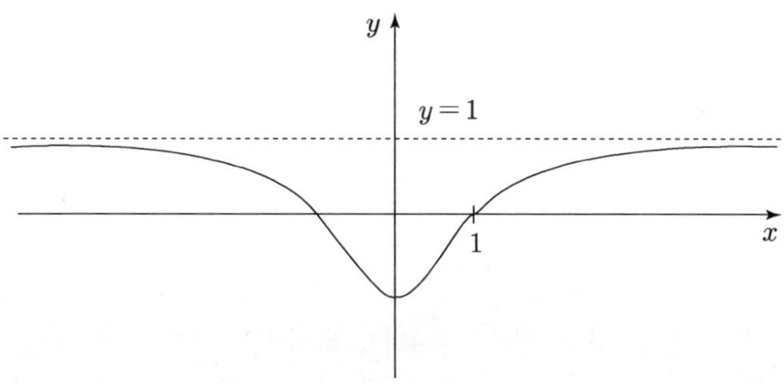

[그림 3.15]

2. 곡선의 그래프 그리는 방법

함수 $y=f(x)$의 그래프를 그릴 때 다음 방법들을 이용하여 곡선의 개형을 결정할 수 있다.

(1) 함수 f의 정의역을 구한다.

(2) 그래프와 좌표축의 교점을 구한다.

(3) x축, y축, 원점 등에 대한 대칭성을 조사한다.

(4) 그래프의 점근선이 있는지 조사한다.

(5) 도함수를 이용하여 함수의 증감, 극대, 극소를 조사한다.

(6) 이계도함수를 이용하여 그래프의 오목성, 변곡점을 조사한다.

예제 3.4.6 함수 $f(x)=e^{\frac{2}{x}}$의 도함수와 점근선을 이용하여 그래프를 그려라.

풀이 함수 $f(x)=e^{\frac{2}{x}}$와 $x \neq 0$인 모든 실수에 대하여

$$f'(x)=e^{\frac{2}{x}}\left(-\frac{2}{x^2}\right)=\frac{-2e^{\frac{2}{x}}}{x^2},$$

$$f''(x)=\frac{\left(-2e^{\frac{2}{x}}\right)\left(-\frac{2}{x^2}\right)x^2-\left(-2e^{\frac{2}{x}}\right)(2x)}{x^4}$$

$$=\frac{4e^{\frac{2}{x}}+4xe^{\frac{2}{x}}}{x^4}$$

$$=\frac{4e^{\frac{2}{x}}(x+1)}{x^4}$$

따라서 $x \neq 0$인 모든 실수에 대하여

$$f'(x)<0,\ x=-1\text{에서 } f''(x)=0\text{이다.}$$

$f(x)$의 증감표는 다음과 같다.

x	$x < -1$	$x = -1$	$-1 < x < 0$	$x > 0$
$f'(x)$	$-$	$-$	$-$	$-$
$f''(x)$	$-$	0	+	+
$f(x)$의 오목성	↘	변곡점	↘	↘

그러므로 $f(x)$의 변곡점 $(-1,\ e^{-1})$을 가진다. x절편과 y절편은 없고 점근선을 살펴보면

$$\lim_{x\to\infty} e^{\frac{2}{x}} = 1,\quad \lim_{x\to-\infty} e^{\frac{2}{x}} = 1,$$
$$\lim_{x\to 0^+} e^{\frac{2}{x}} = \infty,\quad \lim_{x\to 0^-} e^{\frac{2}{x}} = 0$$

이므로

$y = 1$을 수평점근선으로
$x = 0$을 수직점근선으로

갖는다.

따라서 그래프는 [그림 3.16]과 같다.

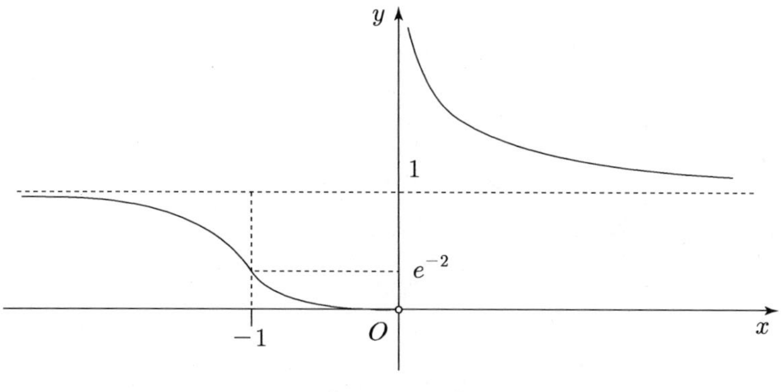

[그림 3.16]

□

예제 3.4.7 함수 $f(x) = \dfrac{2x^2}{x^2-1}$의 그래프를 그려라.

풀이 (1) 함수 $f(x)$의 정의역은

$$\{x \mid x^2 - 1 \neq 0\} = \{x \mid x \neq \pm 1\}$$

즉 x의 범위는 $x = \pm 1$이 아닌 모든 실수가 된다.

(2) 그래프와 좌표축의 교점을 구한다.

x와 y의 절편은 모두 0이다.

(3) x축, y축, 원점 등에 대한 대칭성을 조사한다.

$$f(-x) = \frac{2x^2}{x^2-1} = f(x)$$

이므로 f는 y축에 대칭이다.

(4) 그래프의 점근선이 있는지 조사한다.

$$\lim_{x \to \pm\infty} \frac{2x^2}{x^2-1} - \lim_{x \to \pm\infty} \frac{2}{1-\frac{1}{x^2}} = 2$$

이다. 따라서 $y = 2$가 수평점근선이다.

그리고

$$\lim_{x \to 1^+} \frac{2x^2}{x^2-1} = \infty, \quad \lim_{x \to 1^-} \frac{2x^2}{x^2-1} = -\infty$$

$$\lim_{x \to -1^+} \frac{2x^2}{x^2-1} = -\infty, \quad \lim_{x \to -1^-} \frac{2x^2}{x^2-1} = \infty$$

이므로 $x = 1$과 $x = -1$이 수직점근선이다.

(5) 도함수를 이용하여 함수의 증감, 극대, 극소를 조사한다.

함수 $f(x) = \dfrac{2x^2}{x^2-1}$에 대하여

$$f'(x) = \frac{4x(x^2-1) - 2x^2 \cdot 2x}{(x^2-1)^2} = \frac{-4x}{(x^2-1)^2}$$

이므로 임계수는 $x=0, \pm 1$이다.

그러나 $x=\pm 1$은 함수 f의 정의역에 포함되지 않으므로 $x=0$ 만이 임계수이다.

$f(x)$의 증감표는 다음과 같다.

x	$-\infty < x < -1$	$-1 < x < 0$	$x=0$	$0 < x < 1$	$1 < x < \infty$
$f'(x)$	$+$	$+$	0	$-$	$-$
$f(x)$	증가	증가	$f(0)=0$ 극댓값	감소	감소

(6) 이계도함수를 이용하여 곡선의 오목성, 변곡점을 조사한다.

$f'(x) = \dfrac{-4x}{(x^2-1)^2}$에 대하여

$$\begin{aligned} f''(x) &= \frac{-4(x^2-1)^2 + 4x \cdot 2(x^2-1)2x}{(x^2-1)^4} \\ &= \frac{(12x^2+4)(x^2-1)}{(x^2-1)^3} \\ &= \frac{12x^2+4}{(x^2-1)^3} \end{aligned}$$

이므로 변곡점은 없고, 모든 x에 대하여

$$12x^2+4>0$$

이므로

$$f''(x)>0 \Leftrightarrow x^2-1>0 \Leftrightarrow |x|>1$$

이고

$$f''(x)<0 \Leftrightarrow |x|<1$$

이다.

$f(x)$의 오목성을 포함한 증감표는 다음과 같다.

x	$-\infty < x < -1$	$-1 < x < 0$	$x = 0$	$0 < x < 1$	$1 < x < \infty$
$f'(x)$	$+$	$+$	0	$-$	$-$
$f''(x)$	$+$	$-$	$-$	$-$	$+$
$f(x)$의 오목성		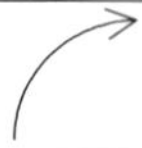			

위에서 보인 사실들을 종합하여 곡선을 그리면 [그림 3.17]과 같다.

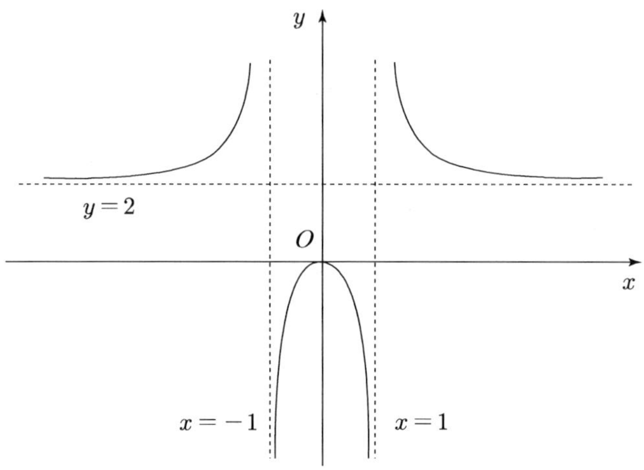

[그림 3.17]

□

연 · 습 · 문 · 제 3.4

1. 다음 함수의 오목성을 조사하여라.

(1) $f(x) = 2x^3 - 3x^2 - 12x$ (2) $f(x) = x^{\frac{1}{3}}(x+4)$

(3) $f(x) = x^4 - 24x^2 + 75$　　(4) $f(x) = x^2 - \frac{1}{x}$

2. 다음 함수의 상대극값을 이계도함수를 이용하여 구하여라.

(1) $f(x) = x^5 - 5x + 3$

(2) $f(x) = x + \sqrt{1-x}$

(3) $f(x) = \ln(x^2+1)$

3. 다음 함수의 변곡점을 구하여라.

(1) $f(x) = (x-3)^3$　　(2) $f(x) = x\sqrt{9-x^2}$

(3) $f(x) = x^3 + 3x^2 - 9x - 2$　　(4) $f(x) = x^9 - 3x^3$

4. 다음 곡선의 수평점근선과 수직점근선을 구하여라.

(1) $f(x) = \frac{x}{x+4}$　　(2) $f(x) = \frac{1+x^4}{x^2 - x^4}$

5. 다음 함수의 그래프를 본문에서 제시한 곡선의 그래프 그리는 방법을 이용하여 그려라.

(1) $f(x) = 2x(x+3)^3$　　(2) $f(x) = x^{\frac{5}{3}} - 5x^{\frac{2}{3}}$

(3) $f(x) = \frac{x}{(x-1)^2}$　　(4) $f(x) = 2x\sqrt{1-x^2}$

3.5 속도와 가속도

어떤 물체가 운동방정식 $s=f(t)$를 따라 직선 상을 움직인다고 하자. 여기서 s는 시간 t에서 물체가 원점으로부터 떨어진 변위이고 운동을 나타내는 함수 f를 위치 함수라고 한다. 시간 구간 $t=a$부터 $t=a+h$까지 위치의 변화는 $f(a+h)-f(a)$이다. 이 시간 구간에서의 평균 속도는 [그림 3.18]에서 할선 PQ의 기울기와 같다. 즉

$$\text{평균속도}=\frac{\text{변위}}{\text{시간}}=\frac{f(a+h)-f(a)}{h}$$

이다.

$h\to 0$일 때 위 식의 값은 평균속도의 극한값이다. 따라서

$$\lim_{h\to 0}\frac{f(a+h)-f(a)}{h}=v(a)$$

를 시각 $t=a$에서의 순간속도 또는 속도라 한다. 이것은 [그림 3.18]에서의 점 P에서 접선의 기울기와 같다는 것을 의미한다.

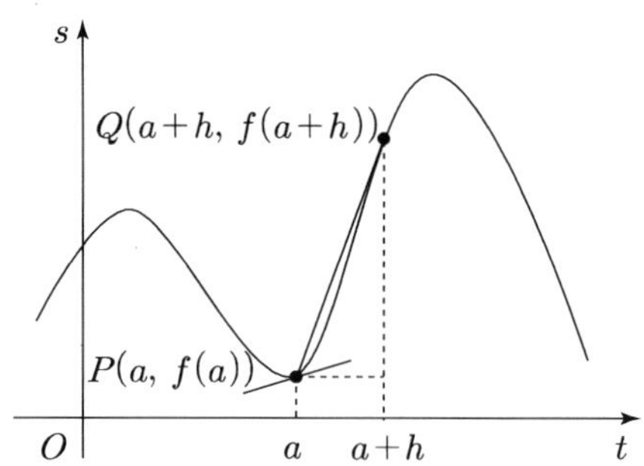

[그림 3.18]

정의 3.5.1

시각 t에서 물체의 위치 함수가 $s=s(t)$일 때

(1) 시각 t에서의 속도 $v(t)$는 $v(t)=s'(t)=\dfrac{ds}{dt}$

(2) 시각 t에서의 가속도 $a(t)$는 $a(t)=v'(t)=\dfrac{dv}{dt}=s''(t)=\dfrac{d^2s}{dt^2}$

(3) 속도의 절대값 $|v(t)|$를 **속력**이라고 한다.

$s=s(t)$는 점 P의 위치를 나타내므로 $v>0$이면 P는 수직선의 양의 방향으로, $v<0$이면 음의 방향으로 움직인다. 따라서 속도는 방향을 가지며, 속력은 그 크기이다. 한편 가속도는 속도의 변화율을 나타낸다.

예제 3.5.1 직선 위를 움직이는 물체의 위치가 $s(t)=3t^3-2t^2+5t-3$일 때 시각 1초에서 3초까지의 평균 속도와 시각 2초에서의 속도를 구하여라.

풀이 1초에서 3초까지의 평균 속도는

$$\frac{s(3)-s(1)}{3-1}=\frac{75-3}{2}=36.$$

그리고

$$v(t)=s'(t)=9t^2-4t+5$$

이므로 $t=2$에서의 속도는 $v(2)=36-8+5=33$이다. □

예제 3.5.2 70 m 언덕 위에서 공을 500 m/s 의 속도로 위를 향해 던졌다. t초 후 공의 높이가 $s(t)=50t-5t^2$이라 할 때 다음을 구하여라.

(1) 최고점에 도달하는 시간

(2) 지상으로부터 최고점까지의 높이

풀이 (1) 공이 최고점에 도달할 때는 공의 속도가 일시적으로 정지할 때이다. 따라서

$$v(t) = s'(t) = 50 - 10t = 0$$

이 되는 $t = 5$. 즉 5초 후가 된다.

(2) (1)로부터 지상으로부터 최고점까지의 높이는

$$70 + s(5) = 70 + 125 = 195\,\text{m}$$

가 된다. □

예제 3.5.3 공 안에 공기를 넣을 때, 공의 부피가 $16\text{cm}^3/\text{s}$의 비율로 증가한다. 반지름이 12cm일 때 이 공의 반지름의 증가 속도를 구하여라.

풀이 공의 부피를 V라고 하고 반지름을 r이라고 하자. 그러면

$$V = \frac{4}{3}\pi r^3$$

이다. 위 식을 t에 관해 미분하면 공의 부피의 변화율인

$$\frac{dV}{dt} = 4\pi r^2 \frac{dr}{dt}$$

를 얻게 된다. 이때

$$\frac{dV}{dt} = 16, \quad r = 12$$

이므로

$$16 = 4\pi(12)^2 \frac{dr}{dt}$$

이다. 따라서 공의 반지름의 증가 속도 $\dfrac{dr}{dt} = \dfrac{1}{36}\text{cm/s}$이다. □

예제 3.5.4 x축 위를 움직이는 점 P의 시각 t에서의 위치 x는 다음 식으로 주어진다고 한다.

$$x = \frac{2}{3}t^3 - 10t^2 + 32t$$

(1) $t=2$일 때, 속도와 가속도를 구하여라.

(2) 점 P의 진행 방향이 바뀌는 시각 t를 구하여라.

(3) $2 \le t \le 9$에서의 최대 속력을 구하여라.

풀이 (1) $x=f(t)$로 놓으면

$$v(t)=f'(t)=2t^2-20t+32$$
$$a(t)=f''(t)=4t-20$$

이다. 따라서

$$v(2)=8-40+32=0,$$
$$a(2)=8-20=-12$$

이다. 즉 속도는 0이고, 가속도는 -12이다.

(2) $v(t)=f'(t)=2(t-2)(t-8)=0$과 다음 표로부터 점 P의 진행 방향이 바뀌는 시각이

$$t=2,\ \ t=8$$

임을 알 수 있다.

t	$t<2$	$t=2$	$2<t<8$	$t=8$	$8<t<9$	$t=9$
$v(t)=f'(t)$	$+$	0	$-$	0	$+$	$+$

(3) $v(t)=f'(t)=2(t-5)^2-18$이고

$$f'(2)=0,\ \ f'(9)=14$$

이다. 따라서 $v(t)=f'(t)$의 $2 \le t \le 9$에서의 최댓값은 $f'(9)=14$이지만 [그림 3.19]의 그래프로부터 최대 속력은 $|v(t)|$값이므로

$$|v(5)|=|f'(5)|=|-18|=18$$

이 된다. □

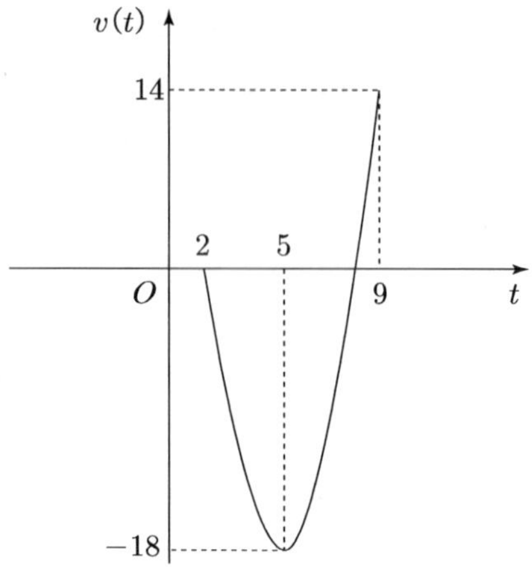

[그림 3.19]

좌표평면 위를 움직이는 점 P의 시각 t에서의 위치를 $(x,\ y)$라 하면 x와 y는 t의 함수이므로

$$x = f(t),\ y = g(t)$$

로 나타낼 수 있다. 이때 점 P의 x성분, y성분의 속도는 각각

$$v_x(t) = \frac{dx}{dt},\ v_y(t) = \frac{dy}{dt}$$

이고

$$\mathbf{v}(t) = (v_x(t),\ v_y(t)) = \left(\frac{dx}{dt},\ \frac{dy}{dt}\right)$$

를 시각 t에서의 점 P의 **속도벡터** 또는 간단히 **속도**라 한다. 여기서 벡터는 크기와 방향을 가지고 있음을 의미한다.

$\mathbf{v}(t)$의 크기

$$|\mathbf{v}(t)| = \sqrt{\left(\frac{dx}{dt}\right)^2 + \left(\frac{dy}{dt}\right)^2}$$

를 시각 t에서의 점 P의 **속력**이라 한다. 점 P의 x성분, y성분의 가속도를 성분으로 하는

$$\mathbf{a}(t) = \left(\frac{d^2x}{dt^2},\ \frac{d^2y}{dt^2}\right) = (f''(t),\ g''(t))$$

를 시각 t에서의 점 P의 **가속도**라 한다.

예제 3.5.5 시각 t에서 점 P의 좌표 $(x,\ y)$가

$$x = 3\sin t,\ y = 5\cos t$$

로 주어질 때, $t = \frac{\pi}{2}$에서의 점 P의 속도, 가속도와 속력을 구하여라.

풀이 $\mathbf{v}(t) = (v_x(t),\ v_y(t))$에서

$$v_x(t) = x'(t) = 3\cos t$$

이고

$$v_y(t) = y'(t) = -5\sin t$$

이며

$$a_x(t) = v'_x(t) = -3\sin t, \quad a_y(t) = v'_y(t) = -5\cos t$$

이므로

$$\mathbf{v}(t) = (3\cos t,\ -5\sin t), \quad \mathbf{a}(t) = (-3\sin t,\ -5\cos t)$$

이다. 따라서 $t = \frac{\pi}{2}$에서의 속도는 $(0,\ -5)$이고 가속도는 $(-3,\ 0)$이며 속력은 $\left|\mathbf{v}\left(\frac{\pi}{2}\right)\right| = \sqrt{0+25} = 5$이다. □

연·습·문·제 3.5

EXERCISES

1. 위치 함수가 다음과 같고 $t=3$일 때의 속도와 가속도를 구하여라.

   (1) $s(t)=7t^2+7t+3$　　(2) $s(t)=64t-12t^2$

   (3) $s(t)=(3t^2-4t+1)^2$　　(4) $s(t)=20-4t^2+3t^4$

2. 길이가 13 m 인 사다리가 수직 벽면에 기대어 있다. 사다리의 아래는 벽면으로부터 2 m/s 의 비율로 미끄러져 간다. 사다리의 밑이 벽에서 5m 떨어질 때, 사다리의 위쪽 끝이 미끄러지는 속도를 구하여라.

3. 수직선 위를 움직이는 점 P의 t초 후의 위치가 $x(t)=t^3-t^2-2$로 주어질 때, 점 P가 정지하는 순간의 가속도를 구하여라.

4. 좌표평면 위를 움직이는 점 P의 시각 t에서의 위치가

$$x=t^3+3t+5,\ \ y=-2t^2-3t+1$$

   일 때, 점 P의 시각 t에서의 속도, 가속도를 구하여라.

3.6 부정형과 로피탈의 법칙

일반적으로 $x \to a$에 따라 $f(x) \to 0$이고 $g(x) \to 0$일 때

$$\lim_{x \to a} \frac{f(x)}{g(x)}$$

형태의 극한은 존재할 수도 있고 존재하지 않을 수도 있으며, 이 형태를

$$\frac{0}{0} \text{ 형의 부정형}$$

이라 한다.

또한 $x \to a$일 때 $f(x) \to \infty$ (또는 $-\infty$)이고, $g(x) \to \infty$ (또는 $-\infty$)이면

$$\lim_{x \to a} \frac{f(x)}{g(x)}$$

형태의 극한은 존재할 수도 있고 존재하지 않을 수도 있으며, 이 형태를

$$\frac{\infty}{\infty} \text{ 형의 부정형}$$

이라 한다.

다음의 로피탈 법칙은 부정형의 극한 계산을 쉽게 해준다. 증명은 생략하기로 한다.

정리 3.6.1

[로피탈 법칙] a의 근방(가능한 a는 제외)에서 함수 $f(x)$와 $g(x)$가 미분가능하고, $g'(x) \neq 0$라고 하자. 그리고

$$\lim_{x \to a} f(x) = 0, \ \lim_{x \to a} g(x) = 0$$

이거나

$$\lim_{x\to a} f(x)=\pm\infty,\ \lim_{x\to a} g(x)=\pm\infty$$

라 하자. 이때 우변의 극한이 존재하거나 (∞ 또는 $-\infty$)이면

$$\lim_{x\to a}\frac{f(x)}{g(x)}=\lim_{x\to a}\frac{f'(x)}{g'(x)}$$

가 성립한다.

로피탈 법칙을 이용하여 부정형의 극한값을 구할 수도 있고 발산함도 알 수 있다. 또한 로피탈 법칙을 이용하기 위해서 이 법칙의 가정을 만족하는 지 살펴보아야 함에 주의하자.

예제 3.6.1 다음 극한값을 구하여라.

(1) $\lim_{x\to 0}\frac{x}{1-e^{3x}}$ (2) $\lim_{x\to 1}\frac{2x^3-3x+1}{2-2x+\ln x}$

풀이 (1) $\lim_{x\to 0} x=0$이고 $\lim_{x\to 0}(1-e^{3x})=0$이므로 $\frac{0}{0}$ 부정형에 대하여 로피탈 법칙을 적용하면

$$\lim_{x\to 0}\frac{x}{1-e^{3x}}=\lim_{x\to 0}\frac{1}{-3e^{3x}}=-\frac{1}{3}$$

이다.

(2) $x=1$일 때 $\frac{0}{0}$ 부정형이므로 로피탈 법칙을 적용하면

$$\lim_{x\to 1}\frac{2x^3-3x+1}{2-2x+\ln x}=\lim_{x\to 1}\frac{6x^2-3}{-2+1/x}=-3$$

이다. □

예제 3.6.2 다음 극한값을 구하여라.

(1) $\lim_{x\to\infty} \dfrac{e^x}{2x^2+3}$ (2) $\lim_{x\to\infty} \dfrac{\ln x}{\sqrt{x}}$

풀이 (1) $\dfrac{\infty}{\infty}$ 부정형으로 로피탈 법칙을 반복해서 적용하면

$$\lim_{x\to\infty} \frac{e^x}{2x^2+3} = \lim_{x\to\infty} \frac{e^x}{4x} = \lim_{x\to\infty} \frac{e^x}{4} = \infty$$

이므로 발산한다.

(2) $\dfrac{\infty}{\infty}$ 부정형으로 로피탈 법칙을 적용하면

$$\lim_{x\to\infty} \frac{\ln x}{\sqrt{x}} = \lim_{x\to\infty} \frac{\frac{1}{x}}{\frac{1}{2\sqrt{x}}} = \lim_{x\to\infty} \frac{2}{\sqrt{x}} = 0$$

이다. □

여러 가지 다른 형태의 부정형의 극한 값을 구하는 것에 대하여 알아보도록 하자. 다음과 같은 형태의 부정형인 경우, 로피탈 법칙을 이용하기 위하여 우선 $\dfrac{0}{0}$이나 $\dfrac{\infty}{\infty}$ 부정형으로 바꾸면 극한 값을 구할 수 있다.

1. 부정형의 곱 $0 \cdot \infty$

$$\lim_{x\to a} f(x) = 0\text{이고 } \lim_{x\to a} g(x) = \infty \ (\text{또는 } -\infty)$$

이면,

$$\lim_{x\to a} f(x)g(x)$$

의 값은 명백하지 않다.

이러한 부정형의 곱 fg는 다음과 같은 분수형으로 변형하여

$$fg = \frac{f}{1/g} \text{ 또는 } fg = \frac{g}{1/f}$$

주어진 극한을

$$\frac{0}{0} \text{ 또는 } \frac{\infty}{\infty}$$

로 바꾸어 로비탈 법칙을 적용할 수 있다.

예제 3.6.3 다음 극한 값을 구하여라.

(1) $\lim_{x \to -\infty} x e^x$ (2) $\lim_{x \to 0} \sin 3x \cot 4x$

풀이 (1) 주어진 함수식이 $(-\infty) \cdot 0$ 부정형이므로 $\frac{\infty}{\infty}$ 부정형으로 바꾸어 로피탈 법칙을 적용하면

$$\lim_{x \to -\infty} x e^x = \lim_{x \to -\infty} \frac{x}{e^{-x}} = \lim_{x \to -\infty} \frac{1}{-e^{-x}}$$
$$= \lim_{x \to -\infty} (-e^x) = 0$$

이다.

(2) 주어진 함수식이 $0 \cdot \infty$ 부정형이므로 $\frac{0}{0}$ 부정형으로 바꾸어 로피탈 법칙을 적용하면

$$\lim_{x \to 0} \sin 3x \cot 4x = \lim_{x \to 0} \frac{\sin 3x}{\tan 4x} = \lim_{x \to 0} \frac{3 \cos 3x}{4 \sec^2 4x} = \frac{3}{4}$$

이다. □

2. 부정형의 차 $\infty - \infty$

$$\lim_{x \to a} f(x) = \infty \text{ 이고 } \lim_{x \to a} g(x) = \infty$$

일 때 극한

$$\lim_{x \to a} [f(x) - g(x)]$$

을 $\infty - \infty$ 부정형이라고 한다. 이 경우에도 함수의 차로 된 형태를 $\frac{0}{0}$, $\frac{\infty}{\infty}$ 부정형으로 변형하여 로피탈 법칙을 이용한다.

예제 3.6.4 $\lim_{x \to \infty} (x - \ln x)$의 값을 구하여라.

풀이 주어진 함수식이 $\infty - \infty$ 부정형이므로

$$y = x - \ln x$$

라 놓으면

$$e^y = e^{x - \ln x} = \frac{e^x}{e^{\ln x}} = \frac{e^x}{x}$$

은 $\frac{\infty}{\infty}$ 부정형이 되어 로피탈 법칙을 적용하면

$$\lim_{x \to \infty} e^y = \lim_{x \to \infty} \frac{e^x}{x} = \lim_{x \to \infty} \frac{e^x}{1} = \infty$$

이다. 이때 $e^y \to \infty$ 이기 위해서는 $y \to \infty$ 이어야 한다. 따라서

$$\lim_{x \to \infty} (x - \ln x) = \infty$$

이다. □

예제 3.6.5 $\lim_{x \to \left(\frac{\pi}{2}\right)^-} (\sec x - \tan x)$를 구하여라.

풀이 주어진 함수식이 $\infty - \infty$ 부정형이므로 $\frac{0}{0}$ 꼴로 바꾸어 로피탈 법칙을 적용하면

$$\lim_{x \to \left(\frac{\pi}{2}\right)^-} (\sec x - \tan x) = \lim_{x \to \left(\frac{\pi}{2}\right)^-} \left(\frac{1}{\cos x} - \frac{\sin x}{\cos x}\right)$$

$$= \lim_{x \to \left(\frac{\pi}{2}\right)^-} \left(\frac{1 - \sin x}{\cos x}\right)$$

$$= \lim_{x \to \left(\frac{\pi}{2}\right)^-} \left(\frac{-\cos x}{-\sin x}\right)$$

$$= 0$$

이다. □

3. 부정형의 거듭제곱 0^0, ∞^0, 1^∞

다음 함수의 극한에서

$$\lim_{x \to a} [f(x)]^{[g(x)]}$$

$\lim_{x \to a} f(x) = 0$이고 $\lim_{x \to a} g(x) = 0$이거나

$\lim_{x \to a} f(x) = \infty$이고 $\lim_{x \to a} g(x) = 0$이거나

$\lim_{x \to a} f(x) = 1$이고 $\lim_{x \to a} g(x) = \pm\infty$일 때,

즉 0^0, ∞^0, 1^∞ 형태인 경우는 자연로그를 적용하여 다음과 같이 변형시킬 수 있다.

$$y = [f(x)]^{[g(x)]}$$

라 놓으면,

$$\ln y = g(x) \ln f(x)$$

이 식은 $0 \cdot \infty$ 부정형으로 바뀌므로 로피탈 법칙을 적용하여 극한 값을 구할 수 있다.

예제 3.6.6 $\lim_{x\to 0^+} x^x$을 구하여라.

풀이 주어진 극한이 0^0 부정형이므로

$$y = x^x$$

라 두고 로그를 취하면

$$\lim_{x\to 0^+} \ln y = \lim_{x\to 0^+} x \ln x$$

로 $0 \cdot \infty$ 부정형으로 변형할 수 있다. 로피탈 법칙을 적용하면

$$\begin{aligned}\lim_{x\to 0^+} \ln y &= \lim_{x\to 0^+} x \ln x = \lim_{x\to 0^+} \frac{\ln x}{\frac{1}{x}} \\ &= \lim_{x\to 0^+} \frac{\frac{1}{x}}{-\frac{1}{x^2}} = \lim_{x\to 0^+} (-x) = 0\end{aligned}$$

따라서

$$\lim_{x\to 0^+} x^x = \lim_{x\to 0^+} y = \lim_{x\to 0^+} e^{\ln y} = e^0 = 1$$

이다. □

[그림 3.20]은

$$y = x^x, \quad x > 0$$

의 그래프이다. 0^0은 정의되지 않지만 함수의 값은 x가 0의 오른쪽에서 가까이 갈 때 1로 가까이 가고 있음을 보여주고 있다.

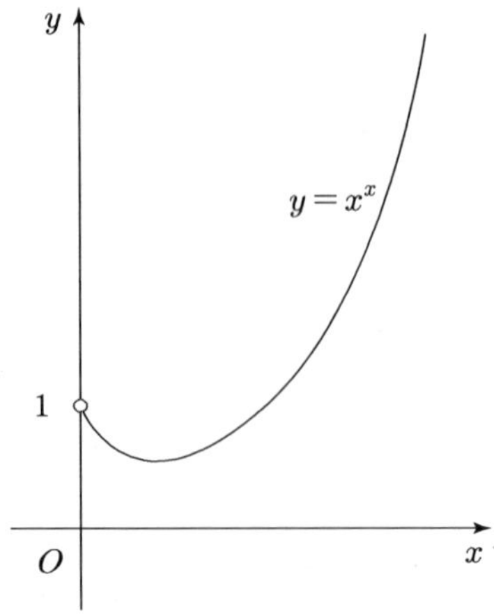

[그림 3.20]

예제 3.6.7 $\lim_{x\to\infty} x^{\frac{1}{x}}$ 을 구하여라.

풀이 주어진 함수식의 형이 ∞^0 부정형이므로

$$y = x^{\frac{1}{x}}$$

라 두고 로그를 취하면

$$\lim_{x\to\infty} \ln y = \lim_{x\to\infty} \frac{\ln x}{x}$$

로 $\dfrac{\infty}{\infty}$ 부정형으로 변형할 수 있다. 이제 로비탈 법칙을 적용해보면

$$\lim_{x\to\infty} \ln y = \lim_{x\to\infty} \frac{\ln x}{x} = \lim_{x\to\infty} \frac{\frac{1}{x}}{1} = \lim_{x\to\infty} \frac{1}{x} = 0$$

따라서

$$\lim_{x\to\infty} x^{\frac{1}{x}} = \lim_{x\to\infty} y = \lim_{x\to\infty} e^{\ln y} = \lim_{x\to\infty} e^0 = 1$$

이다. □

연 · 습 · 문 · 제 3.6

1. 다음 극한값을 구하여라.

(1) $\lim_{x \to -1} \dfrac{x^2 - 1}{x+1}$

(2) $\lim_{x \to (\pi/2)^+} \dfrac{\cos x}{1 - \sin x}$

(3) $\lim_{x \to 0} \dfrac{e^x - 1 - x}{x^2}$

(4) $\lim_{x \to 0} \dfrac{e^x - e^{-x}}{\ln(x+1)}$

(5) $\lim_{x \to \infty} x^3 e^{-x^2}$

(6) $\lim_{x \to \infty} \dfrac{\ln(\ln x)}{x \ln x}$

(7) $\lim_{x \to (\pi/4)} \dfrac{1 - \tan x}{4x - \pi}$

(8) $\lim_{x \to \infty} \dfrac{x}{\sqrt{2 + x^2}}$

2. 다음 극한값을 구하여라.

(1) $\lim_{x \to 0} \left(\dfrac{1}{x} - \csc x \right)$

(2) $\lim_{x \to \infty} (2x - \ln x)$

(3) $\lim_{x \to \infty} \left(\sqrt{x^2 + x} - x \right)$

(4) $\lim_{x \to 1^+} \left(\dfrac{x}{x-1} - \dfrac{1}{\ln x} \right)$

(5) $\lim_{x \to 0} (1 - 2x)^{\frac{1}{x}}$

(6) $\lim_{x \to 0} (\cos x)^{\frac{1}{x}}$

(7) $\lim_{x \to 0^+} (x+1)^{\cot x}$

(8) $\lim_{x \to 0} x^{x^2}$

3. 다음 극한값을 구하여라.

(1) $\lim_{x \to 0^+} x^2 \ln x$

(2) $\lim_{x \to \infty} \left(\sqrt{x^2 + x} - \sqrt{x^2 - x} \right)$

(3) $\lim_{x \to 2^+} \left(\dfrac{1}{\sqrt{x^2 - 4}} - \dfrac{1}{x - 2} \right)$

(4) $\lim_{x \to 0^+} (\sin x)(\ln \sin x)$

(5) $\lim_{x \to \infty} (x + e^x)^{\frac{2}{x}}$

(6) $\lim_{x \to 0} \dfrac{1 - \cos x}{x^2}$

4. 다음을 로피탈 법칙을 이용하여 보여라.

(1) $\lim_{n \to \infty} \left(1 + \frac{x}{n}\right)^n = e^x$ (2) $\lim_{h \to 0} (1 + hx)^{\frac{1}{h}} = e^x$

5. 다음 함수

$$f(x) = \begin{cases} x(\ln x)^2 & (x > 0) \\ 0 & (x = 0) \end{cases}$$

에 대하여

$$\lim_{x \to 0^+} f(x) = f(0)$$

임을 보여라.

3.7 미분과 근삿값

이 절에서는 함수 $y=f(x)$에 대하여 x값의 변화에 따른 y값의 변화의 근삿값을 구하는 방법을 알아보려 한다.

함수 $y=f(x)$가 미분가능하면

$$f'(x)=\lim_{\triangle x\to 0}\frac{\triangle y}{\triangle x}=\lim_{\triangle x\to 0}\frac{f(x+\triangle x)-f(x)}{\triangle x}$$

이다. 이 식은 $\triangle x\to 0$일 때 $\epsilon\to 0$인 어떤 ϵ에 대하여 $\frac{\triangle y}{\triangle x}=f'(x)+\epsilon$임을 뜻한다. 따라서

$$\triangle y=f(x+\triangle x)-f(x)=f'(x)\triangle x+\epsilon\triangle x$$

로 표현된다.

정의 3.7.1

함수 $f(x)$가 미분가능일 때

$$f'(x)\triangle x$$

를 y의 **미분**이라 하고 dy로 표시한다. 즉

$$dy=f'(x)\triangle x$$

참고 $f(x)=x$라 두면 $f'(x)=1$이므로

$$dy=f'(x)\triangle x=\triangle x$$

이다. 그런데 $y=x$이므로 $dx=\triangle x$이다. 따라서 미분

$$dy = f'(x)\triangle x = f'(x)dx$$

로 쓰기로 한다.

다음 그림은 함수의 증분 $\triangle y$와 미분 dy의 관계를 설명하고 있다.

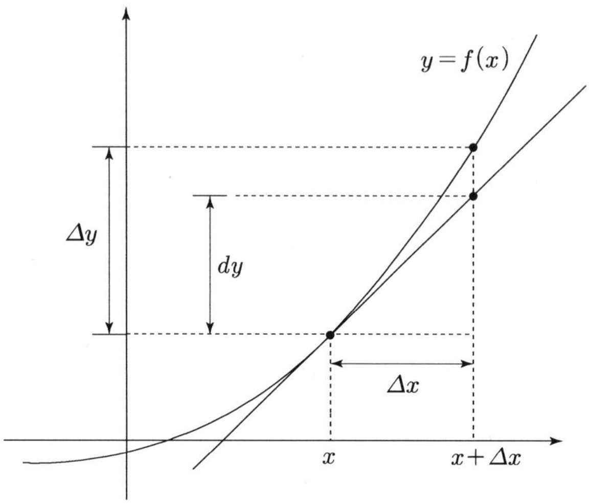

[그림 3.21]

x가 $x+\triangle x$로 변할 때 $\triangle y$는 곡선 $y=f(x)$의 높이의 변화를 의미하고 dy는 접선의 높이의 변화를 의미한다. 미분가능한 함수 $y=f(x)$에서 $|\triangle x|$가 충분히 작을 때 $\epsilon\triangle x$의 값이 매우 작아져 $\triangle y$와 dy의 값은 근사적으로 같아질 것이고

$$\triangle y \approx dy$$

로 나타낼 수 있다.

또한 이 사실로부터 $f(x)$의 x에서의 함수값과 미분을 알면, 주어진 구간 내의 함수값의 근삿값을 구할 수 있다.

$$f(x+\triangle x) \approx f(x) + f'(x)\triangle x$$

예제 3.7.1 다음 함수의 미분을 구하여라.

(1) $y = 5x^3 + 2x^2 - 1$ (2) $y = \tan x$

풀이 (1) $f(x) = 5x^3 + 2x^2 - 1$이라고 하면

$$f'(x) = 15x^2 + 4x$$

이므로, 미분은

$$dy = (15x^2 + 4x)dx$$

이다.

(2) $f(x) = \tan x$라 놓으면

$$f'(x) = \sec^2 x$$

이다. 따라서 미분은

$$dy = \sec^2 x \, dx$$

이다. □

예제 3.7.2 $f(x) = x^3 + x^2 - 2x + 1$이고 x가 다음과 같이 변할 때 증분 $\triangle y$와 미분 dy를 구하여 비교하여라.

(1) $x = 2$에서 $x = 2.05$로　　　　(2) $x = 2$에서 $x = 2.01$로

풀이 (1) 함수 $f(x) = x^3 + x^2 - 2x + 1$에 대하여

$$\begin{aligned} f(2) &= 2^3 + 2^2 - 2(2) + 1 = 9 \\ f(2.05) &= (2.05)^3 + (2.05)^2 - 2(2.05) + 1 \\ &= 9.71625 \end{aligned}$$

이고

$$\begin{aligned} \triangle y &= f(2.05) - f(2) = 0.717625, \\ dy &= f'(x)dx = (3x^2 + 2x - 2)dx \end{aligned}$$

이므로 $x = 2$, $\triangle x = dx = 0.05$일 때

$$dy = \{3(2)^2 + 2(2) - 2\}(0.05) = 0.7$$

이다.

(2) 함수 $f(x) = x^3 + x^2 - 2x + 1$에 대하여

$$\begin{aligned} f(2.01) &= (2.01)^3 + (2.01)^2 - 2(2.01) + 1 \\ &= 9.140701 \end{aligned}$$

이고

$$\begin{aligned} \triangle y &= f(2.01) - f(2) = 0.140701, \\ dy &= \{3(2)^2 + 2(2) - 2\}(0.01) = 0.14 \end{aligned}$$

이다. □

미분을 이용하여 함수값의 근삿값을 구해보자.

예제 3.7.3 미분을 써서 $\sqrt{27}$의 근삿값을 구하여라.

풀이 $f(x) = \sqrt{x}$라 두고 $x = 25$, $\triangle x = 2$라 두자.

$$f'(x) = \frac{1}{2\sqrt{x}}$$

이다. 따라서

$$\begin{aligned} \sqrt{27} = f(27) = f(25+2) &\approx \sqrt{25} + \frac{1}{2\sqrt{25}}(2) \\ &= 5 + \frac{1}{5} = 5.2 \end{aligned}$$

이다. 그러므로 $\sqrt{27}$의 미분을 이용한 근삿값은 약 5.2이다. □

연·습·문·제 3.7

EXERCISES

1. 다음 함수의 미분을 구하여라.

(1) $y = x^2 + 5x$

(2) $y = \sqrt{4+5x}$

(3) $y = \tan x$

(4) $y = \ln(x+1)$

2. x와 $\triangle x = dx$가 다음과 같이 주어졌을 때 위 1번에서 구한 각각의 dy의 값을 계산하여라.

(1) $x = 3,\ dx = 0.5$

(2) $x = 0,\ dx = 0.04$

(3) $x = \dfrac{\pi}{4},\ dx = -0.1$

(4) $x = 2,\ dx = 0.2$

3. 미분을 이용하여 주어진 수의 근삿값을 구하여라.

(1) $(3.001)^5$

(2) $\tan 29°$

(3) $(9.02)^{0.5}$

(4) $(83.7)^{\frac{1}{4}}$

4. 반지름이 각각 $4\,\mathrm{cm}$, $4.05\,\mathrm{cm}$인 두 공의 겉넓이의 차의 근삿값을 미분을 이용하여 구하여라.

3.8 역도함수

도함수가 주어져 있을 때 원래의 함수를 구하는 방법을 생각해보자.

일반적으로 주어진 함수 f에 대하여

$$F'(x) = f(x)$$

가 되는 미분가능한 함수 F를 f의 **역도함수(또는 원시함수)**라고 한다.

함수 $f(x)$의 역도함수는 하나뿐이 아니다. 예를 들어 $f(x) = x^2$이라 하자. 만약 $F(x) = \frac{1}{3}x^3$이면 $F'(x) = x^2 = f(x)$이므로 $F(x)$는 $f(x)$의 역도함수이다. 그러나 또 다른 함수들 $G(x) = \frac{1}{3}x^3 + 10$, $H(x) = \frac{1}{3}x^3 + 20$도 모두 $f(x)$의 역도함수가 된다.

3.3절의 따름정리 3.3.2에 의하여 다음 정리를 얻는다.

정리 3.8.1

만약 F가 f의 역도함수이면

$$F(x) + C \quad (C\text{는 상수})$$

도 f의 역도함수이다.

예제 3.8.1 함수들의 모든 역도함수를 구하여라.

(1) $f(x) = \cos x$ (2) $f(x) = e^x$

(3) $f(x) = \frac{1}{x^3}\ (x \neq 0)$ (4) $f(x) = \frac{1}{x}$

풀이 (1) $(\sin x)' = \cos x$이므로 $\cos x$의 모든 역도함수들은

$$F(x) = \sin x + C$$

이다.

(2) $(e^x)' = e^x$이므로 역도함수 $F(x) = e^x + C$이다.

(3) $\left(-\frac{1}{2}x^{-2} + C\right)' = x^{-3}$이므로 역도함수 $F(x) = -\frac{1}{2}x^{-2} + C$ 이다.

(4) $(\ln|x|)' = \frac{1}{x}$이므로 역도함수 $F(x) = \ln|x| + C$이다. □

예제 3.8.2 $f'(x) = x\sqrt[3]{x}$ 이고 $f(1) = 0$인 함수 f를 구하여라.

풀이

$$\left(\frac{3}{7}x^{\frac{7}{3}} + C\right)' = x^{\frac{3}{4}}$$

이므로 $f'(x) = x^{\frac{4}{3}}$의 역도함수는

$$f(x) = \frac{3}{7}x^{\frac{7}{3}} + C$$

이다. 상수 C를 결정하기 위하여 $f(1) = 0$이라는 사실을 이용하면

$$f(1) = \frac{3}{7} + C = 0$$

이고 이때 $C = -\frac{3}{7}$이다. 그러므로 $f(x) = \frac{3}{7}x^{\frac{7}{3}} - \frac{3}{7}$이다. □

연 · 습 · 문 · 제 3.8

EXERCISES

1. 다음 함수들의 역도함수를 구하여라.

(1) $f(x) = \sqrt{x} - \sqrt[5]{x}$

(2) $f(x) = 2x^{\frac{1}{2}} + x^3 + 2x - 7$

(3) $f(x) = \frac{5}{x^7}$

(4) $f(x) = \frac{x^{10} + x^5 - 3x}{x^3}$

(5) $f(x)=\cos\left(\frac{x}{2}\right)+3\csc^2 x$

(6) $f(x)=7e^x-e^{2x}+1$

(7) $f(x)=x^{-\frac{1}{5}}$

(8) $f(x)=\sqrt{x}\,(3x+8)$

(9) $f(x)=x^2+\cos x\sin x$

(10) $f(x)=\dfrac{3x^2}{x^3+1}$

2. (1) $f''(x)=20x^3+12x^2+4$, $f(0)=8$, $f(1)=5$인 f를 구하여라.

   (2) $f''(t)=\dfrac{1}{\sqrt[3]{t}}$, $f(8)=15$, $f'(8)=5$인 f를 구하여라.

3. f의 그래프가 점 $(3,\ 12)$를 지나고 그래프 위 임의의 점에서 기울기가 x^2+1일 때, f를 구하여라.

4. $f'(x)=x^3$이고 접선의 방정식이 $x+y=0$인 함수 f를 구하여라.

제4장

적분법

4.1 정적분

4.2 미적분학의 기본정리

4.3 부정적분

4.4 치환적분법과 부분적분법

4.5 함수의 평균값과 적분의 평균값 정리

주어진 속도 함수에 대한 위치의 변화를 구하는 문제라든지 주어진 힘의 함수에 대한 일을 구하는 문제와 같은 일차적인 응용으로부터 건물이나 토목공사 또는 비행기나 유조선의 설계에 필요한 계산뿐 아니라 3D 애니메이션이나 동영상과 관계된 소프트웨어 개발에까지 많은 분야에서 넓이의 계산을 요구한다. 이 장에서는 이러한 넓이의 수학적인 의미와 간단한 계산법에 이르는 기본적인 사항들을 학습하고자 한다.

4.1 정적분

폐구간 $[a, b]$에서 정의되고, 양의 값을 갖는 연속함수 $y=f(x)$가 주어져 있다고 하자. 목적은 그래프의 아래쪽과 $x=a$, $x=b$ 및 x축으로 둘러싸인 부분의 넓이를 구하는 것이다. 이제 이 값을 구하기 위한 수학적인 정의를 알아보자.

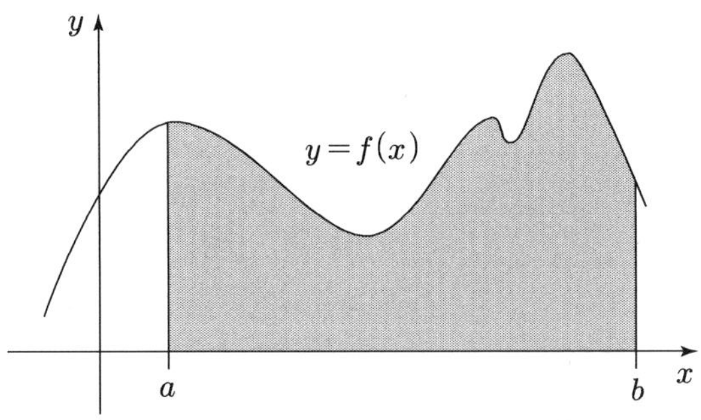

[그림 4.1]

정의 4.1.1

함수 f가 $[a, b]$에서 정의된 연속함수라 하자. 구간 $[a, b]$를 동일한 길이를 갖는 n개의 부분구간으로 나누자. $a=x_0,\ x_1,\ \cdots,\ x_n=b$를 이 부분구간들의 끝점이라 하고, 각 부분구간 $[x_{i-1},\ x_i]$ 내의 임의의 한 점 x_i^*를 택하고 표본점이라 한다. 각 부분구간 $[x_{i-1}, x_i]$의 길이를 $\Delta x = x_i - x_{i-1} = \dfrac{b-a}{n}$라 하고

$$\sum_{i=1}^{n} f(x_i^*)\Delta x$$

을 **리만합**이라 부른다.

여기서 구간의 개수 n을 무한히 크게 할 때 표본점의 선택에 상관없이 리만합의 극한값이 존재하고 이를 다음과 같이 쓰고 주어진 구간 $[a, b]$에서 함수 f의 적분 또는 **정적분**이라 한다.

$$\int_a^b f(x)\,dx = \lim_{n\to\infty}\sum_{i=1}^{n} f(x_i^*)\,\Delta x.$$

이때 a를 적분하한(아래 끝), b를 적분상한(위끝)이라 하고, $f(x)$를 **피적분함수**라 한다.

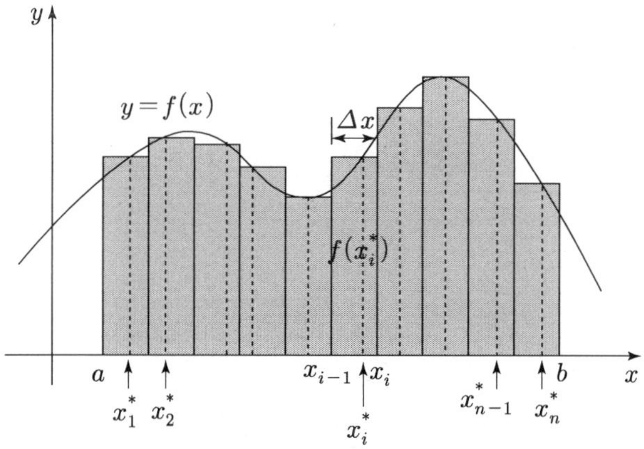

[그림 4.2]

일반적으로 리만합은 각 부분구간에서 어떠한 표본점을 택하는지에 따라 다양한 값이 나타나지만 정의역을 무한히 많은 구간으로 나눌 때 하나의 값으로 수렴한다는 사실이 중요하다. 함수에 따라서는 리만합의 극한값 즉, 정적분의 값이 없을 수도 있지만 주어진 함수가 연속일 경우는 정적분의 값이 항상 존재한다는 사실이 수학자들에 의해 증명되어 있다. 때문에 정의 4.1.1에서 함수의 연속성을 가정하였

다. 이 말의 중요한 의미는 리만합의 극한 값을 계산할 때 연속함수이면 표본점을 어떤 점을 택해도 된다는 뜻이다.

정의 4.1.1에서 양의 값을 갖는 함수의 경우 그래프 아래 부분의 넓이로 적당해 보인다. 직관적으로 리만합은 좁은 직사각형의 넓이의 합이고 이 좁은 직사각형의 밑면의 길이를 0으로 보내는 극한을 생각하면 [그림 4.2]와 같이 그래프 아래 부분의 넓이와 같아짐을 짐작할 수 있다. 엄밀성을 기하기 위해 주어진 영역의 넓이를 다음과 같이 정의하자.

정의 4.1.2

$[a,\ b]$에서 정의된 양의 값을 갖는 함수 $y=f(x)$에 대하여 그래프 아래쪽과 $x=a,\ x=b$ 및 x축으로 둘러싸인 영역의 넓이를 $\int_a^b f(x)\,dx$로 정의한다.

예제 4.1.1 $\int_0^1 \sqrt{1-x^2}\,dx$를 구하여라.

풀이 피적분 함수가 반지름이 1인 원의 제1사분면에 놓인 부분이므로 이 적분이 가리키는 넓이는 사분원의 넓이인 $\frac{\pi}{4}$이다.

$$\int_0^1 \sqrt{1-x^2}\,dx=\frac{\pi}{4}. \qquad \square$$

예제 4.1.1과 같이 정적분이 나타내는 넓이가 이미 잘 알려진 도형의 넓이일 때는 도형의 넓이를 통해 적분을 계산해도 된다.

예제 4.1.2 $[a,\ b]$에서 정의된 상수함수 $y=c$에 대하여 $\int_a^b c\,dx$를 구하여라.

풀이 리만합 $\sum_{i=1}^{n} f(x_i^*)\triangle x$을 계산해보자. 주어진 함수가 상수함수이므로 x_i^*의 선택에 상관없이 $f(x_i^*)=c$이다. 그러므로 리만합은 $\sum_{i=1}^{n}\frac{c(b-a)}{n}$

$= c(b-a)$이다. 리만합의 극한을 취하면 다음을 얻는다. 즉,

$$\int_a^b c\,dx = \lim_{n\to\infty}\sum_{i=1}^{n} f(x_i^*)\triangle x = \lim_{n\to\infty} c(b-a) = c(b-a). \qquad \square$$

위의 예제로부터 c가 양수일 때 그래프는 x축과 평행하고 x축 위에 그려지는 직선이다. 그러므로 $\int_a^b c\,dx$가 나타내는 값은 밑변의 길이가 $b-a$이고 높이가 c인 직사각형의 넓이와 같고 이는 예제 4.1.2의 계산 결과와도 같다.

예제 4.1.3 실수 a, b에 대하여 $[a,\ b]$에서 정의된 함수 $y=x^3$의 그래프 아래쪽과 $x=a$, $x=b$ 및 x축으로 둘러싸인 부분의 넓이를 구하여라.

풀이 함수 $y=x^3$는 a, b가 양수일 때 폐구간 $[a,\ b]$에서 양수이므로 요구하는 넓이는 $\int_a^b f(x)\,dx$와 같다. 특히 함수 $y=x^3$은 연속함수이므로 각 부분구간에서 어떤 표본점을 사용하여 리만합의 극한을 계산해도 그 값은 동일하다. 여기에서는 각 부분구간의 오른쪽 끝점을 표본점으로 택해보자. 즉 구간 $[a,\ b]$를 n개의 부분구간으로 나누면 i번째 부분구간은 $\left[a+\frac{b-a}{n}(i-1),\ a+\frac{b-a}{n}i\right]$이고 이때 표본점 x_i^*는 $a+\frac{b-a}{n}i$이다. i번째 직사각형의 넓이는

$$f(x_i^*)\triangle x = f\left(a+\frac{b-a}{n}i\right)\left(\frac{b-a}{n}\right) = \left(a+\frac{b-a}{n}i\right)^3\left(\frac{b-a}{n}\right)$$

이다. 직사각형의 넓이의 합은

$$\sum_{i=1}^{n}\left(a+\frac{b-a}{n}i\right)^3\left(\frac{b-a}{n}\right)$$

으로 주어진다. 위 식을 정리하면 다음과 같다.

$$\begin{aligned}&\sum_{i=1}^{n}\left(a+\frac{b-a}{n}i\right)^3\left(\frac{b-a}{n}\right)\\ &= \sum_{i=1}^{n}\left(a^3+3a^2\left(\frac{b-a}{n}\right)i+3a\left(\frac{b-a}{n}\right)^2 i^2+\left(\frac{b-a}{n}\right)^3 i^3\right)\left(\frac{b-a}{n}\right)\end{aligned}$$

$$= \frac{b-a}{n}\left(\sum_{i=1}^{n} a^3 + 3a^2\left(\frac{b-a}{n}\right)\sum_{i=1}^{n} i + 3a\left(\frac{b-a}{n}\right)^2 \sum_{i=1}^{n} i^2 + \left(\frac{b-a}{n}\right)^3 \sum_{i=1}^{n} i^3\right)$$

$$= \frac{b-a}{n}\left(na^3 + 3a^2\left(\frac{b-a}{n}\right)\left(\frac{n(n+1)}{2}\right)\right.$$

$$\left. + 3a\left(\frac{b-a}{n}\right)^2\left(\frac{n(n+1)(2n+1)}{6}\right) + \left(\frac{b-a}{n}\right)^3\left(\frac{n(n+1)}{2}\right)^2\right)$$

$$= a^3(b-a) + \frac{3}{2}a^2(b-a)^2\left(\frac{n(n+1)}{n^2}\right)$$

$$+ \frac{3}{6}a(b-a)^3\left(\frac{n(n+1)(2n+1)}{n^3}\right) + \frac{1}{4}(b-a)^4\left(\frac{n(n+1)}{n^2}\right)^2$$

계산의 마지막 식에서 $n \to \infty$ 일 때의 극한을 구하면

$$a^3(b-a) + \frac{3}{2}a^2(b-a)^2 + a(b-a)^3 + \frac{1}{4}(b-a)^4$$

이고 이 값을 간단히 정리하면 $\frac{b^4}{4} - \frac{a^4}{4}$ 를 얻는다. 즉,

$$\int_a^b x^3\, dx = \frac{b^4}{4} - \frac{a^4}{4}.$$

위의 계산은 임의의 실수 a와 b에 대하여도 여전히 성립한다. □

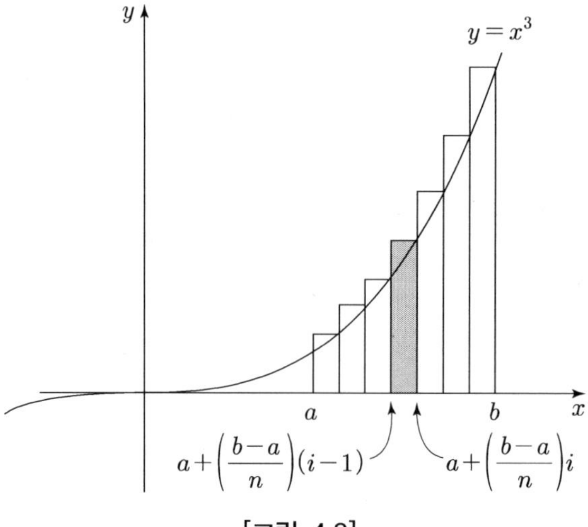

[그림 4.3]

예제에서 다룬 $y=x^3$은 간단한 함수지만 그 적분계산은 매우 복잡하다. 함수 중에서 $y=x^3$은 그리 복잡한 함수가 아니다. 하지만 정의에 의한 적분계산은 연속이 가정된다 하더라도 매우 복잡하다는 사실을 알 수 있었다. 심지어 $y=\sin x$와 같은 함수의 정적분 값을 구하는 것은 거의 불가능한 계산이다. 다음 절에서는 이와 같은 어려운 적분 계산을 매우 간단하게 할 수 있는 기법을 배우게 될 것이다.

다음은 적분의 정의를 사용하여 계산할 수 있는 몇 가지 극한의 예이다.

예제 4.1.4 다음 극한값을 정적분을 사용하여 나타내어라.

(1) $\lim_{n\to\infty}\frac{1}{n}\left\{\left(\frac{n+1}{n}\right)^2+\left(\frac{n+2}{n}\right)^2+\cdots+\left(\frac{2n}{n}\right)^2\right\}$

(2) $\lim_{n\to\infty}\sum_{i=1}^{n}\ln\left(1+\frac{i}{n}\right)\frac{1}{n}$

(3) $\lim_{n\to\infty}\frac{3}{n}\left\{2^0+2^{\frac{2}{n}}+\cdots+2^{\frac{2(n-1)}{n}}\right\}$

풀이 (1) $\left(\frac{n+i}{n}\right)^2=\left(1+\frac{i}{n}\right)^2$이므로 $f(x)=x^2$이라 하면

$$\frac{1}{n}\left\{\left(\frac{n+1}{n}\right)^2+\left(\frac{n+2}{n}\right)^2+\cdots+\left(\frac{2n}{n}\right)^2\right\}=\frac{1}{n}\sum_{i=1}^{n}f\left(1+\frac{i}{n}\right)$$

이다. $\triangle x=\frac{1}{n}$이라 하면 $b-a=1$이고 $a=1$이라 하면 위의 합은 $\int_1^2 x^2\,dx$이다. 그런데 $a=0$이라 두면 위의 합은 $\int_0^1(1+x)^2\,dx$로 쓸 수도 있다. 즉, a의 값을 정하는 방법에 따라 많은 표현이 가능함을 알 수 있다.

(2) $f(x)=\ln x$라 하면 간단히 $\int_0^1\ln(1+x)\,dx$ 또는 $\int_1^2\ln x\,dx$ 등으로 쓸 수 있다.

(3) $f(x)=2^x$이라 하면

$$\frac{3}{n}\left\{2^0+2^{\frac{2}{n}}+\cdots+2^{\frac{2(n-1)}{n}}\right\}=\frac{3}{2}\frac{2}{n}\sum_{i=1}^{n}f\left(0+\frac{2}{n}(i-1)\right)$$

이다. $\triangle x = \frac{2}{n}$이라 하면 $b-a=2$이고 $a=0$이라 하면 구간 $[0, 2]$를 n등분한 왼쪽 끝점을 표본점으로 택한 것으로 생각한다면 $\frac{3}{2}\int_0^2 2^x\,dx$로 쓸 수 있다. 또한 $f(x)=2^{2x}$라 하면

$$\frac{3}{n}\left\{2^0+2^{\frac{2}{n}}+\cdots+2^{\frac{2(n-1)}{n}}\right\}=3\frac{1}{n}\sum_{i=1}^{n}f\left(0+\frac{i-1}{n}\right)$$

이다. 이때 $\triangle x=\frac{1}{n}$이라 하면 $b-a=1$이고 $a=0$이라 하면 $3\int_0^1 2^{2x}\,dx$로 쓸 수도 있다. □

이제 정적분의 성질 몇가지를 알아보자.

정리 4.1.1

$f(x)$와 $g(x)$가 연속함수일 때 다음이 성립한다.

(1) $\int_a^a f(x)\,dx=0$

(2) 구간 $[a, b]$에 속하는 모든 x에 대하여 $f(x)\ge 0$이면 $\int_a^b f(x)\,dx\ge 0$ 이다.

(3) $\int_a^b f(x)\,dx=-\int_b^a f(x)\,dx$

(4) $\int_a^b f(x)\,dx=\int_a^c f(x)\,dx+\int_c^b f(x)\,dx$

(5) $\int_a^b(\alpha f(x)+\beta g(x))\,dx=\alpha\int_a^b f(x)\,dx+\beta\int_a^b g(x)\,dx$

(6) $f(x)\le g(x)$ $(x\in[a, b])$이면 $\int_a^b f(x)\,dx\le\int_a^b g(x)\,dx$이다.

증명 (1) 구간 $[a, a]$의 길이가 0이므로 $\triangle x=0$이다. 그러므로 리만합은 0이고 그 극한도 0이다.

(2) $f(x) \geq 0$이고 $\triangle x > 0$이므로 리만합 $\sum_{i=1}^{n} f(x_i^*)\triangle x$도 0보다 크거나 같다. 그러므로 $\lim_{n \to \infty}\sum_{i=1}^{n} f(x_i^*)\triangle x = \int_a^b f(x)\,dx \geq 0$이다.

(3) $a < b$일 경우를 가정하면 $\int_a^b f(x)\,dx$를 계산할 때 사용하는 리만합에서 $\triangle x = \dfrac{b-a}{n} > 0$이고, $\int_b^a f(x)\,dx$를 계산할 때 사용하는 리만합에서 $\triangle x = \dfrac{a-b}{n} < 0$이다. 이때 주어진 함수가 연속이므로 각 부분구간에서의 표본점을 같은 값으로 하면

$$\sum_{i=1}^{n} f(x_i^*)\left(\frac{b-a}{n}\right) = -\sum_{i=1}^{n} f(x_i^*)\left(\frac{a-b}{n}\right)$$

이다. 위 식의 양변에 극한을 취하면 원하는 결과를 얻는다.

(4) 정적분을 넓이의 의미로 생각해보면 분명하지만 정적분의 정의에 의하여 증명하기 위해서는 어려운 개념이 필요하기 때문에 여기에서는 생략하기로 한다. 단, 이 경우 반드시 c가 a와 b 사이에 있을 필요는 없다. 예를 들어 $a < b < c$라 하면 $\int_a^c f(x)\,dx = \int_a^b f(x)\,dx + \int_b^c f(x)\,dx$이고 $\int_b^c f(x)\,dx$를 우변으로 넘기면 다음을 얻는다. 즉,

$$\int_a^c f(x)\,dx - \int_b^c f(x)\,dx = \int_a^b f(x)\,dx.$$

여기에 (3)을 사용하면 원하는 결과를 얻을 수 있다.

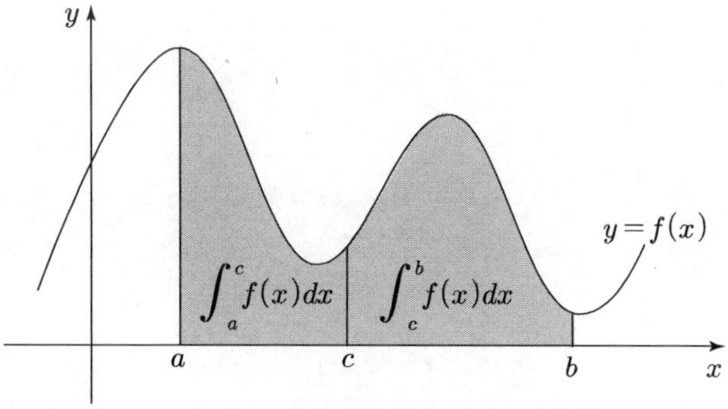

[그림 4.4]

(5) 좌변의 적분을 구할 때 필요한 리만합에 대한 다음 계산을 생각해 보자.

$$\sum_{i=1}^{n}\left(\alpha f(x_i^*)+\beta g(x_i^*)\right)\triangle x=\alpha\sum_{i=1}^{n}f(x_i^*)\triangle x+\beta\sum_{i=1}^{n}g(x_i^*)\triangle x.$$

위 식의 양변에 극한을 취하면

$$\begin{aligned}\int_a^b(\alpha f(x)+\beta g(x))\,dx &= \lim_{n\to\infty}\sum_{i=1}^{n}\left(\alpha f(x_i^*)+\beta g(x_i^*)\right)\triangle x\\ &= \lim_{n\to\infty}\left(\alpha\sum_{i=1}^{n}f(x_i^*)\triangle x+\beta\sum_{i=1}^{n}g(x_i^*)\triangle x\right)\\ &= \alpha\lim_{n\to\infty}\sum_{i=1}^{n}f(x_i^*)\triangle x+\beta\lim_{n\to\infty}\sum_{i=1}^{n}g(x_i^*)\triangle x\\ &= \alpha\int_a^b f(x)\,dx+\beta\int_a^b g(x)\,dx.\end{aligned}$$

(6) $g(x)-f(x)\geq 0$이므로 (2)에 의해 $\int_a^b(g(x)-f(x))\,dx\geq 0$이고 (5)에 의해

$$\int_a^b(g(x)-f(x))\,dx=\int_a^b g(x)\,dx-\int_a^b f(x)\,dx\geq 0$$

이므로 원하는 결과를 얻는다. ■

정리 4.1.1을 사용하면 다음과 같은 적분이 가능하다.

예제 4.1.5 $\int_{-1}^{1}|x|\,dx$를 구하여라.

풀이 $|x|=\begin{cases}x, & x\geq 0\\ -x, & x<0\end{cases}$이므로 주어진 적분구간을 정리 4.1.1의 (4)를 이용하여 두 적분식으로 나누어 계산한다. 즉,

$$\int_{-1}^{1}|x|\,dx=\int_{-1}^{0}(-x)\,dx+\int_0^1 x\,dx.$$

그런데 우변의 첫 번째 항의 적분은 밑면의 길이가 1이고 높이가 1인 직각삼각형의 넓이와 같으므로 $\frac{1}{2}$이고 두 번째 항도 역시 밑면의 길이가 1이고 높이가 1인 직각삼각형의 넓이와 같으므로 $\frac{1}{2}$이다. 즉, 적분값은 1이다. □

예제 4.1.6 $\int_0^1 (3\sqrt{1-x^2}+2x^3)dx$를 계산하여라.

풀이 주어진 적분은 정리 4.1.1의 (5)를 사용하면 다음과 같이 쓸 수 있다.

$$\int_0^1 (3\sqrt{1-x^2}+2x^3)dx = 3\int_0^1 \sqrt{1-x^2}\,dx + 2\int_0^1 x^3\,dx.$$

우변의 두 적분은 예제를 통해 이미 살펴본 바 있다. 그러므로

$$\int_0^1 (3\sqrt{1-x^2}+2x^3)dx = \frac{3\pi}{4}+\frac{1}{2}.$$ □

다음은 적분이 어렵거나 불가능할 때 적분값의 범위를 추정할 수 있는 예제이다.

예제 4.1.7 $\int_0^1 e^{-x^2}dx$의 값의 범위를 추정하여라.

풀이 e^{-x^2}은 감소함수이므로 구간 $[0, 1]$에서 최솟값 $f(1)=\frac{1}{e}$과 최댓값 $f(0)=1$을 갖는다. 그러므로 정리 4.1.1의 (6)과 예제 4.1.2를 사용하면 다음을 얻는다.

$$\frac{1}{e}(1-0) \le \int_0^1 e^{-x^2}dx \le 1(1-0).$$

따라서 적분값은 $\frac{1}{e}$와 1 사이에 있다. □

연 · 습 · 문 · 제 4.1

EXERCISES

1. 다음의 적분을 리만합의 극한을 사용하여 구하여라.

(1) $\int_a^b x\,dx$ (2) $\int_a^b x^2\,dx$

2. 다음의 극한을 정적분으로 표현하여라.

(1) $\lim_{n\to\infty}\frac{1}{n}\left\{\frac{1}{\sqrt{n}}+\frac{\sqrt{2}}{\sqrt{n}}+\cdots+\frac{\sqrt{n}}{\sqrt{n}}\right\}$

(2) $\lim_{n\to\infty}\frac{1}{n}\left\{e^{\frac{1}{n}}+e^{\frac{2}{n}}+\cdots+e^{\frac{n}{n}}\right\}$

(3) $\lim_{n\to\infty}\sum_{i=1}^{n}\frac{n}{(n+i)^2}$

(4) $\lim_{n\to\infty}\frac{1}{n}\sum_{i=1}^{n}\frac{i\pi}{n}\sin\frac{i\pi}{n}$

3. 다음 정적분을 리만합의 극한으로 표현하여라.

(1) $\int_1^2 x^3\,dx$ (2) $\int_{-1}^1 3x\,dx$

(2) $\int_0^1 3^{-x}\,dx$ (4) $\int_0^{\frac{\pi}{4}}\tan x\,dx$

4. 다음의 적분값을 구하여라.

(1) $\int_0^2 \sqrt{4-x^2}\,dx$

(2) $\int_2^3 \left(3x^3+4\sqrt{1-(x-2)^2}\right)dx$

(3) $\int_{-1}^3 |x-2|\,dx$

(4) $\int_0^1 \left(2+x-4x^2+x^3-5\sqrt{1-x^2}\right)dx$

5. 다음 부등식을 증명하여라.

$$2 \leq \int_{-1}^{1} \sqrt{1+x^2}\, dx \leq 2\sqrt{2}\,.$$

4.2 미적분학의 기본정리

이미 소개한 바와 같이 정의에 의해 적분을 계산하는 것은 매우 어려운 작업이다. 이제 그 계산을 훨씬 더 손쉽게 할 수 있는 방법을 소개하고자 한다. 다음에 소개할 두 정리는 미적분학의 기본정리로 알려져 있는데 미적분학에서 가장 중요한 정리라 할 수 있다. 이 정리는 뉴턴의 스승인 아이작 배로(Isaac Barrow)의 아이디어를 뉴턴이 정리한 것이다.

정리 4.2.1

[미적분학의 기본정리 Ⅰ] 폐구간 $[a, b]$에서 정의된 연속함수 $y=f(x)$에 대하여 새로운 함수 $F(x)$를 다음과 같이 정의하자. 즉 $[a, b]$의 한 원소 x에 대하여

$$F(x)=\int_a^x f(t)\,dt.$$

이때 함수 $F(x)$는 개구간 (a, b)에서 미분가능하고 $F'(x)=\frac{d}{dx}\int_a^x f(t)\,dt=f(x)$이다.

(증명) 함수 $F(x)$에 대하여 정의를 사용하여 그 도함수를 구해보자.

$$\frac{F(x+h)-F(x)}{h}=\frac{1}{h}\left(\int_a^{x+h} f(t)\,dt-\int_a^x f(t)\,dt\right)=\frac{1}{h}\int_x^{x+h} f(t)\,dt$$

이고 이때 마지막 등식은 정리 4.1.1의 (4)를 사용하면 된다.

함수 f는 $[x, x+h]$ ($h>0$일 경우) 또는 $[x+h, x]$($h<0$일 경우)에서 연속이므로 극값의 정리에 의해 최댓값 $M=f(u)$와 최솟값 $m=f(v)$를 갖는다. $f(v)\le f(t)\le f(u)$이므로 정리 4.1.1의 (6)과 예제 4.1.2를 사용하면 다음 부등식을 얻는다.

$$f(v) = \frac{1}{h} f(v) h \le \frac{1}{h} \int_x^{x+h} f(t)\,dt \le \frac{1}{h} f(u) h = f(u)$$

그런데 f가 연속이고 u와 v는 x와 $x+h$ 사이의 원소이므로 h를 0으로 보내면 $f(u)$와 $f(v)$는 모두 $f(x)$로 수렴한다. 그러므로 압축 정리에 의해

$$\frac{dF}{dx} = F'(x) = \lim_{h \to 0} \frac{F(x+h) - F(x)}{h} = \lim_{h \to 0} \frac{1}{h} \int_x^{x+h} f(t)\,dt = f(x).$$

즉, $F(x)$는 미분가능하고 $F'(x) = f(x)$를 얻는다. ■

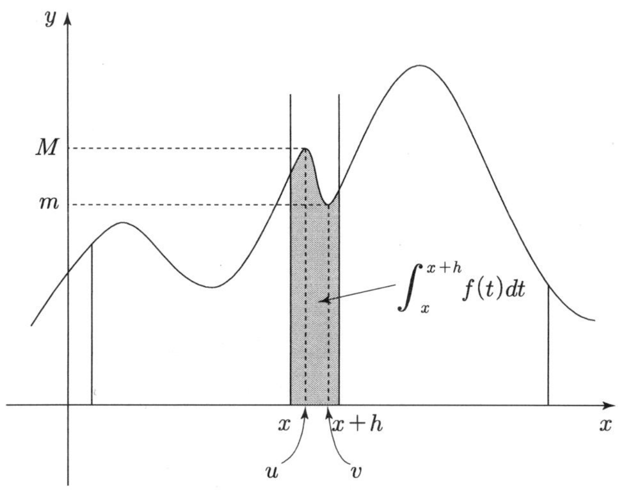

[그림 4.5]

정리 4.2.2

[미적분학의 기본정리 Ⅱ] 폐구간 $[a, b]$에서 정의된 연속함수 $y = f(x)$에 대한 역도함수를 $F(x)$라 하면

$$\int_a^b f(x)\,dx = F(b) - F(a)$$

이다.

증명 미적분학의 기본정리 I에 의하면 $G(x)=\int_a^x f(t)\,dt$도 $G'(x)=f(x)$이므로 $f(x)$의 한 역도함수이다. $G'(x)=f(x)=F'(x)$이므로 따름정리 3.3.2에 의해 어떤 실수 C에 대하여 $G(x)=F(x)+C$이다. 한편 $G(a)=\int_a^a f(x)\,dx=0$이므로

$$\int_a^b f(x)\,dx = G(b) = G(b)-G(a)$$
$$= F(b)+C-(F(a)+C) = F(b)-F(a)$$

를 얻는다. ■

필요에 따라서 $F(b)-F(a)$를 $[F(x)]_a^b$로 쓰거나 $F(x)|_a^b$로 쓰기로 하자.

위의 정리는 정의를 사용하여 계산하는 것보다 적분의 계산을 훨씬 더 쉽게 해준다. 예제 4.1.2의 적분을 미적분학의 기본정리를 이용하여 계산해보자.

예제 4.2.1 $\int_a^b x^3\,dx$의 값을 구하여라.

풀이 $\frac{x^4}{4}$는 x^3에 대한 역도함수이므로 미적분학의 기본정리 Ⅱ에 의해

$$\int_a^b x^3\,dx = \left[\frac{1}{4}x^4\right]_a^b = \frac{b^4}{4}-\frac{a^4}{4}$$

를 얻는다. □

정적분의 값을 계산할 경우 정의에 의해서 해결이 어려울 경우는 주어진 피적분함수에 대한 역도함수를 찾을 수 있는가가 적분계산의 관건이 된다.

계산에서 주의할 점은 $\frac{x^4}{4}+3$ 등도 역시 x^3의 역도함수이다. 즉 $\left(\frac{x^4}{4}+3\right)=x^3$. 그런데

$$\int_a^b x^3\,dx = \frac{b^4}{4}+3-\left(\frac{a^4}{4}+3\right)=\frac{b^4}{4}-\frac{a^4}{4}$$

이므로 그 결과는 같다. 이와 같이 어떠한 역도함수를 사용하여도 적분값이 같기 때문에 상수항이 있는 역도함수를 사용할 필요는 없다. 앞으로 역도함수에 의하여 적분계산을 할 때에는 상수항이 없는 역도함수를 사용하기로 하자.

위의 예제에서 볼 수 있듯이 앞 절의 예제 4.1.2의 적분방법과는 비교할 수 없을 정도로 쉽게 해결이 된다.

미적분학의 기본정리 I은 미적분학의 기본정리 II를 증명하는데 사용됐지만 이공학에서 자주 등장하는 적분으로 정의된 함수의 도함수를 구하는데도 쓰인다. 다음 예제는 미적분학의 기본정리 I을 사용하는 예이다.

예제 4.2.2 함수 $g(x) = \int_0^x \sqrt{1+t^3}\, dt$의 도함수를 구하여라.

풀이 $f(t) = \sqrt{1+t^3}$은 $t \geq -1$에서 연속함수이므로 미적분학의 기본정리 I에 의하여 $g'(x) = \sqrt{1+x^3}$임을 쉽게 알 수 있다. □

예제 4.2.3 함수 $g(x) = \int_0^{x^2} \tan t^2\, dt$의 도함수를 구하여라.

풀이 $f(t) = \tan t^2$은 0을 포함하는 개구간 $\left(-\sqrt{\frac{\pi}{2}},\ \sqrt{\frac{\pi}{2}}\right)$에서 연속이므로 미적분학의 기본정리를 쓸 수 있다. 이제 $F(x) = \int_0^x \tan t^2\, dt$ $\left(x \in \left(-\sqrt{\frac{\pi}{2}},\ \sqrt{\frac{\pi}{2}}\right)\right)$라 두면 $g(x) = F(x^2)$과 같다. 미적분학의 기본정리 I에 의해 $F'(x) = \tan x^2$이고 여기에 연쇄법칙을 사용하면

$$g'(x) = 2xF'(x^2) = 2x \tan x^4$$

을 얻는다. □

예제 4.2.3은 다음과 같이 일반화할 수 있다.

예제 4.2.4 $u(x)$와 $v(x)$가 미분가능한 함수이고 $f(x)$가 연속인 함수일 때

$$\frac{d}{dx}\int_{v(x)}^{u(x)} f(t)\,dt = f(u(x))u'(x) - f(v(x))v'(x).$$

풀이 $F(x) = \int_a^x f(t)\,dt$라 하고 a는 $f(x)$가 연속인 구간의 임의의 실수라 하자. 미적분학의 기본정리 Ⅰ에 의해 $F'(x) = f(x)$이고

$$\begin{aligned}\int_{v(x)}^{u(x)} f(t)\,dt &= \int_a^{u(x)} f(t)\,dt + \int_{v(x)}^{a} f(t)\,dt \\ &= \int_a^{u(x)} f(t)\,dt - \int_a^{v(x)} f(t)\,dt\end{aligned}$$

를 얻는다. 따라서 연쇄법칙을 사용하면

$$\frac{d}{dx}\int_{v(x)}^{u(x)} f(t)\,dt = f(u(x))u'(x) - f(v(x))v'(x)$$

가 성립한다. □

연 · 습 · 문 · 제 4.2

1. $\int_0^2 |x^2 - 1|\,dx$를 구하여라.

2. 다음 함수의 도함수를 구하여라

(1) $\int_0^{x^3} \sin t^3\,dt$ (2) $\int_{2x}^{3} \frac{t^2+1}{t^2-1}\,dt$

(3) $\int_{\sqrt{x}}^{x^2} \sec t^2\,dt$ (4) $\int_{\sqrt{x}}^{3x} \frac{e^{t^2}}{t}\,dt$

4.3 부정적분

4.2절에서 적분을 쉽게 계산할 수 있는 중요한 방법을 배웠다. 정적분의 목적은 넓이와 같이 이공학에서 중요하게 생각되는 어떤 크기 $\int_a^b f(x)\,dx$를 구하는 것이었다. 그런데 이 값이 어떤 구간 $[a, b]$에서 정의된 어떤 함수 $F(x)$의 양끝값에 의해 결정된다는 사실은 매우 놀라운 결과이다. 주어진 피적분함수가 구간에서 어떤 값을 갖든지 적분값 $\int_a^b f(x)\,dx$는 역도함수 $F(x)$의 양끝값의 차이 $F(b)-F(a)$에 의해 결정된다는 사실은 인류 역사상 가장 중요한 정리로 인정받는다.

정의 4.3.1

함수 f가 구간 I에서 역도함수를 갖는다고 하자. f의 역도함수들의 모임을 I에서의 f의 **부정적분**이라 부르고 $\int f(x)\,dx$로 표시한다. 즉, F가 구간 I에서의 임의의 역도함수이면

$$\int f(x)\,dx = F(x) + C$$

라는 기호를 쓴다. 여기서 C는 임의의 실수인데, 이를 **적분상수**라 부른다.

위 정의에서 역도함수의 모임으로 부정적분을 정의하였으나 하나의 역도함수로서의 부정적분의 기호를 동일하게 사용할 것이다. 혼동의 여지가 없는 한 같은 기호를 사용하며 주로 하나의 역도함수를 표기할 때 쓴다. 필요한 경우에는 별도로 언급하도록 하겠다. 위의 정의를 기호를 사용하여 간략하게 표현하면 다음과 같다.

$$f(x) = F'(x) \Leftrightarrow \int f(x)\,dx = F(x) + C.$$

부정적분은 역도함수이고 정적분을 계산하기 위하여 도입된 개념이다. 그런데 정적분의 경우 연속함수일 경우만 정의했기 때문에 부정적분에 의해 정의된 함수도 여전히 연속인 구간에서 의미를 갖는 것으로 하자. 예를 들어 $\int \frac{1}{x}\,dx$를 생각

해 보자. 피적분함수 $\frac{1}{x}$는 0에서 정의되지 않는다. $\int \frac{1}{x}\,dx$를 사용할 때는 $x > 0$인 경우이거나 $x < 0$인 경우에만 의미를 갖는 것으로 하자. 다시말해 $\int \frac{1}{x}\,dx$의 정의역에는 0이 포함될 수 없음을 의미한다.

이제 부정적분에 대한 간단하지만 중요한 기본적인 정리를 몇 가지 소개하려고 한다.

정리 4.3.1

[부정적분의 성질(선형성)] 함수 f, g의 부정적분이 존재할 때,

(1) $\int kf(x)\,dx = k\int f(x)\,dx$ (k는 실수)

(2) $\int f(x) \pm g(x)\,dx = \int f(x)\,dx \pm \int g(x)\,dx$ (복호동순)

이 성립한다.

(증명) $f(x)$와 $g(x)$의 부정적분을 각각 $F(x)$와 $G(x)$라고 하면 $F'(x) = f(x)$이고 $G'(x) = g(x)$이므로, 임의의 상수 k에 대하여,

$$(kF(x))' = kF'(x) = kf(x)$$
$$(F(x) \pm G(x))' = F'(x) \pm G'(x) = f(x) \pm g(x)$$

가 성립한다. 따라서

$$\int kf(x)\,dx = kF(x) = k\int f(x)\,dx,$$
$$\int (f(x) \pm g(x))\,dx = F(x) \pm G(x)$$
$$= \int f(x)\,dx \pm \int g(x)\,dx. \qquad \blacksquare$$

정리 4.3.1의 증명에서와 같이 부정적분에 대한 정리의 증명은 대부분 미분법칙으로부터 쉽게 얻을 수 있다.

정리 4.3.2

[x^n의 부정적분]

(1) $n \neq -1$인 실수일 때

$$\int x^n\,dx = \frac{1}{n+1}x^{n+1} + C$$

(2) $n = -1$일 때

$$\int \frac{1}{x}\,dx = \ln|x| + C$$

(증명) $n \neq -1$인 실수일 때, $(x^{n+1})' = (n+1)x^n$이므로

$$\left(\frac{1}{n+1}x^{n+1}\right)' = x^n \Rightarrow \int x^n dx = \frac{1}{n+1}x^{n+1} + C.$$

정리 2.7.3에서 $(\ln|x|)' = \frac{1}{x}$임을 보였으므로

$$\int \frac{1}{x}\,dx = \ln|x| + C$$

이다. ■

예제 4.3.1 $\int_1^9 \sqrt{x}\,dx$의 값을 구하여라.

풀이 정리 4.3.2에 의해 $\sqrt{x} = x^{\frac{1}{2}}$이므로 부정적분을 구하면 $\frac{2}{3}x^{\frac{3}{2}} + C$이다. 그러므로 미적분학의 기본정리에 의해

$$\int_1^9 \sqrt{x}\,dx = \frac{2}{3}\left[x^{\frac{3}{2}}\right]_1^9 = \frac{2}{3}(9\sqrt{9} - 1) = \frac{52}{3}.$$ □

다음의 부정적분에 관한 공식은 삼각함수의 미분공식에 의하여 쉽게 증명할 수 있다.

정리 4.3.3

[삼각함수의 부정적분]

(1) $\int \sin x\, dx = -\cos x + C$ (2) $\int \cos x\, dx = \sin x + C$

(3) $\int \sec^2 x\, dx = \tan x + C$ (4) $\int \sec x \tan x\, dx = \sec x + C$

(5) $\int \csc^2 x\, dx = -\cot x + C$ (6) $\int \csc x \cot x\, dx = -\csc x + C$

지수함수 $y = e^x$의 도함수 $y' = e^x$이고, $y = a^x$ $(a > 0,\ a)$의 도함수 $y' = a^x \ln a$이므로 다음의 정리를 얻는다.

정리 4.3.4

[지수함수의 부정적분]

(1) $\int e^x\, dx = e^x + C$ (2) $\int a^x\, dx = \dfrac{a^x}{\ln a} + C$

미분을 통해 부정적분에 대한 많은 정리를 얻을 수 있었고 여기에 정리 4.3.1을 사용하면 다양한 함수를 적분할 수 있게 된다.

예제 4.3.2 다음 적분의 값을 구하여라.

$$\int (5x^4 + \sec^2 x)\, dx.$$

풀이 정리 4.3.1과 다항식 및 삼각함수에 대한 적분을 생각하면 다음을 얻을 수 있다.

$$\int (5x^4 + \sec^2 x)\,dx = 5\int x^4\,dx + \int \sec^2 x\,dx$$

$$= 5\frac{x^5}{5} + \tan x + C = x^5 + \tan x + C \qquad \square$$

연 · 습 · 문 · 제 4.3

1. 정리 4.3.3을 증명하여라.

2. 정리 4.3.4를 증명하여라.

3. 다음 적분의 값을 구하여라.

(1) $\displaystyle\int_0^1 \left(\sqrt{x} - \frac{1}{\sqrt{x}}\right) dx$ (2) $\displaystyle\int_1^3 \frac{x+1}{x}\,dx$

(3) $\displaystyle\int_1^2 \frac{(x+1)^2}{x^2}\,dx$ (4) $\displaystyle\int_1^2 \frac{(\sqrt{x}-1)^2}{\sqrt{x}}\,dx$

4. 다음 부정적분을 구하여라.

(1) $\displaystyle\int \frac{x^6 + x^3 + x^2 + 1}{x^4}\,dx$ (2) $\displaystyle\int \frac{x^3 + 5\sqrt{x}}{x^3\sqrt{x}}\,dx$

(3) $\displaystyle\int (x + 3\sin x)\,dx$ (4) $\displaystyle\int (\csc^2 x - \tan x \sec x)\,dx$

(5) $\displaystyle\int 10^x\,dx$ (6) $\displaystyle\int (e^x + e^{-x})\,dx$

4.4 치환적분법과 부분적분법

지금까지 적분의 정의와 그 의미 및 간단한 계산법에 대하여 알아보았다. 더 많은 적분을 해결하기 위해서 중요한 두 개의 정리가 있는데 바로 치환적분법과 부분적분법이다. 이 정리는 적분을 더 다양하게 수행할 수 있도록 한다.

정리 4.4.1

[치환적분법]

(1) 함수 $y=f(g(x))$가 연속이고 $u=g(x)$의 도함수가 연속일 때,

$$\int f(g(x))g'(x)\,dx=\int f(u)\,du.$$

(2) $f(g(x))$가 구간 $[a,\ b]$에서 연속이고 $u=g(x)$의 도함수가 $[a,\ b]$에서 연속일 때,

$$\int_a^b f(g(x))g'(x)\,dx=\int_{g(a)}^{g(b)} f(u)\,du.$$

(증명) (1) 함수 $y=F(u)$와 $u=g(x)$가 미분가능하고 $f(u)$의 역도함수가 $F(u)$라고 하면, 연쇄법칙에 의하여

$$\frac{d}{dx}F(g(x))=F'(g(x))g'(x)=f(g(x))g'(x)$$

이다. 따라서

$$\int f(g(x))g'(x)\,dx=F(g(x))+C=F(u)+C=\int f(u)\,du.$$

(2) (1)을 정적분에 이용하면 다음과 같다.

$$\int_a^b f(g(x))g'(x)\,dx=F(g(b))-F(g(a))=\int_{g(a)}^{g(b)} f(u)\,du.$$ ■

이와 같이, 합성함수 $f(g(x))$의 $g(x)$를 u로 바꾸어 적분하는 방법을 치환적분법이라 한다. 여기서 $g(x)$가 u로 바뀔 때 $g'(x)dx$가 du로 바뀌는 것에 주목하자. 즉 $g'(x)dx = du$이고 이는 제3장에서 배운 미분(Differentials)의 개념이다.

실제로 Δx는 dx와 같고 이 값은 독립변수 x의 변화(또는 좁은 직사각형의 밑변의 길이)를 나타낸다. 치환적분은 x에 관한 적분을 새로운 변수 u에 관한 적분으로 바꾸겠다는 의미이고 u의 변화를 나타내는 du는 dx와 다르고 비율의 차이를 갖게 되는데 이것이 $u' = g'(x)$이다.

예제 4.4.1 다음 부정적분을 구하여라.

(1) $\int (x^3+2x+1)^3(3x^2+2)dx$

(2) $\int \sqrt{4x+3}\, dx$

풀이 (1) $u = x^3+2x+1$라 하자. $du = (3x^2+2)dx$이므로

$$\int (x^3+2x+1)^3(3x^2+2)dx = \int u^3 du = \frac{1}{4}u^4 + C$$
$$= \frac{1}{4}(x^3+2x+1)^4 + C$$

이다.

(2) $u = 4x+3$이라 두면 $du = 4dx$이므로

$$\int \sqrt{4x+3}\, dx = \frac{1}{4}\int \sqrt{4x+3}\, 4dx = \frac{1}{4}\int \sqrt{u}\, du$$
$$= \frac{1}{4}\frac{2}{3}u^{\frac{3}{2}} + C = \frac{1}{6}(4x+3)^{\frac{3}{2}} + C$$

□

예제 4.4.1 (2)의 풀이에서 $u = \sqrt{4x+3}$라 하면 $u^2 = 4x+3$이고 양변을 x에 관해 미분하면 $2uu' = 4$를 얻는다. 이 식으로부터 $u' = \frac{2}{u} = \frac{2}{\sqrt{4x+3}}$이다. 그러므로

$$\int \sqrt{4x+3}\, dx = \frac{1}{2}\int (4x+3)\frac{2}{\sqrt{4x+3}}dx = \frac{1}{2}\int u^2 du$$

$$= \frac{1}{2}\frac{1}{3}u^3 + C = \frac{1}{6}(4x+3)^{\frac{3}{2}} + C.$$

이처럼 같은 적분을 계산하더라도 치환하는 방법은 다양하다. 많은 연습을 통해 더 효율적인 방법을 알 수 있도록 하는 것이 중요하다.

예제 4.4.2 다음 적분의 값을 구하여라.

$$\int_0^1 \sqrt{4x+3}\, dx.$$

풀이 $u = 4x+3$이라 하면 $du = 4dx$이고 $u(0) = 3$ 및 $u(1) = 7$이다. 그러므로

$$\int_0^1 \sqrt{4x+3}\, dx = \frac{1}{4}\int_0^1 \sqrt{4x+3}\ 4\, dx = \frac{1}{4}\int_3^7 \sqrt{u}\, du$$

$$= \frac{1}{4}\left[\frac{2}{3}u^{\frac{3}{2}}\right]_3^7$$

$$= \frac{1}{4}\frac{2}{3}\left(7^{\frac{3}{2}} - 3^{\frac{3}{2}}\right) = \frac{1}{6}\left(7^{\frac{3}{2}} - 3^{\frac{3}{2}}\right). \qquad \square$$

예제 4.4.1에서 이미 부정적분을 구했기 때문에 $\dfrac{(4x+3)^{\frac{3}{2}}}{6}$에 바로 0과 1을 대입하여 풀어도 된다.

예제 4.4.3 다음 부정적분을 구하여라.

$$\int \sqrt{1+x^3}\, x^5\, dx.$$

풀이 1 $u = 1 + x^3$이라 하면 $du = 3x^2 dx$이고 $x^3 = u - 1$이므로

$$\int \sqrt{1+x^3}\, x^5\, dx = \frac{1}{3}\int \sqrt{1+x^3}\ x^3\, 3x^2 dx$$

$$= \frac{1}{3}\int \sqrt{u}\,(u-1)du = \frac{1}{3}\int \left(u^{\frac{3}{2}} - u^{\frac{1}{2}}\right)du$$

$$= \frac{1}{3}\left(\frac{2}{5}u^{\frac{5}{2}} - \frac{2}{3}u^{\frac{3}{2}}\right) + C$$

$$= \frac{2}{15}(1+x^3)^{\frac{5}{2}} - \frac{2}{9}(1+x^3)^{\frac{3}{2}} + C$$

이다.

풀이 2 $u = \sqrt{1+x^3}$ 이라 하면 $u^2 = 1 + x^3$ 이고 양변을 x에 관해 미분하면 $2uu' = 3x^2$ 이다. 그러면 $x^3 = u^2 - 1$ 이고 $u' = \dfrac{3x^2}{2u} = \dfrac{3x^2}{2\sqrt{1+x^3}}$ 이므로 다음을 얻는다.

$$\begin{aligned}\int \sqrt{1+x^3}\, x^5\, dx &= \frac{2}{3}\int (1+x^3)\, x^3\, \frac{3x^2}{2\sqrt{1+x^3}}\, dx \\ &= \frac{2}{3}\int u^2(u^2-1)\,du \\ &= \frac{2}{3}\int (u^4 - u^2)\,du = \frac{2}{3}\left(\frac{1}{5}u^5 - \frac{1}{3}u^3\right) + C \\ &= \frac{2}{15}(1+x^3)^{\frac{5}{2}} - \frac{2}{9}(1+x^3)^{\frac{3}{2}} + C\end{aligned}$$

이다. □

예제 4.4.4 다음의 부정적분을 구하여라.

$$\int (1+\tan x)^5 \sec^2 x\, dx.$$

풀이 $u = 1 + \tan x$ 라 하면 $u' = \sec^2 x\, dx$ 이므로

$$\begin{aligned}\int (1+\tan x)^5 \sec^2 x\, dx &= \int u^5 du = \frac{1}{6}u^6 + C \\ &= \frac{1}{6}(1+\tan x)^6 + C.\end{aligned}$$

이다. □

만약 f가 0이 아닌 값을 갖는 미분가능한 함수라 하자. 치환적분법을 이용하여 다음의 유용한 적분공식을 유도할 수 있다. $\int \frac{f'(x)}{f(x)} dx$를 구하기 위해 $u = f(x)$라 하면 $du = f'(x) dx$이고 정리 4.3.2의 (2)를 사용하면

$$\int \frac{f'(x)}{f(x)} dx = \int \frac{1}{u} du = \ln|u| + C = \ln|f(x)| + C$$

임을 알 수 있다.

예제 4.4.5 다음 부정적분을 구하여라.

$$\int \frac{2x}{1+x^2} dx.$$

풀이 $u = 1 + x^2$이라 하면 $du = 2x\, dx$이므로 다음을 얻는다.

$$\int \frac{2x}{1+x^2} dx = \int \frac{1}{u} du = \ln|u| + C = \ln(1+x^2) + C. \qquad \square$$

예제 4.4.5에서 $1+x^2$은 항상 양수이므로 절댓값 기호를 사용할 필요가 없다.

예제 4.4.5와 같은 방법으로 다음과 같이 분수의 형태로 정의된 삼각함수의 적분공식을 얻을 수 있다.

정리 4.4.2

[그 밖의 삼각함수의 부정적분]

(1) $\int \tan x\, dx = \ln|\sec x| + C$

(2) $\int \cot x\, dx = \ln|\sin x| + C$

(3) $\int \sec x\, dx = \ln|\sec x + \tan x| + C$

(4) $\int \csc x\, dx = -\ln|\csc x + \cot x| + C$

(증명) (1) $\int \tan x\,dx = -\int \frac{-\sin x}{\cos x}dx = -\ln|\cos x| + C$

$$= \ln|\cos x|^{-1} + C = \ln|\sec x| + C.$$

(2) (1)과 동일한 방법으로 해결할 수 있으므로 연습문제로 남겨둔다.

(3) $(\sec x + \tan x)' = \sec x \tan x + \sec^2 x = \sec x(\sec x + \tan x)$이므로

$$\int \sec x\,dx = \int \frac{\sec x(\sec x + \tan x)}{\sec x + \tan x}dx$$

$$= \int \frac{\sec x \tan x + \sec^2 x}{\sec x + \tan x}dx = \ln|\sec x + \tan x| + C$$

(4) (3)과 동일한 방법으로 피적분함수의 분자와 분모에 $\cot x + \csc x$를 곱하여 적분을 계산할 수 있다. ■

정리 4.4.2 (3)번의 증명에서 보는 바와 같이 쉽게 증명할 수 있지만 실제로 분자와 분모에 적당한 함수를 곱해 줌으로서 피적분함수가 적분이 잘 되게 끔 만드는 기술은 많은 미적분학의 경험과 연습이 없이는 불가능한 것이다.

정리 4.4.2 (4)번의 경우 $\csc x - \cot x$를 사용하거나 $\cot x - \csc x$를 사용해도 된다.

이제 또 다른 중요한 적분기법을 소개하고자 하는데 이것이 부분적분이다.

정리 4.4.3

[부분적분법]

(1) $f(x)$와 $g(x)$의 도함수가 연속이면

$$\int f'(x)g(x)\,dx = f(x)g(x) - \int f(x)g'(x)\,dx.$$

(2) $f(x)$와 $g(x)$의 도함수가 $[a,\ b]$에서 연속이면

$$\int_a^b f'(x)g(x)\,dx = [f(x)g(x)]_a^b - \int_a^b f(x)g'(x)\,dx.$$

증명 (1) 곱의 미분법을 사용하면 다음을 얻는다.

$$(f(x)g(x))' = f'(x)g(x) + f(x)g'(x).$$

따라서

$$f'(x)g(x) = (f(x)g(x))' - f(x)g'(x)$$

이다. 부정적분을 사용해서 표현하면

$$\begin{aligned}\int f'(x)g(x) &= \int ((f(x)g(x))' - f(x)g'(x))\,dx \\ &= \int (f(x)g(x))'\,dx - \int f(x)g'(x)\,dx \\ &= f(x)g(x) - \int f(x) \cdot g'(x)\,dx\end{aligned}$$

이다. $\int (f(x)g(x))'dx = f(x)g(x) + C$이지만 C를 생략하고 다시 쓰면 원하는 결과를 얻는다. C를 생략할 수 있는 이유는 계산이 계속될 경우 우변의 $\int f(x)g'(x)\,dx$를 통해 다시 적분상수 C가 등장하기 때문에 굳이 여기서 사용할 필요는 없다.

(2) (1)의 부정적분에 $[a, b]$에서의 정적분에 적용하면 쉽게 증명할 수 있다. ■

부분적분법은 두 함수의 곱에 대한 적분을 할 때 적분이 용이하지 않을 경우 피적분함수의 일부만 적분을 시행하고 남는 부분은 오히려 미분을 함으로써 적분이 용이한 형태로 바꾸게 되는 흥미로운 적분방법이다.

예제 4.4.6 $\int (x \cos x)dx$를 구하여라.

풀이 x를 미분하면 1이 된다는 점에 주목하자. 이제 $f'(x) = \cos x$, $g(x) = x$라 하면 $f(x) = \sin x$이고 $g'(x) = 1$이 된다. 따라서 부분적분을 사용하면

$$\begin{aligned}\int (x \cos x)dx &= x \sin x - \int (1 \cdot \sin x)dx \\ &= x \sin x + \cos x + C.\end{aligned}$$

□

예제와 같이 적분을 구할 수 있는 함수에 다항식이 곱해진 경우 다항식을 여러 번 미분하면 상수가 된다는 점을 이용하면 부분적분을 통해 적분이 가능해진다.

예제 4.4.7 $\int x^2 \cos x\, dx$를 구하여라.

풀이 $\cos x$는 미분을 하면 $-\sin x$이고 적분을 하면 $\sin x$인 반면 x^2은 미분하면 간단하게 된다는 것을 알 수 있으므로 $f'(x) = \cos x$, $g(x) = x^2$으로 두면 $f(x) = \sin x$, $g'(x) = 2x$이므로 부분적분에 의해서 다음을 얻는다.

$$\int x^2 \cos x\, dx = x^2 \sin x - \int 2x \sin x\, dx$$

우변의 부정적분에 대하여 부분적분을 한 번 더 사용해 보자. 즉, $f'(x) = \sin x$, $g(x) = 2x$로 두면 $f(x) = -\cos x$, $g'(x) = 2$이고, 따라서

$$\int 2x \sin x\, dx = -2x \cos x + 2\int \cos x\, dx$$

이다. 이 결과로부터

$$\begin{aligned}\int x^2 \cos x\, dx &= x^2 \sin x - \int 2x \sin x\, dx \\ &= x^2 \sin x + 2x \cos x - 2 \sin x + C\end{aligned}$$

를 얻는다. □

다음 예제는 두 함수의 곱으로 보여지지 않는 함수를 적분할 때 부분적분을 사용하는 중요한 기술을 보여준다.

예제 4.4.8 $\int \ln x\, dx$를 구하여라.

풀이 피적분함수 $\ln x$를 $1 \cdot \ln x$로 보고 $f'(x) = 1$, $g(x) = \ln x$라 두고 부분적분법을 적용하면

$$\int \ln x\,dx = x\ln x - \int x\frac{1}{x}\,dx = x\ln x - \int 1\,dx = x\ln x - x + C$$

이다. 위 계산에서 $x\left(\frac{1}{x}\right)=1$로 약분한 것은 부정적분은 함수가 연속이 되는 구간에서만 생각하기로 했으므로 $x \neq 0$이기 때문에 가능하다. □

다음 예제는 다항식과 달리 미분을 통해서 다루기가 어려운 초월함수 등이 곱해져 있는 경우 부분적분을 사용하는 방법에 대한 것이다.

예제 4.4.9 $\int e^{-x}\cos x\,dx$를 구하여라.

풀이 $f'(x)=e^{-x}$, $g(x)=\cos x$라 하고 부분적분을 사용하면

$$\int e^{-x}\cos x\,dx = -e^{-x}\cos x - \int e^{-x}\sin x\,dx$$

를 얻는다. 여기서 $\int e^{-x}\sin x\,dx$에 대하여 다시 $f'(x)=e^{-x}$, $g(x)=\sin x$라 하고 부분적분을 적용하면

$$\int e^{-x}\sin x\,dx = -e^{-x}\sin x + \int e^{-x}\cos x\,dx$$

이다. 이 결과를 위 식에 대입하면

$$\begin{aligned}\int e^{-x}\cos x\,dx &= -e^{-x}\cos x - \int e^{-x}\sin x\,dx \\ &= -e^{-x}\cos x + e^{-x}\sin x - \int e^{-x}\cos x\,dx\end{aligned}$$

이다. 우변의 $\int e^{-x}\cos x\,dx$를 좌변으로 이항하면

$$2\int e^{-x}\cos x\,dx = -e^{-x}\cos x + e^{-x}\sin x$$

이고 식의 양변을 2로 나누고 적분상수를 붙여주면

$$\int e^{-x}\cos x\, dx = \frac{1}{2}(-e^{-x}\cos x + e^{-x}\sin x) + C$$

을 얻는다. □

예제 4.4.10 다음 정적분의 값을 구하여라.

$$\int_0^{\frac{\pi}{2}} e^x \cos x\, dx.$$

풀이 $I = \int_0^{\frac{\pi}{2}} e^x \cos x\, dx$라 하고 $f'(x) = e^x$, $g(x) = \cos x$라 하고 부분적분을 하면

$$\begin{aligned} I = \int_0^{\frac{\pi}{2}} e^x \cos x\, dx &= \left[e^x \cos x\right]_0^{\frac{\pi}{2}} - \int_0^{\frac{\pi}{2}} e^x(-\sin x)dx \\ &= \left[e^x \cos x\right]_0^{\frac{\pi}{2}} + \int_0^{\frac{\pi}{2}} e^x \sin x\, dx \end{aligned}$$

이 된다. 위 식의 마지막 적분항을 $f'(x) = e^x$, $g(x) = \sin x$로 두고 다시 한번 부분적분을 하면

$$\begin{aligned} I &= \left[e^x \cos x\right]_0^{\frac{\pi}{2}} + \left(\left[e^x \sin x\right]_0^{\frac{\pi}{2}} - \int_0^{\frac{\pi}{2}} e^x \cos x\, dx\right) \\ &= e^{\frac{\pi}{2}} - 1 - I \end{aligned}$$

이다. 그러므로 $I = \frac{1}{2}\left(e^{\frac{\pi}{2}} - 1\right)$이다. □

부분적분은 다항식, 지수함수, 로그, 삼각함수 등이 서로 결합된 곱의 형태로 주어지는 함수들을 적분할 때 유용하다. 이때 $\int(\text{다항식})\ln x\, dx$를 제외한 다른 경우들은 다항식을 미분하여 간단히 하는 것이 효과적이다. 반면 $\int(\text{다항식})\ln x\, dx$의 경우는 $\ln x$를 미분하는 것이 좋은데, 이는 $(\ln x)' = \frac{1}{x}$이고 곱해진 다항식과 약분하면 피적분함수가 다항식이 되기 때문이다.

정적분의 계산에 있어 함수의 대칭성을 알고 있을 경우 적분이 쉬워지는 경우가 있다. 여기에 관련된 다음의 정리를 살펴보자.

정리 4.4.4

함수 f가 양수 a에 대하여 $[-a, a]$에서 연속이라 하자.

(1) f가 우함수($f(-x)=f(x)$)이면,

$$\int_{-a}^{a} f(x)dx = 2\int_{0}^{a} f(x)\,dx.$$

(2) f가 기함수($f(-x)=-f(x)$)이면,

$$\int_{-a}^{a} f(x)\,dx = 0.$$

(증명) 주어진 적분을 다음과 같이 두 부분으로 나눈다.

$$\int_{-a}^{a} f(x)dx = \int_{-a}^{0} f(x)dx + \int_{0}^{a} f(x)dx$$

우변의 첫 번째 적분에서 $x=-t$라 하면 $dx=-dt$이고 $x=-a$일 때 $t=a$이다. 그러므로

$$\int_{-a}^{0} f(x)\,dx = -\int_{a}^{0} f(-t)\,dt = \int_{0}^{a} f(-t)dt$$

이다. 적분에 관계없는 변수 t를 x로 바꾸고 정리하면

$$\int_{-a}^{a} f(x)\,dx = \int_{0}^{a} f(-x)\,dx + \int_{0}^{a} f(x)\,dx = \int_{0}^{a} (f(-x)+f(x))\,dx$$

이다. 이때 피적분함수 $f(-x)+f(x)$는 f가 우함수이면 $2f(x)$, f가 기함수이면 0이 되어 원하는 결과를 얻을 수 있다. ■

예제 4.4.11 위의 정리로부터

$$\int_{-a}^{a} \sin x\, dx = 0 \text{ 이고 } \int_{-a}^{a} \cos x\, dx = 2\int_{0}^{a} \cos x\, dx$$

임을 쉽게 알 수 있다.

연 · 습 · 문 · 제 4.4

EXERCISES

1. 다음 부정적분을 구하여라.

(1) $\int \sqrt{2+3x}\, dx$ (2) $\int x^2(x^3+5)^9\, dx$

(3) $\int (\cos 3x + \sec^2 3x)\, dx$ (4) $\int (x \csc x^2 \cot x^2)\, dx$

(5) $\int \frac{\cos x}{1+\sin x}\, dx$ (6) $\int \frac{\sin \sqrt{x}}{\sqrt{x}}\, dx$

(7) $\int 2^x \sqrt{2^x+1}\, dx$ (8) $\int \frac{\ln t}{t}\, dt$

2. 다음 부정적분을 구하여라.

(1) $\int xe^{-x}\, dx$ (2) $\int x \sin x\, dx$

(3) $\int (x^2+1)\cos x\, dx$ (4) $\int x^2 \ln x\, dx$

3. 다음 정적분의 값을 구하여라.

(1) $\int_{1}^{\frac{1}{3}} (3t+2)^3\, dt$ (2) $\int_{0}^{1} x \cos x^2\, dx$

(3) $\int_{1}^{2} \frac{2t+3}{(t^2+3t+1)^{5/2}}\, dt$ (4) $\int_{0}^{\left(\frac{\pi}{4}\right)^2} \frac{1}{\sqrt{u}} \sec^2 \sqrt{u}\, du$

4. 다음 정적분의 값을 구하여라.

(1) $\displaystyle\int_1^e x \ln x \, dx$ (2) $\displaystyle\int_0^\pi x^2 \cos x \, dx$

(3) $\displaystyle\int_0^1 (x^2+1)e^{-x} \, dx$

4.5 함수의 평균값과 적분의 평균값 정리

구간 $[a, b]$에서 정의된 연속함수 f에 대한 평균값에 대하여 알아보자. 우선 일반적으로 알고 있는 평균값의 의미를 생각해보자. 예를 들어 한 학과의 미적분학의 평균을 구한다고 생각하자. 학과의 평균값은 학생들의 성적을 모두 더한 합을 학생 수로 나누어 얻을 수 있다. 이와 비슷하게 생각한다면 함수의 평균값은 정의역상의 모든 함수 값을 더하여 정의역의 원소의 개수로 나누어야 할 것이다. 하지만 정의역의 원소는 무한히 많기 때문에 이것이 불가능하다. 따라서 기본적인 평균의 개념을 확장시키는 정의가 필요하다.

우선 주어진 구간을 n개의 부분구간으로 나누고 각 구간에서 표본점 x_i^*을 택한다. 이 표본점에서의 함수값 $f(x_i^*)$의 평균을 생각해보자. 즉,

$$\frac{f(x_1^*)+f(x_2^*)+\cdots+f(x_n^*)}{n}.$$

이때 $\Delta x=\dfrac{b-a}{n}$이므로, $\dfrac{1}{n}=\dfrac{\Delta x}{b-a}$를 위 식에 대입하고 이 값의 $n\to\infty$일 때의 극한을 생각해보자.

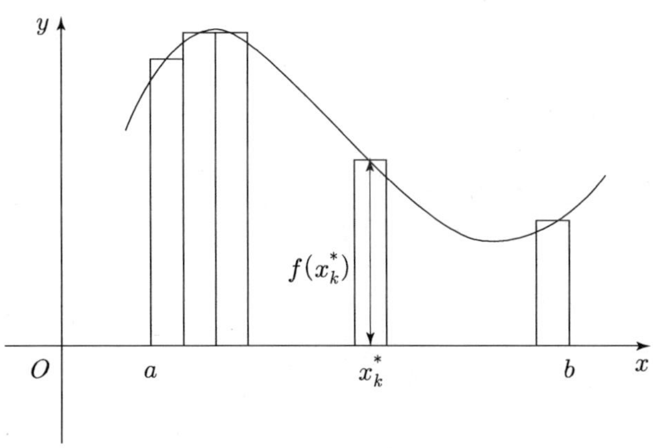

[그림 4.6]

$$\lim_{n\to\infty}\frac{f(x_1^*)+f(x_2^*)+\cdots+f(x_n^*)}{n}=\lim_{n\to\infty}\{f(x_1^*)+\cdots+f(x_n^*)\}\frac{\Delta x}{b-a}$$
$$=\frac{1}{b-a}\lim_{n\to\infty}\sum_{k=1}^{n}f(x_k^*)\Delta x$$

이 값은 주어진 구간의 함수의 평균값으로 적절해 보인다. $\lim_{n\to\infty}\sum_{i=1}^{n}f(x_i^*)\triangle x=\int_a^b f(x)\,dx$이므로 주어진 구간에서 함수의 평균을 다음과 같이 정의한다.

정의 4.5.1

구간 $[a, b]$에서 함수 f의 **평균(값)** f_{ave}는

$$f_{ave}=\frac{1}{b-a}\int_a^b f(x)dx.$$

예제 4.5.1 $[2, 4]$에서 정의된 함수 $f(x)=x^3$의 평균을 구하여라.

풀이 함수의 평균은

$$f_{ave}=\frac{1}{4-2}\int_2^4 x^3\,dx=\frac{1}{2}\left(\frac{4^4}{4}-\frac{2^4}{4}\right)=30. \qquad \square$$

예제 4.5.1에서 $f(\sqrt[3]{30})=30=f_{ave}$인 점이 정의역에 존재한다. 일반적으로 함수값과 함수의 평균값이 정확하게 같아지는 즉, $f(c)=f_{ave}$인 점 c가 존재할까? 다음의 정리는 주어진 함수가 연속일 때 이 사실이 성립함을 보여 준다.

정리 4.5.1

[적분에 대한 평균값 정리] 함수 f가 구간 $[a, b]$에서 연속이면

$$\int_a^b f(x)dx=(b-a)f(c)$$

를 만족하는 수 c가 구간 $[a, b]$ 안에 존재한다.

(증명) (ⅰ) $a = b$일 때면 양변이 모두 0이 되므로 명백하다.

(ⅱ) 구간 $[a, b]$에서 함수의 최솟값을 $f(u)$, 최댓값을 $f(v)$라 하자. 그러면 부등식

$$f(u)(b-a) \le \int_a^b f(x)dx \le f(v)(b-a)$$

를 얻는다. 이 식을 변형하면

$$f(u) \le \frac{1}{b-a}\int_a^b f(x)dx \le f(v)$$

이 되고 따라서 중간값 정리를 사용하면

$$\frac{1}{b-a}\int_a^b f(x)dx = f(c)$$

인 c가 구간 $[a, b]$에서 적어도 하나 존재한다. 따라서

$$\int_a^b f(x)dx = (b-a)f(c)$$

이다. 평균값 정리는 연속함수의 평균과 정확히 일치하는 함수 값이 구간 내에 적어도 하나 있다는 것을 보장한다. ■

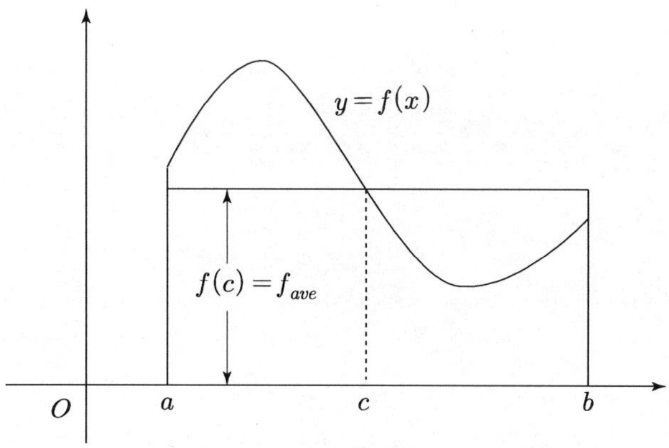

[그림 4.7]

위의 정리는 $F(x)=\int_a^x f(t)\,dt$인 $F(x)$에 대하여 $[a,\ b]$에서 미분의 평균값 정리를 사용하여 증명할 수도 있다.

예제 4.5.2 $f(x)=1+x^2$은 구간 $[-2,\ 1]$에서 연속함수이다. 따라서 적분의 평균값 정리에 의해 구간 내에 한 점 c가 존재하여

$$\int_{-2}^{1}(1+x^2)dx=f(c)\{1-(-2)\}$$

를 만족해야 한다.

$$f_{ave}=\frac{1}{3}\int_{-2}^{1}(1+x^2)dx=2$$

이므로 $f(c)=f_{ave}=2$인 c를 구하면 $c^2+1=2$이고 따라서 $c=\pm 1$이다. 이 수는 모두 구간 안에 있으므로 정리를 만족시키는 값이다.

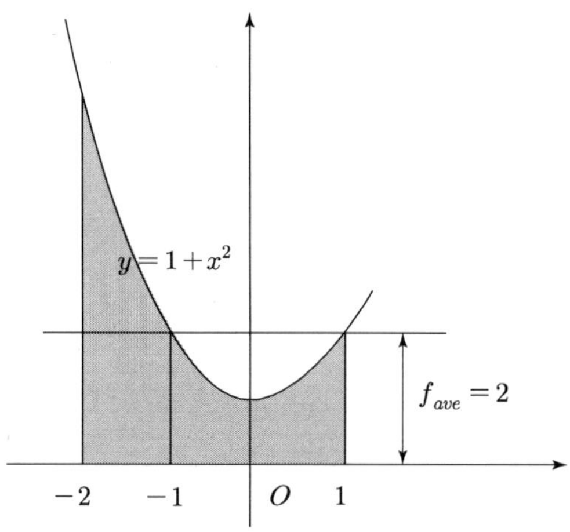

[그림 4.8]

연 · 습 · 문 · 제 4.5

EXERCISES

1. 주어진 구간에서 함수의 평균값을 구하여라.

(1) $f(x)=2x-x^2$, $[0,\ 2]$ (2) $f(x)=x^3$, $[-1,\ 3]$

(3) $f(x)=\cos x$, $\left[0,\ \frac{\pi}{2}\right]$ (4) $f(x)=\sin x$, $\left[0,\ \frac{\pi}{2}\right]$

2. $[2,\ 5]$에서 정의된 함수 $f(x)=x^2-6x$에 대하여 다음 물음에 답하여라.

(1) 함수 f의 평균을 구하여라.

(2) $f_{ave}=f(c)$를 만족하는 c를 찾아라.

3. 적분에 대한 평균값 정리를 함수 $F(x)=\int_a^x f(t)\,dt$에 미분의 평균값 정리를 적용하여 증명하여라.

제5장

여러 가지 함수의 적분법

이 장에서는 좀 더 다양한 함수의 적분 기법을 소개하고자 한다. 특별한 몇 가지 형태의 함수에 대한 적분법을 알아보고 그 응용에 대하여 살펴보고자 한다.

5.1 삼각함수의 적분법

이 절에서는 삼각함수와 그의 거듭제곱의 곱으로 표현된 함수의 적분에 대하여 알아본다. 공학의 많은 함수가 삼각함수로 표현되는 만큼 중요한 적분 형태이다. 네 가지 경우로 나누어 생각해본다.

1. $\int \sin^m x \cos^n x \, dx$의 계산법

이 경우는 m과 n이 정수일 때만 다루기로 하자. m과 n이 정수일 때 적분방법에 따라 다음과 같이 두 가지 경우의 적분법을 생각할 수 있다.

(1) m 또는 n이 홀수인 경우

m 또는 n이 홀수일 경우는 어떤 경우나 적분방법이 같기 때문에 편의상 m이 홀수일 경우만 설명하기로 하자. m이 홀수이기 때문에 $m=2k+1$로 쓸 수 있다. 그러므로 주어진 적분식을 다음과 같이 쓸 수 있다.

$$\begin{aligned}\int \sin^m x \cos^n x \, dx &= \int \sin^{2k+1} x \cos^n x \, dx \\ &= \int (\sin^2 x)^k \cos^n x \sin x \, dx \\ &= \int (1-\cos^2 x)^k \cos^n x \sin x \, dx\end{aligned}$$

마지막 항의 $\cos x$를 u로 치환하면

$$\int \sin^m x \cos^n x \, dx = -\int (1-u^2)^k u^n \, du.$$

위 식의 우변은 u에 대한 다항식이므로 쉽게 적분할 수 있다.

예제 5.1.1 $\int \sin^3 x \cos^4 x\, dx$를 구하여라.

풀이 사인함수의 차수가 홀수이므로, 사인함수 하나를 분리하고 나머지 $\sin^2 x = 1 - \cos^2 x$로 나타내보면

$$\sin^3 x \cos^4 x = \sin^2 x \cos^4 x \cdot \sin x = (1 - \cos^2 x)\cos^4 x \sin x.$$

따라서 $u = \cos x$로 놓으면 $du = -\sin x\, dx$이므로 주어진 적분은 아래와 같이 계산된다.

$$\begin{aligned}\int \sin^3 x \cos^4 x\, dx &= \int (1 - \cos^2 x)\cos^4 x \sin x\, dx \\ &= \int (u^2 - 1)u^4\, du = \int (u^6 - u^4)\, du \\ &= \frac{1}{7}u^7 - \frac{1}{5}u^5 + C.\end{aligned}$$

$u = \cos x$를 대입하면 다음을 얻는다.

$$\int \sin^3 x \cos^4 x\, dx = \frac{1}{7}\cos^7 x - \frac{1}{5}\cos^5 x + C.$$ □

다음은 n이 홀수인 경우에 대한 예제이다.

예제 5.1.2 $\int \cos^3 x\, dx$를 구하여라.

풀이 예제 5.1.1과 마찬가지로 $\cos^2 x = 1 - \sin^2 x$라 하고 $\sin x$를 u로 치환하면

$$\begin{aligned}\int \cos^3 x\, dx &= \int (1 - \sin^2 x)\cos x\, dx = \int (1 - u^2) du \\ &= u - \frac{1}{3}u^3 + C.\end{aligned}$$

$u = \sin x$를 대입하면

$$\int \cos^3 x\, dx = \cos x - \frac{1}{3}\cos^3 x + C$$

이다. □

(2) m과 n이 모두 짝수인 경우

m과 n이 모두 짝수인 경우는 특별한 치환법이 없다. 다만 m과 n이 클수록 적분이 어려워지기 때문에 거듭제곱의 차수를 낮추는 것이 필요하다. 예를 들어 정리 1.4.6의 반각공식이 도움이 될 수 있다.

예제 5.1.3 $\int \sin^2 x \cos^4 x\, dx$를 구하여라.

풀이 적분식을 변형하고 반각공식을 사용하면

$$\begin{aligned}\int \sin^2 x \cos^4 x\, dx &= \int \sin^2 x\,(\cos^2 x)^2\, dx \\ &= \int \left(\frac{1-\cos 2x}{2}\right)\left(\frac{1+\cos 2x}{2}\right)^2 dx \\ &= \frac{1}{8}\int (1-\cos 2x)(1+2\cos 2x+\cos^2 2x)dx \\ &= \frac{1}{8}\int (1+\cos 2x-\cos^2 2x-\cos^3 2x)\, dx\end{aligned}$$

$\cos^2 2x$를 계산하기 위해서 반각공식을 한 번 더 사용하면

$$\int \cos^2 2x\, dx = \frac{1}{2}\int 1+\cos 4x\, dx = \frac{1}{2}\left(x+\frac{\sin 4x}{4}\right)+C$$

이고 $\cos^3 2x$은 거듭제곱이 홀수인 경우이기 때문에 앞에서 설명한 방법을 사용하고 $\sin 2x = u$, $2\cos 2x\, dx = du$로 치환하면,

$$\begin{aligned}\int \cos^3 2x\, dx &= \frac{1}{2}\int (1-\sin^2 2x)(2\cos 2x)\, dx \\ &= \frac{1}{2}\int (1-u^2)du \\ &= \frac{1}{2}\left(u-\frac{1}{3}u^3\right)+C\end{aligned}$$

$$= \frac{1}{2}\left(\sin 2x - \frac{\sin^3 2x}{3}\right) + C$$

이다. 이것을 대입하여 정리하면

$$\int \sin^2 x \cos^4 x\, dx$$

$$= \frac{1}{8}\left(x + \frac{\sin 2x}{2} - \frac{1}{2}\left(x + \frac{\sin 4x}{4}\right) - \frac{1}{2}\left(\sin 2x - \frac{\sin^3 2x}{3}\right)\right) + C$$

$$= \frac{1}{16}x - \frac{1}{64}\sin 4x + \frac{1}{48}\sin^3 2x + C$$

이다. □

주어진 거듭제곱의 차수를 낮추어 적분이 가능한 상태로 변형하고자 할 때 다음과 같은 점화 공식은 유용한 방법을 제공한다.

예제 5.1.4 $n \geq 2$인 정수 n에 대하여 다음의 점화공식을 증명하여라.

$$\int \sin^n x\, dx = -\frac{1}{n}\cos x \sin^{n-1} x + \frac{n-1}{n}\int \sin^{n-2} x\, dx.$$

풀이 부분적분법을 사용하여 주어진 피적분함수를 다음과 같이 나누고 $f'(x) = \sin x,\ g(x) = \sin^{n-1} x$라 하고 계산하면

$$\int \sin^n x\, dx = \int \sin x \sin^{n-1} x\, dx$$

$$= -\cos x \sin^{n-1} x + \int \cos x\left((n-1)\sin^{n-2} x \cos x\right) dx$$

$$= -\cos x \sin^{n-1} x + (n-1)\int \sin^{n-2} x \cos^2 x\, dx$$

$$= -\cos x \sin^{n-1} x + (n-1)\int \sin^{n-2} x\,(1 - \sin^2 x)\, dx$$

$$= -\cos x \sin^{n-1} x + (n-1)\int \sin^{n-2} x\, dx - (n-1)\int \sin^n x\, dx$$

마지막항 $\int \sin^n x\, dx$를 좌변으로 이항하여 양변을 n으로 나누면

$$\int \sin^n x\,dx = -\frac{1}{n}\cos x \sin^{n-1}x + \frac{n-1}{n}\int \sin^{n-2}x\,dx$$

를 얻는다. □

이와 비슷하게 $\int \cos^n x\,dx$의 점화공식도 유도가능한데 이는 연습문제로 남겨 둔다.

예제 5.1.5 $\int \sin^4 x\,dx$를 구하여라.

풀이 1 반각공식을 사용하면

$$\begin{aligned}\int \sin^4 x\,dx &= \int \left(\frac{1-\cos 2x}{2}\right)^2 dx \\ &= \frac{1}{4}\int (1-2\cos 2x+\cos^2 2x)dx \\ &= \frac{1}{4}\left(x-\sin 2x+\int \frac{1+\cos 4x}{2}\,dx\right) \\ &= \frac{1}{4}\left(x-\sin 2x+\frac{1}{2}x+\frac{1}{8}\sin 4x\right)+C \\ &= \frac{3}{8}x-\frac{1}{4}\sin 2x+\frac{1}{32}\sin 4x+C\end{aligned}$$

풀이 2 예제 5.1.4의 점화공식을 사용하면

$$\begin{aligned}\int \sin^4 x\,dx &= -\cos x\sin^3 x+\frac{3}{4}\int \sin^2 x\,dx \\ &= -\cos x\sin^3 x+\frac{3}{4}\left(-\frac{1}{2}\cos x\sin x+\frac{1}{2}\int 1\,dx\right) \\ &= -\cos x\sin^3 x-\frac{3}{4}\cos x\sin x+\frac{3}{8}x+C \\ &= -\cos x\sin^3 x-\frac{3}{8}\cos x\sin x+\frac{3}{8}x+c\end{aligned}$$

□

두 풀이에 등장하는 답의 형태는 다르지만 삼각함수의 항등식을 사용하면 두 적분의 결과가 같음을 알 수 있다. 하지만 위의 예제의 풀이에서 보면 풀이 2의 점화공식을 이용하는 경우 점화식을 외우거나 유도하고 다시 점화식에 대입하여 적분 계산을 하게 되므로 더 간단한 방법은 반각공식을 이용하는 것이다.

이제까지의 적분 계산에는 $\cos^2 x+\sin^2 x=1$이라는 항등식과 $(\sin x)'=\cos x$ 및 $(\cos x)'=-\sin x$의 미분공식을 필수적으로 사용하였다. 이와 비슷한 관계를 $\tan x$와 $\sec x$에서 찾아 볼 수 있다. $1+\tan^2 x=\sec^2$과 $(\tan x)'=\sec^2 x$ 및 $(\sec x)'=\sec x \tan x$를 생각하면 다음의 적분이 가능하다.

2. $\int \sec^m x \tan^n x\, dx$의 계산법

(1) m이 짝수인 경우

치환적분을 하기 위해 피적분함수를 변형하면

$$\begin{aligned}\int \sec^m x \tan^n x\, dx &= \int \sec^{m-2} x \tan^n x \sec^2 x\, dx \\ &= \int (1+\tan^2 x)^{\frac{m-2}{2}} \tan^n x \sec^2 x\, dx \\ &= \int (1+u^2)^{\frac{m-2}{2}} u^n\, du\end{aligned}$$

로 쓸 수 있다. 이때 $\tan x$를 u로 치환하고 $1+\tan^2 x=\sec^2$과 $(\tan x)'=\sec^2 x$을 사용하였다. n이 짝수이므로 $\dfrac{n-2}{2}$는 정수이다.

예제 5.1.6 $\int \sec^4 x \tan^3 x\, dx$를 구하여라.

풀이 $\sec^2 x$를 하나 분리하고 남아있는 $\sec^2 x=1+\tan^2 x$로 바꾸고 $\tan x$를 u로 치환하면

$$\begin{aligned}\int \sec^4 x \tan^3 x\, dx &= \int (1+\tan^2 x)\tan^3 x \sec^2 x\, dx \\ &= \int (u^3+u^5)\, du = \frac{1}{4}u^4+\frac{1}{6}u^6+C\end{aligned}$$

이다. 위 식의 결과에 $u=\tan x$를 대입하면 다음을 얻는다.

$$\int \sec^4 x \tan^3 x\, dx = \frac{1}{4}\tan^4 x+\frac{1}{6}\tan^6 x+C. \qquad \square$$

(2) n이 홀수인 경우

이 경우는 $\sec x$를 u로 치환할 수 있다.

$$\begin{aligned}\int \sec^m x \tan^n x \, dx &= \int \sec^{m-1} x \tan^{n-1} x \sec x \tan x \, dx \\ &= \int \sec^{m-1} x (\sec^2 x - 1)^{\frac{n-1}{2}} \sec x \tan x \, dx \\ &= \int u^{m-1} (u^2 - 1)^{\frac{n-1}{2}} du\end{aligned}$$

이고 (1)의 경우와 같이 n이 홀수이므로 $\dfrac{n-1}{2}$는 정수이다.

예제 5.1.7 $\int \sec^4 x \tan^3 x \, dx$를 구하여라.

풀이 $\sec x \tan x$를 분리하고 $\tan^2 x = \sec^2 x - 1$로 바꾸고 $\sec x$를 u로 치환하면

$$\begin{aligned}\int \sec^4 x \tan^3 x \, dx &= \int \sec^3 x (\sec^2 x - 1) \sec x \tan x \, dx \\ &= \int (u^5 - u^3) \, du = \frac{1}{6}u^6 - \frac{1}{4}u^4 + C\end{aligned}$$

이다. $u = \sec x$를 대입하면 다음을 얻는다.

$$\int \sec^4 x \tan^3 x \, dx = \frac{1}{6}\sec^6 x - \frac{1}{4}\sec^4 x + C.$$

□

예제 5.1.6과 5.1.7은 같은 문제이다. 하지만 풀이에 따라서 그 답의 형태가 달라질 수 있음에 주의하라. 하지만 두 답은 삼각함수의 항등식을 이용하면 기껏해야 상수만큼의 차이를 가짐을 알 수 있다.

(3) m이 홀수이고 n이 짝수인 경우

이 경우도 $\int \sin^m x \cos^n x \, dx$의 계산법 (2)와 같이 특별한 치환법이 없다. 다만 계산을 용이하게 하기 위해 거듭제곱의 차수를 낮추는 방법밖에 없다. 하지만

이 경우는 $\int \sin^m x \cos^n x\, dx$의 경우와 같이 반각공식을 쓰기 힘들기 때문에 많은 고민을 해야 한다.

예제 5.1.8 가장 쉽게 계산되는 경우가 $\int \tan^2 x\, dx$와 $\int \sec x\, dx$이다. $\int \tan^2 x\, dx$는

$$\int \tan^2 x\, dx = \int (\sec^2 x - 1)dx = \tan x - x + C$$

으로 해결할 수 있고 $\int \sec x\, dx$의 경우는 정리 4.4.2의 (3)에서 설명한 바 있다.

예제 5.1.9 $\int \sec^3 x\, dx$를 구하여라.

풀이 부분적분을 사용하기 위해 피적분함수를 변형시키고 $f'(x) = \sec^2 x$와 $g(x) = \sec x$라 두면 $f(x) = \tan x$이고 $g'(x) = \sec x \tan x$이므로

$$\begin{aligned}
\int \sec^3 x\, dx &= \int \sec x \sec^2 x\, dx \\
&= \sec x \tan x - \int \sec x \tan x \tan x\, dx \\
&= \sec x \tan x - \int \sec x \tan^2 x\, dx \\
&= \sec x \tan x - \int \sec x (\sec^2 x - 1)\, dx \\
&= \sec x \tan x - \int \sec^3 x\, dx + \int \sec x\, dx \\
&= \sec x \tan x + \ln|\sec x + \tan x| - \int \sec^3 x\, dx
\end{aligned}$$

이다. 우변의 $\int \sec^3 x\, dx$를 좌변으로 이항하고 양변을 2로 나누면 다음을 얻는다.

$$\int \sec^3 x\, dx = \frac{1}{2}(\sec x \tan x + \ln|\sec x + \tan x|) + C. \qquad \square$$

예제 5.1.10 $\int \tan^3 x\, dx$를 구하여라.

풀이 1 (2)의 방법을 쓰기 위해 피적분함수를 변형하면

$$\int \tan^3 x\, dx = \int \frac{\tan^2 x}{\sec x} \sec x \tan x\, dx$$
$$= \int \frac{\sec^2 x - 1}{\sec x} \sec x \tan x\, dx$$

이고 $\sec x$를 u로 치환하고 적분하면

$$\int \tan^3 x\, dx = \int \left(u - \frac{1}{u}\right) du = \frac{1}{2}\sec^2 x - \ln|\sec x| + C$$

이다.

풀이 2 $\int \tan^3 x\, dx = \int (\sec^2 x - 1)\tan x\, dx$
$$= \int \sec^2 x \tan x\, dx - \int \tan x\, dx$$

이고 우변을 적분하면

$$\int \tan^3 x\, dx = \frac{1}{2}\tan^2 x - \ln|\sec x| + C$$

를 얻는다. □

예제 5.1.10에서는 여기에서 제시된 방법으로 적분이 가능하지만 더 편리한 방법으로 풀 수도 있음을 보여준다. 이런 방법들은 많은 연습을 통해 스스로 터득할 수 있다.

3. $\int \sin mx \cos nx\, dx$, $\int \cos mx \cos nx\, dx$, $\int \sin mx \sin nx\, dx$의 계산법

공학에서 함수를 다룰 때 매우 중요한 푸리에 급수(Fourier Series)가 있다. 이 급수를 다룰 때 필수적인 적분이 바로 이 형태이다. 정리 1.4.7을 사용하면 쉽게

적분할 수 있다.

$$\sin mx \cos nx = \frac{1}{2}(\sin(m+n)x + \sin(m-n)x)$$

$$\cos mx \cos nx = \frac{1}{2}(\cos(m+n)x + \cos(m-n)x)$$

$$\sin mx \sin nx = \frac{1}{2}(\cos(m-n)x - \cos(m+n)x)$$

을 사용하면 된다.

예제 5.1.11 $\int \sin 3x \cos 5x\, dx$를 구하여라.

풀이

$$\int \sin 3x \cos 5x\, dx = \frac{1}{2}\int (\sin 8x + \sin(-2x))\, dx$$
$$= \frac{1}{2}\int (\sin 8x - \sin 2x)\, dx$$

이므로 다음을 얻는다.

$$\int \sin 3x \cos 5x\, dx = \frac{1}{2}\left(-\frac{1}{8}\cos 8x + \frac{1}{2}\cos 2x\right) + C$$
$$= \frac{1}{4}\cos 2x - \frac{1}{16}\cos 8x + C.$$

□

연·습·문·제 5.1

EXERCISES

1. $n \geq 2$인 정수 n에 대하여 다음의 점화공식을 증명하여라.

$$\int \cos^n x\, dx = \frac{1}{n}\sin x \cos^{n-1} x + \frac{n-1}{n}\int \cos^{n-2} x\, dx.$$

2. 다음 적분을 구하여라.

(1) $\int \sin^5 x \cos^2 x \, dx$

(2) $\int_{\frac{\pi}{2}}^{\frac{3\pi}{4}} \sin^2 x \cos^3 x \, dx$

(3) $\int \sin^4 3\theta \, d\theta$

(4) $\int_0^{\frac{\pi}{2}} \sin^3 x \sqrt{\cos x} \, dx$

(5) $\int \sin^2 x \cos^4 x \, dx$

(6) $\int_0^{\frac{\pi}{4}} \sec^4 x \tan^4 x \, dx$

(7) $\int \csc^5 x \cot^3 x \, dx$

(8) $\int \tan^3 x \, dx$

(9) $\int \csc^6 x \, dx$

(10) $\int \tan^3 x \cos^7 x \, dx$

(11) $\int x \sin^2 x \, dx$

(12) $\int \sin 4x \sin 3x \, dx$

3. m, n이 자연수일 때 다음을 증명하여라.

$$\int_{-\pi}^{\pi} \sin mx \sin nx \, dx = \begin{cases} 0, & m \neq n \\ \pi, & m = n \end{cases}$$

4. 구간 $[0, \pi]$에서 함수 $f(x) = \sin^2 x \cos^3 x$의 평균값을 구하여라.

5.2 삼각치환

삼각치환은 기본적으로는 근호 안에 이차다항식이 있을 경우 삼각함수의 항등식을 이용하여 근호가 없는 삼각함수의 적분으로 바꾸는 적분 기법이다. 익숙해지면 더 많은 적분에 활용할 수 있는 효과적인 방법이다. 삼각함수의 역함수에 대한 학습이 되면 부정적분을 다룰 수 있지만 여기에서는 삼각함수의 역함수에 대한 학습을 하지 않았기 때문에 정적분에 대한 학습만 하기로 한다.

우선 일차항이 없는 이차식에 대한 삼각치환을 알아보자. 삼각치환은 근호 안의 이차식의 형태에 따라 세 가지 형태로 나눈다. 즉,

(1) 피적분함수가 $\sqrt{a^2-x^2}$ 의 형태를 포함하는 경우

(2) 피적분함수가 $\sqrt{a^2+x^2}$ 의 형태를 포함하는 경우

(3) 피적분함수가 $\sqrt{x^2-a^2}$ 의 형태를 포함하는 경우

위의 세 가지 경우만 생각하면 근호 안에 일차항이 없는 이차식이 있는 모든 경우의 적분이 가능하다. 또한 $a>0$이라 하자. 예를 들어 $\sqrt{9-x^2}$ 등의 적분을 해야 할 텐데 이때 9를 굳이 $(-3)^2$으로 계산할 필요는 없기 때문에 $a>0$으로 가정하여도 수학적으로 이상이 없다.

1. 피적분함수가 $\sqrt{a^2-x^2}$ 의 형태를 포함하는 경우

이 경우는 항등식 $\sin^2 t+\cos^2 t=1$을 이용한다. $x=a\sin t$로 치환하면,

$$\sqrt{a^2-x^2}=\sqrt{a^2-a^2\sin^2 t}=\sqrt{a^2(1-\sin^2 t)}=\sqrt{a^2\cos^2 t}=|a\cos t|$$

를 얻는다. 이때 치환은 $x=a\sin t$가 일대일이 되는 t의 범위 $-\frac{\pi}{2}\le t\le\frac{\pi}{2}$에서만 생각하기로 한다. 그러므로 $|a\cos t|=a\cos t$가 된다.

또한 $dx=a\cos t\,dt$가 되기 때문에 근호 안의 이차식이 있는 적분이 근호가 없는 삼각함수의 적분으로 바뀌게 된다. 다음의 예를 살펴보자.

예제 5.2.1 $x^2+\frac{y^2}{4}=1$로 주어지는 타원 내부의 넓이를 구하여라.

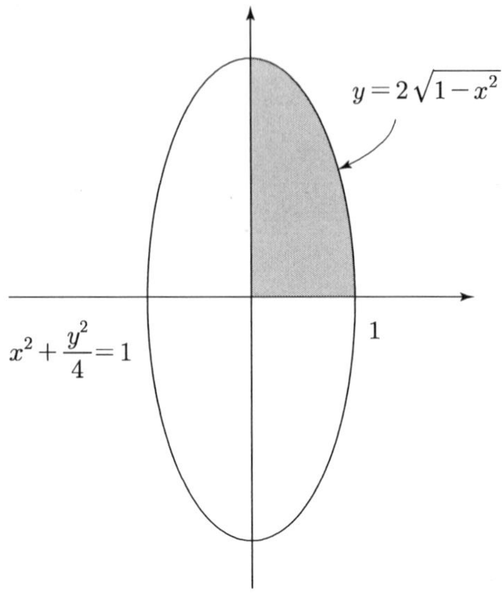

[그림 5.1]

풀이 위의 음함수 형태를 양함수의 형태로 바꾸면

$$y=\pm 2\sqrt{1-x^2}$$

타원은 두 좌표축과 원점에 대하여 대칭이므로 넓이는 제1사분면에 있는 넓이의 4배이다. 제1사분면의 타원부분은 $y=2\sqrt{1-x^2}$으로 주어지는 함수의 그래프 아래쪽과 두 좌표축에 의해 둘러싸인 부분의 넓이이다. 그러므로 타원의 넓이를 A라 하면,

$$A=4\int_0^1 2\sqrt{1-x^2}\,dx=8\int_0^1\sqrt{1-x^2}\,dx$$

이다. $x=\sin t$라 하면 $dx=\cos t\,dt$이고 $x=0$이면 $t=0$이며 $x=1$이면 $t=\frac{\pi}{2}$가 된다. 그러므로

$$A=8\int_0^1\sqrt{1-x^2}\,dx=8\int_0^{\frac{\pi}{2}}\cos^2 t\,dt=4\int_0^{\frac{\pi}{2}}(1+\cos 2t)\,dt$$

$$= 4\left[t + \frac{\cos 2t}{2}\right]_0^{\frac{\pi}{2}} = 4\frac{\pi}{2} = 2\pi.$$ □

여기서 $\sin t = 0$ 또는 $\sin t = 1$이 되는 t는 무수히 많다. 하지만 t의 범위를 $-\frac{\pi}{2} \leq t \leq \frac{\pi}{2}$로 제한했기 때문에 $\sin t = 0$인 $t = 0$, $\sin t = 1$인 $t = \frac{\pi}{2}$ 밖에 없다는 사실을 기억하자.

예제 5.2.2 $\displaystyle\int_0^{\frac{3}{2}} \frac{x^2}{\sqrt{9 - x^2}}\, dx$의 값을 구하여라.

풀이 $x = 3\sin t$라 하면 $dx = 3\cos t\, dt$이고 $x = 0 = 3\sin t$로부터 $t = 0$과 $x = \frac{3}{2} = 3\sin t$로부터 $t = \frac{\pi}{6}$을 얻는다. 따라서

$$\int_0^{\frac{3}{2}} \frac{x^2}{\sqrt{9 - x^2}}\, dx = \int_0^{\frac{\pi}{6}} \frac{9\sin^2 t \cdot 3\cos t}{3\cos t}\, dt = 9\int_0^{\frac{\pi}{6}} \sin^2 t\, dt$$

$$= \frac{9}{2}\int_0^{\frac{\pi}{6}} (1 - \cos 2t)\, dt = \frac{9}{2}\left[t - \frac{\sin 2t}{2}\right]_0^{\frac{\pi}{6}}$$

$$= \frac{9\pi}{12} - \frac{9\sqrt{3}}{8}.$$ □

2. 피적분함수가 $\sqrt{a^2 + x^2}$의 형태를 포함하는 경우

이 경우는 항등식 $1 + \tan^2 t = \sec^2 t$을 이용한다. $x = a\tan t$로 치환하면,

$$\sqrt{a^2 + x^2} = \sqrt{a^2 + a^2\tan^2 t} = \sqrt{a^2(1 + \tan^2 t)} = \sqrt{a^2\sec^2 t} = |a\sec t|$$

를 얻는다. 이때 치환은 $x = a\tan t$가 일대일이 되는 t의 범위 $-\frac{\pi}{2} < t < \frac{\pi}{2}$에서만 생각하기로 하자. 그러므로 $|a\sec t| = a\sec t$가 된다.

또한 $dx = a\sec^2 t\, dt$가 되기 때문에 근호 안의 이차식이 있는 적분이 근호가 없는 삼각함수의 적분으로 바뀌게 된다. 다음의 예를 살펴보자.

예제 5.2.3 $\int_{\sqrt{3}}^{3} \frac{1}{x^2\sqrt{x^2+9}}\,dx$의 값을 구하여라.

풀이 $x = 3\tan t$라 하면 $dx = 3\sec^2 t\,dt$가 되고 $x = \sqrt{3} = 3\tan t$로부터 $t = \frac{\pi}{6}$와 $x = 3 = 3\tan t$로부터 $t = \frac{\pi}{4}$를 얻는다. 이를 대입하여 변형하면

$$\int_{0}^{3} \frac{1}{x^2\sqrt{x^2+9}}\,dx = \int_{\frac{\pi}{6}}^{\frac{\pi}{4}} \frac{3\sec^2 t}{9\tan^2 t \cdot 3\sec t}\,dt = \frac{1}{9}\int_{\frac{\pi}{6}}^{\frac{\pi}{4}} \frac{\sec t}{\tan^2 t}\,dt$$

이다. $\tan t$와 $\sec t$를 각각 $\frac{\sin t}{\cos t}$와 $\frac{1}{\cos t}$로 바꾸어 쓰면

$$\frac{1}{9}\int_{\frac{\pi}{6}}^{\frac{\pi}{4}} \frac{\sec t}{\tan^2 t}\,dt = \frac{1}{9}\int_{\frac{\pi}{6}}^{\frac{\pi}{4}} \frac{\cos t}{\sin^2 t}\,dt$$

를 얻는다. $\sin t = u$로 치환하면

$$\int_{\sqrt{3}}^{3} \frac{1}{x^2\sqrt{x^2+9}}\,dx = \frac{1}{9}\int_{\frac{\pi}{6}}^{\frac{\pi}{4}} \frac{\cos t}{\sin^2 t}\,dt = \frac{1}{9}\int_{\frac{1}{2}}^{\frac{1}{\sqrt{2}}} \frac{1}{u^2}\,du$$

$$= \frac{1}{9}\left[-\frac{1}{u}\right]_{\frac{1}{2}}^{\frac{1}{\sqrt{2}}} = \frac{1}{9}(2-\sqrt{2}). \qquad \square$$

3. 피적분함수가 $\sqrt{x^2-a^2}$의 형태를 포함하는 경우

이 경우도 항등식 $\sec^2 - 1 = \tan^2 t$을 이용한다. $x = a\sec t$로 치환하면,

$$\sqrt{x^2-a^2} = \sqrt{a^2\sec^2 t - a^2} = \sqrt{a^2(\sec^2 t - 1)} = \sqrt{a^2\tan^2 t} = |a\tan t|$$

를 얻는다. 이때 치환은 $x = a\sec t$가 일대일이 되는 t의 범위 $0 \le t < \frac{\pi}{2}$와 $\pi \le t < \frac{3\pi}{2}$에서만 생각하기로 하자. 그러므로 $|a\tan t| = a\tan t$가 된다.

또한 $dx = a\sec t\tan t\,dt$가 되기 때문에 근호 안의 이차식이 있는 적분이 근호가 없는 삼각함수의 적분으로 바뀌게 된다. 다음의 예를 살펴보자.

예제 5.2.4 $\displaystyle\int_{\sqrt{3}}^{2} \frac{\sqrt{x^2-3}}{x}\, dx$의 값을 구하여라.

풀이 $x = \sqrt{3}\sec t$라 하면 $dx = \sqrt{3}\sec t \tan t\, dt$이고, $x = \sqrt{3} = \sqrt{3}\sec t$로부터 $t = 0$과 $x = 2 = \sqrt{3}\sec t$로부터 $t = \frac{\pi}{6}$을 얻는다. 대입하여 정리하면

$$\begin{aligned}\int_{\sqrt{3}}^{2} \frac{\sqrt{x^2-3}}{x}\, dx &= \int_{0}^{\frac{\pi}{6}} \frac{\sqrt{3}\tan t}{\sqrt{3}\sec t} \sqrt{3}\sec t \tan t\, dt \\ &= \sqrt{3}\int_{0}^{\frac{\pi}{6}} \tan^2 t\, dt\end{aligned}$$

이다. 그러므로 $\tan^2 t = \sec^2 t - 1$로 바꾸어 적분하면

$$\begin{aligned}\int_{\sqrt{3}}^{2} \frac{\sqrt{x^2-3}}{x}\, dx &= \sqrt{3}\int_{0}^{\frac{\pi}{6}} \tan^2 t\, dt \\ &= \sqrt{3}\int_{0}^{\frac{\pi}{6}} (\sec^2 t - 1)\, dt \\ &= \sqrt{3}\,[\tan t - t]_{0}^{\frac{\pi}{6}} = 1 - \frac{\sqrt{3}\,\pi}{6}.\end{aligned}$$ □

다음의 예제는 근호 안의 식이 이차식은 아니지만 삼각치환을 사용하여 적분하는 방법을 보여준다.

예제 5.2.5 $\displaystyle\int_{\sqrt{2}}^{2} \frac{1}{x\sqrt{x^4-4}}\, dx$의 값을 구하여라.

풀이 $x^2 = 2\sec t$ 라 하 면 $2x\, dx = 2\sec t \tan t\, dt$ 이 고 $\sqrt{x^4-4} = \sqrt{4\sec^2 t - 4} = \sqrt{4\tan^2 t} = 2\tan t$이고 $x\, dx = \sec t \tan t\, dt$이다. 또한 $x^2 = 2 = 2\sec t$로부터 $t = 0$과 $x^2 = 4 = 2\sec t$로부터 $t = \frac{\pi}{3}$를 얻는다. 대입하고 정리하면

$$\int_{\sqrt{2}}^{2} \frac{1}{x\sqrt{x^4-4}}\,dx = \int_{\sqrt{2}}^{2} \frac{x\,dx}{x^2\sqrt{x^4-4}} = \int_{0}^{\frac{\pi}{3}} \frac{\sec t \tan t\,dt}{2\sec t \cdot 2\tan t}$$

$$= \frac{1}{4}\int_{0}^{\frac{\pi}{3}} dt = \frac{1}{4}\left[t\right]_0^{\frac{\pi}{3}} = \frac{\pi}{12}. \qquad \square$$

다음은 근호 안에 일차항이 있는 이차식이 들어 있을 경우에 삼각치환을 이용하여 적분하는 방법이다.

예제 5.2.6 $\displaystyle\int_{-1}^{1} \frac{x}{\sqrt{3-2x-x^2}}\,dx$의 값을 구하여라.

풀이 $3-2x-x^2 = 4-(x+1)^2$이다. $x+1 = 2\sin t$로 치환하면 $dx = 2\cos t\,dt$이고 $x=-1$일 때 $2\sin t = 0$인 $t=0$을 얻고, $x=1$일 때 $2\sin t = 2$, 즉 $t = \frac{\pi}{2}$를 얻는다.
따라서 $\sqrt{3-2x-x^2} = \sqrt{4-(x+1)^2} = \sqrt{4-4\sin^2 t} = \sqrt{4\cos^2 t} = 2\cos t$이고 $x = 2\sin t - 1$이므로

$$\int_{-1}^{1} \frac{x}{\sqrt{3-2x-x^2}}\,dx = \int_{0}^{\frac{\pi}{2}} \frac{2\sin t - 1}{2\cos t}\,2\cos t\,dt$$

$$= \int_{0}^{\frac{\pi}{2}} (2\sin t - 1)\,dt$$

$$= \left[-2\cos t - t\right]_0^{\frac{\pi}{2}} = 2 - \frac{\pi}{2}. \qquad \square$$

예제 5.2.6과 같이 이차식을 일차식의 완전제곱과 상수의 합의형태로 바꾸어 피적분함수를 삼각치환하기에 적당한 모양으로 표현하는 것이 좋다. 그리고 일차식 전체를 삼각함수로 치환하면 근호 안에 임의의 음이 아닌 이차식이 있을 경우의 적분이 가능하다.

연·습·문·제 5.2

EXERCISES

1. 다음 적분을 계산하여라.

(1) $\int_0^2 x\sqrt{16-4x^2}\,dx$

(2) $\int_0^{\frac{\sqrt{3}}{2}} \frac{1}{(1-t^2)^{5/2}}\,dt$

(3) $\int_0^{\frac{5}{3}} \sqrt{25-9x^2}\,dx$

(4) $\int_0^{\frac{1}{2}} \frac{t}{(1-t^2)^{3/2}}\,dt$

(5) $\int_0^2 \frac{1}{(x^2+4)^{3/2}}\,dx$

(6) $\int_0^1 \frac{1}{(3x^2+2)^{5/2}}\,dx$

(7) $\int_{\sqrt{3}}^2 \frac{\sqrt{x^2-3}}{x}\,dx$

(8) $\int_{-6}^{-3} \frac{\sqrt{x^2-9}}{x}\,dx$

2. 삼각치환을 사용하여 다음을 증명하여라.

$$\int \frac{1}{\sqrt{x^2+a^2}}\,dx = \ln\left(x+\sqrt{x^2+a^2}\right)+C.$$

3. $1 \le x \le 2$일 때 함수 $f(x)=\frac{\sqrt{x^2-1}}{x}$의 평균값을 구하여라.

5.3 유리함수의 적분

다항식(또는 정식) $f(x)$와 $g(x)$가 분수의 형태 $\dfrac{f(x)}{g(x)}$를 갖는 식을 유리식 또는 유리함수라 한다. 이 절에서는 유리함수의 적분에 대하여 다루어보기로 하자. 유리함수의 적분은 분모 $g(x)$가 어떻게 인수분해되는 가에 따라 적분의 기법이 달라진다. 우선 모든 실수를 계수로 갖는 다항식은 일차식 또는 이차식으로 완전히 인수분해된다. 사실은 쉽게 증명할 수는 있지만 여기서는 다루지 않기로 하고 필요하다면 스스로 확인해보기 바란다.

유리함수는 우선 분자의 차수가 분모의 차수보다 작을 경우만 다루면 된다. 분자의 차수가 분모의 차수보다 같거나 클 경우는 나눗셈을 통하여 다항식과 분자의 차수가 분모의 차수보다 작은 유리식의 합으로 바꿀 수 있다.

예제 5.3.1 유리식 $\dfrac{x^3-2x^2+2x}{x^2+1}$를 다항식과 분자의 차수가 분모의 차수보다 작은 유리식의 합으로 표현하여라.

풀이 다음과 같이 나눗셈을 행할 수 있다.

$$
\begin{array}{r|l}
 & x-2 \\
\cline{2-2}
x^2+1 & x^3-2x^2+2x \\
 & x^3 \qquad\;\; +x \\
\cline{2-2}
 & \quad -2x^2+x \\
 & \quad -2x^2 \qquad -2 \\
\cline{2-2}
 & \qquad\qquad x+2
\end{array}
$$

그러므로

$$\frac{x^3-2x^2+2x}{x^2+1}=\frac{(x^2+1)(x-2)+x+2}{x^2+1}=x-2+\frac{x+2}{x^2+1}. \qquad \square$$

예제와 같이 나눗셈을 거치면 분자의 차수가 분모의 차수보다 작은 유리함수의 적분만 해결하면 된다. 이제 이런 유리함수의 적분법에 대하여 알아보자.

앞에서 언급한 바와 같이 분모를 일차식 또는 이차식으로 인수분해되는 상황에 따라 네 가지의 형태로 나누어 설명하기로 하자. 즉,

(1) 서로 다른 일차식으로 인수분해되는 경우
(2) 중복된 일차식을 인수로 갖는 경우
(3) 서로 다른 이차인수를 갖는 경우
(4) 중복된 이차식을 인수로 갖는 경우

각 경우에 따라 주어진 유리함수를 적분하기 좋은 쉬운 함수의 합으로 바꾸어 적분하는데 이와 같이 더 쉬운 형태의 분수의 합의 형태를 부분분수라 한다.

1. 서로 다른 일차식으로 인수분해되는 경우

분모 $g(x)$가 $g(x)=(a_1x+b_1)(a_2x+b_2)\cdots(a_nx+b_n)$와 같이 서로 다른 일차식으로 인수분해될 경우 다음과 같이 부분분수로 표현한다.

$$\frac{f(x)}{g(x)}=\frac{A_1}{a_1x+b_1}+\frac{A_2}{a_2x+b_2}+\cdots+\frac{A_n}{a_nx+b_n}.$$

이 경우 상수 A_1, A_2, $\cdots$, A_n은 통분하여 계수비교를 통하여 구할 수 있다.

예제 5.3.2 유리식 $\dfrac{2x+3}{x^3+3x^2+2x}$를 부분분수로 나타내어라.

풀이 분모를 인수분해하여 표현하면

$$\frac{2x+3}{x^3+3x^2+2x}=\frac{2x+3}{x(x+1)(x+2)}=\frac{A_1}{x}+\frac{A_2}{x+1}+\frac{A_3}{x+2}$$

이다. 마지막 항을 통분하면

$$\frac{A_1(x+1)(x+2)+A_2x(x+2)+A_3x(x+1)}{x(x+1)(x+2)}$$

이다. A_1, A_2, A_3의 값을 결정하기 위하여 이 등식의 양변에 $x(x+1)(x+2)$를 곱해주면

$$2x+3 = A_1(x+1)(x+2) + A_2 x(x+2) + A_3 x(x+1)$$

이다.

식을 전개한 다음 내림차순으로 정리하여 다음을 얻는다.

$$2x+3 = (A_1+A_2+A_3)x^2 + (3A_1+2A_2+A_3)x + 2A_1$$

양변의 계수를 비교하면

$$A_1+A_2+A_3 = 0$$
$$3A_1+2A_2+A_3 = 2$$
$$2A_1 = 3$$

따라서 $A_1 = \frac{3}{2}$, $A_2 = -1$, $A_3 = -\frac{1}{2}$를 얻는다.

그러므로 다음과 같이 표현할 수 있다. 즉,

$$\frac{2x+3}{x^3+3x^2+2x} = \frac{3}{2x} - \frac{1}{x+1} - \frac{1}{2(x+2)}. \qquad \square$$

예제 5.3.3 $\int \frac{2x+3}{x^3+3x^2+2x}\,dx$를 구하여라.

풀이 예제 5.3.2와 같이 부분분수로 바꾸어 적분하면 된다. 즉,

$$\begin{aligned}\int \frac{2x+3}{x^3+3x^2+2x}\,dx &= \frac{3}{2}\int \frac{1}{x}dx - \int \frac{1}{x+1}dx - \frac{1}{2}\int \frac{1}{x+2}dx \\ &= \frac{3}{2}\ln|x| - \ln|x+1| - \frac{1}{2}\ln|x+2| + C. \qquad \square\end{aligned}$$

예제와 같이 부분분수로 바꾸어 표현하면 손쉽게 적분할 수 있다.

2. 중복된 일차식을 인수로 갖는 경우

분모 $g(x)$가 $(ax+b)^k$ $(k>1)$인 인수를 포함하며 인수분해될 경우 $k=1$일 때 $\frac{A}{ax+b}$항을 다음 식으로 대치한다.

$$\frac{A_1}{ax+b}+\frac{A_2}{(ax+b)^2}+\cdots+\frac{A_k}{(ax+b)^k}.$$

이 경우 상수 A_1, A_2, $\cdots$, A_k은 통분하여 계수비교를 통하여 구할 수 있다. 다음의 간단한 예제를 통해서 알아보자.

예제 5.3.4 유리식 $\frac{2x-1}{x(x+1)^2}$을 부분분수로 표현하여라.

풀이 반복이 없는 일차인수 x는 경우 1(서로 다른 일차식으로 인수분해되는 경우)과 같이 표현하고 인수 $x+1$는 반복된 일차인수이기 때문에 일차식 $x+1$이 두 번 중복되므로, 이 유리식은 다음과 같이 부분분수로 분해된다.

$$\frac{2x-1}{x(x+1)^2}=\frac{A}{x}+\frac{B_1}{x+1}+\frac{B_2}{(x+1)^2}.$$

우변을 통분하면

$$\frac{A(x+1)^2+B_1x(x+1)+B_2x}{x(x+1)^2}$$

이고 양변에 $x(x+1)^2$를 곱하면

$$\begin{aligned}2x-1&=A(x+1)^2+B_1x(x+1)+B_2x\\&=(A+B_1)x^2+(2A+B_1+B_2)x+A\end{aligned}$$

이고, 계수를 비교하면

$$\begin{aligned}A+B_1&=0\\2A+B_1+B_2&=2\end{aligned}$$

$$A = -1$$

연립방정식을 풀면 $A = -1$, $B_1 = 1$, $B_2 = 3$을 얻는다. 그러므로

$$\frac{2x-1}{x(x+1)^2} = -\frac{1}{x} + \frac{1}{x+1} + \frac{3}{(x+1)^2}$$

이다. □

예제 5.3.5 $\displaystyle\int \frac{2x-1}{x(x+1)^2}dx$를 구하여라.

풀이 예제 5.3.4에서와 같이 부분분수로 바꾸어 표현하면

$$\int \frac{2x-1}{x(x+1)^2}dx = -\int \frac{1}{x}dx + \int \frac{1}{x+1}dx + 3\int \frac{1}{(x+1)^2}dx$$

이다. 우변을 적분하면

$$\int \frac{2x-1}{x(x+1)^2}dx = -\ln|x| + \ln|x+1| - \frac{3}{x+1} + C$$

이다. □

이제 이차인수를 포함하는 경우의 부분분수에 대하여 알아보자.

3. 서로 다른 기약 이차인수를 갖는 경우

분모 $g(x)$가 $g(x) = (a_1x^2 + b_1x + c_1)(a_2x^2 + b_2x + c_2)\cdots(a_nx^2 + b_nx + c_n)$와 같이 서로 다른 기약 이차식으로 인수분해될 경우 다음과 같은 부분분수로 분해한다.

$$\frac{f(x)}{g(x)} = \frac{A_1x + B_1}{a_1x^2 + b_1x + c_1} + \frac{A_2x + B_2}{a_2x^2 + b_2x + c_2} + \cdots + \frac{A_nx + B_n}{a_nx^2 + b_nx + c_n}.$$

이 경우 상수 A_1, A_2, $\cdots$, A_n과 B_1, B_2, $\cdots$, B_n은 통분과 계수비교를 통하여 구할 수 있다. 다음 예제를 살펴보자.

예제 5.3.6 유리식 $\dfrac{x^2+2x+7}{x^3+x^2-2}$를 부분분수로 표현하여라.

풀이 분모를 인수분해하면 $x^3+x^2-2=(x-1)(x^2+2x+2)$이다. 이때 x^2+2x+2는 $b^2-4ac=-4<0$이므로 실수 범위에서 더 이상 인수분해되지 않는 기약 이차식이다. 경우 1에서처럼 반복되지 않는 일차식 $x-1$을 함께 고려하여 부분분수로 분해하면

$$\frac{x^2+2x+7}{x^3+x^2-2}=\frac{A}{x-1}+\frac{Bx+C}{x^2+2x+2}$$

으로 나타낼 수 있다. 통분하면

$$\frac{A(x^2+2x+2)+(Bx+C)(x-1)}{x^2+2x+2}$$

으로 쓸 수 있고 양변에 x^3+x^2-2를 곱하면

$$\begin{aligned} x^2+2x+7 &= A(x^2+2x+2)+(Bx+C)(x-1) \\ &= (A+B)x^2+(2A-B+C)x+2A-C \end{aligned}$$

이고 계수를 비교하면

$$\begin{gathered} A+B=1 \\ 2A-B+C=2 \\ 2A-C=7 \end{gathered}$$

이므로 $A=2$, $B=-1$, $C=-3$이다. 그러므로

$$\frac{x^2+2x+7}{x^3+x^2-2}=\frac{2}{x-1}-\frac{x+3}{x^2+2x+2}$$

을 얻는다. □

예제 5.3.7 $\displaystyle\int_{-1}^{0}\frac{x^2+2x+7}{x^3+x^2-2}dx$의 값을 구하여라.

풀이 예제 5.3.6으로부터 다음을 얻는다.

$$\int_{-1}^{0}\frac{x^2+2x+7}{x^3+x^2-2}dx=2\int_{-1}^{0}\frac{1}{x-1}dx-\int_{-1}^{0}\frac{x+3}{x^2+2x+2}dx.$$

우변의 첫 번째 항은 다음과 같이 쉽게 적분할 수 있다.

$$2\int_{-1}^{0}\frac{1}{x-1}dx=2\left[\ln|x-1|\right]_{-1}^{0}=-2\ln 2.$$

우변의 두 번째 적분을 계산하기 위하여 분자 $x+3$을 $\frac{1}{2}(2x+2)+2$로 나타내어 두 부분으로 나누어서 적분한다. 이때 분모 $(x^2+2x+2)'=2x+2$ 항을 포함하도록 나눈 것이다. 즉,

$$\frac{x+3}{x^2+2x+2}=\frac{1}{2}\frac{2x+2}{x^2+2x+2}+\frac{2}{x^2+2x+2}$$

으로 표현할 수 있다. 그러므로

$$\int_{-1}^{0}\frac{x+3}{x^2+2x+2}dx=\frac{1}{2}\int_{-1}^{0}\frac{2x+2}{x^2+2x+2}dx+2\int_{-1}^{0}\frac{1}{x^2+2x+2}dx$$

이다. 우선 우변의 첫 번째 항은 다음과 같이 적분할 수 있다.

$$\begin{aligned}\frac{1}{2}\int_{-1}^{0}\frac{2x+x}{x^2+2x+2}dx&=\frac{1}{2}\left[\ln|x^2+2x+2|\right]_{-1}^{0}\\&=\frac{1}{2}\ln 2.\end{aligned}$$

두 번째 항의 적분은 근호를 가지고 있지 않지만 분모를 완전제곱의 형태로 바꾸어 삼각치환을 하면 된다. 즉,

$$\int_{-1}^{0}\frac{1}{x^2+2x+2}dx=\int_{-1}^{0}\frac{1}{(x+1)^2+1}dx$$

로 바꾸고 $x+1=\tan t$로 치환하면 $dx=\sec^2 t\,dt$이므로

$$2\int_{-1}^{0}\frac{1}{(x+1)^2+1}dx=2\int_{0}^{\frac{\pi}{4}}\frac{1}{\sec^2 t}\sec^2 t\,dt$$

$$= 2\int_0^{\frac{\pi}{4}} 1\,dt = 2\frac{\pi}{4} = \frac{\pi}{2}$$

를 얻는다. 위의 결과를 종합하면 다음과 같다.

$$\int_{-1}^{0} \frac{x^2+2x+7}{x^3+x^2-2}dx = -2\ln 2 - \frac{1}{2}\ln 2 - \frac{\pi}{2} = -\frac{5}{2}\ln 2 - \frac{\pi}{2}. \quad \square$$

마지막으로 분모가 중복되는 이차인수를 포함하는 경우를 살펴보자.

4. 중복된 이차식을 인수로 갖는 경우

분모 $g(x)$가 $(ax^2+bx+c)^k$ $(k>1)$인 인수를 포함하며 인수분해될 경우 $k=1$일 때 $\frac{Ax+B}{ax^2+bx+c}$ 항을 다음 식으로 대치한다.

$$\frac{A_1x+B_1}{ax^2+bx+c} + \frac{A_2x+B_2}{(ax^2+bx+c)^2} + \cdots + \frac{A_kx+B_k}{(ax^2+bx+c)^k}.$$

이 경우 상수 $A_1, A_2, \cdots, A_k$ 및 $B_1, B_2, \cdots, B_k$은 통분과 계수비교를 통하여 구할 수 있다. 다음의 예제를 통해서 알아보자.

예제 5.3.8 유리식 $\frac{1+2x^2-x^3}{x(x^2+1)^2}$을 부분분수로 표현하여라.

풀이 중복되지 않는 일차인수 x를 고려하여 부분분수의 형태로 표현하면

$$\frac{1+2x^2-x^3}{x(x^2+1)^2} = \frac{A}{x} + \frac{B_1x+C_1}{x^2+1} + \frac{B_2x+C_2}{(x^2+1)^2}$$

으로 쓸 수 있다.

$$\begin{aligned} -x^3+2x^2+1 &= A(x^2+1)^2 + x(B_1x+C_1)(x^2+1) + x(B_2x+C_2) \\ &= (A+B_1)x^4 + C_1x^3 + (2A+B_1+B_2)x^2 + (C_1+C_2)x + A \end{aligned}$$

이므로

$$A+B_1=0,\ \ C_1=-1,\ \ 2A+B_1+B_2=2$$
$$C_1+C_2=0,\ \ A=1$$

이 성립한다. 따라서 $A=1,\ B_1=-1,\ C_1=-1,\ B_2=1,\ C_2=1$ 이다. 그러므로 다음과 같이 부분분수로 나타낼 수 있다.

$$\frac{1+2x^2-x^3}{x(x^2+1)^2}=\frac{1}{x}-\frac{x+1}{x^2+1}+\frac{x+1}{(x^2+1)^2}. \qquad \square$$

예제 5.3.9 $\displaystyle\int_1^{\sqrt{3}}\frac{1+2x^2-x^3}{x(x^2+1)^2}dx$ 의 값을 구하여라.

풀이 예제 5.3.8을 사용하여 적분을 바꾸어 쓰면

$$\begin{aligned}&\int_1^{\sqrt{3}}\frac{1+2x^2-x^3}{x(x^2+1)^2}dx\\&=\int_1^{\sqrt{3}}\frac{1}{x}dx-\int_1^{\sqrt{3}}\frac{x+1}{x^2+1}dx+\int_1^{\sqrt{3}}\frac{x+1}{(x^2+1)^2}dx\end{aligned}$$

이다. 우변의 두 번째 항은 예제 5.3.7과 같이

$$\int_1^{\sqrt{3}}\frac{x+1}{x^2+1}dx=\frac{1}{2}\int_1^{\sqrt{3}}\frac{2x}{x^2+1}dx+\int_1^{\sqrt{3}}\frac{1}{x^2+1}dx$$

으로 바꾸고 적분하면

$$\begin{aligned}&\frac{1}{2}\int_1^{\sqrt{3}}\frac{2x}{x^2+1}dx+\int_1^{\sqrt{3}}\frac{1}{x^2+1}dx\\&=\frac{1}{2}\left[\ln(x^2+1)\right]_1^{\sqrt{3}}+\int_{\frac{\pi}{4}}^{\frac{\pi}{3}}1d\theta\\&=\frac{1}{2}\ln 2+\frac{\pi}{12}\end{aligned}$$

이다. 우변의 세 번째 항은 피적분함수를 $\dfrac{x}{(x^2+1)^2}$과 $\dfrac{1}{(x^2+1)^2}$로 나누고, $\dfrac{x}{(x^2+1)^2}$의 적분은 $x^2+1=u$로 치환하면 $2x\,dx=du$이므

로 다음과 같이 적분할 수 있다.

$$\int_1^{\sqrt{3}} \frac{x}{(x^2+1)^2} dx = \frac{1}{2}\int_1^{\sqrt{3}} \frac{2x}{(x^2+1)^2} dx = \frac{1}{2}\int_2^4 \frac{1}{u^2} du$$
$$= -\frac{1}{2}\left[\frac{1}{u}\right]_2^4 = \frac{1}{8}.$$

$\frac{1}{(x^2+1)^2}$의 적분은 $x = \tan t$로 치환하여 적분하면

$$\int_1^{\sqrt{3}} \frac{1}{(x^2+1)^2} dx = \int_{\frac{\pi}{4}}^{\frac{\pi}{3}} \frac{\sec^2 t}{\sec^4 t} dt = \int_{\frac{\pi}{4}}^{\frac{\pi}{3}} \cos^2 t \, dt$$
$$= \frac{1}{2}\int_{\frac{\pi}{4}}^{\frac{\pi}{3}} (1+\cos 2t)\, dt$$
$$= \frac{1}{2}\left[t + \frac{\sin 2t}{2}\right]_{\frac{\pi}{4}}^{\frac{\pi}{3}} = \frac{1}{2}\left(\frac{\pi}{12} + \frac{1}{2}\left(\frac{\sqrt{3}}{2} - 1\right)\right)$$
$$= \frac{\pi}{24} + \frac{\sqrt{3}}{8} - \frac{1}{4}$$

를 얻는다.

위의 결과들을 정리하면

$$\int_1^{\sqrt{3}} \frac{1+2x^2-x^3}{x(x^2+1)^2} dx = \frac{1}{2}\ln 3 - \frac{1}{2}\ln 2 - \frac{\pi}{12} + \frac{1}{8} + \frac{\pi}{24} + \frac{\sqrt{3}}{8} - \frac{1}{4}$$
$$= \frac{1}{2}\ln\frac{3}{2} - \frac{\pi}{24} - \frac{1}{8} + \frac{\sqrt{3}}{8}$$

이다. □

분모가 이차인수를 갖는 경우는 정적분만을 다루었다. 부정적분의 경우는 역삼각함수의 개념이 필요하기 때문에 여기서는 다루지 않겠다. 물론 유리함수가 더 복잡해지는 경우는 계산이 매우 복잡하거나 불가능할 수도 있다. 여기에서는 유리함수의 적분을 어떻게 다루는지를 알게 하는 것이 목적이며 매우 복잡한 적분의 경우는 다양한 소프트웨어를 가지고 컴퓨터로 해결할 수 있다.

연 · 습 · 문 · 제 5.3

1. 예제 5.3.8의 유리식을 부분분수로 나타내어라.

2. 다음 적분을 구하여라.

(1) $\displaystyle\int \frac{1}{x^2-5x+6}\,dx$ (2) $\displaystyle\int \frac{1}{4x^2-9}\,dx$

(3) $\displaystyle\int \frac{1}{(x+1)^2(x-2)}\,dx$ (4) $\displaystyle\int \frac{3x^2-7x-2}{x^3-x}\,dx$

(5) $\displaystyle\int \frac{x^3-x+3}{x^2+x-2}\,dx$ (6) $\displaystyle\int \frac{x^3-6x^2-12}{(x^2-3x)(x^2+4)}\,dx$

3. 주어진 치환을 사용하여 다음 적분을 구하여라.

(1) $\displaystyle\int_1^2 \frac{1}{x\sqrt{x-1}}\,dx,\ \ u=\sqrt{x-1}$

(2) $\displaystyle\int \frac{\sin^2 x\cos x}{\sin x+1}\,dx,\ \ u=\sin x$

제6장

적분의 응용

6.1 곡선 사이의 넓이

폐구간 $[a, b]$에서 f가 연속이고 $f(x) \geq 0$일 때, $y = f(x)$의 그래프와 x축, 두 직선 $x = a$, $x = b$로 둘러싸인 영역의 넓이는 제4장에서 배운 정적분의 정의에 따라 $A = \int_a^b f(x)dx$이다.

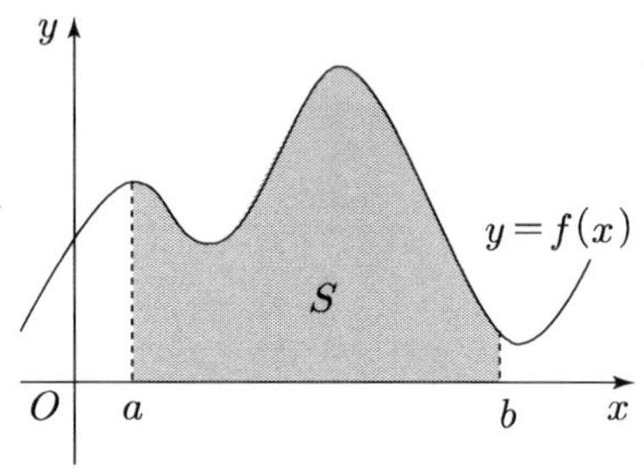

[그림 6.1]

함수 $f(x)$가 $f(x) \leq 0$이고 연속일 때 넓이는 $A = -\int_a^b f(x)dx$가 된다.

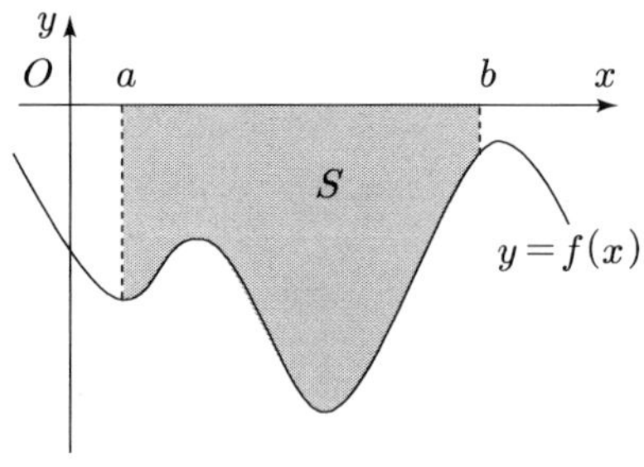

[그림 6.2]

위의 두 경우를 합해서 다음과 같이 말할 수 있다.

정리 6.1.1

폐구간 $[a, b]$에서 f가 연속일 때, $y=f(x)$의 그래프와 x축, 직선 $x=a$, $x=b$로 둘러싸인 영역의 넓이는 $A=\int_a^b |f(x)|dx$이다.

이제 두 함수의 그래프와 두 직선으로 둘러싸인 영역의 넓이를 구하는 문제에 대하여 생각해보자. 먼저

(1) 폐구간 $[a, b]$에서 $f(x) \geq g(x) \geq 0$인 경우

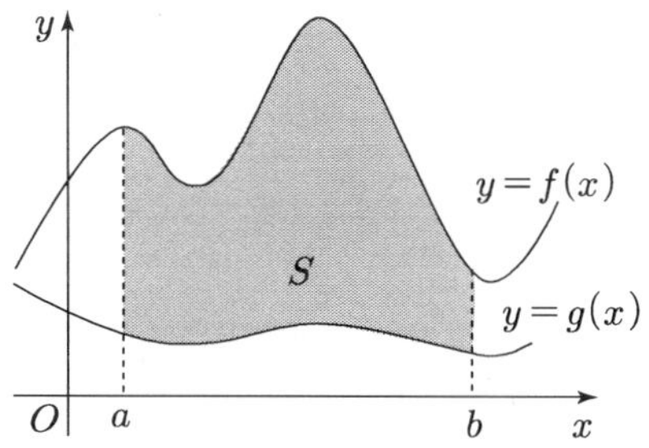

[그림 6.3]

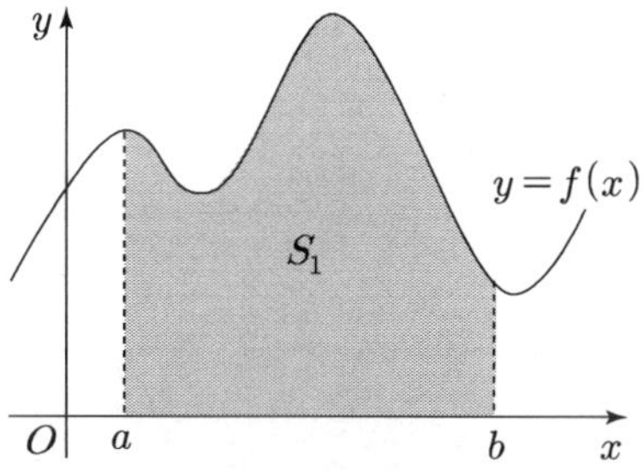

[그림 6.4]

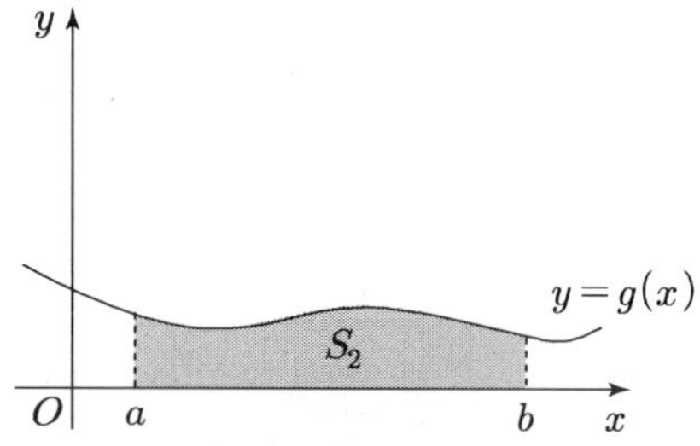

[그림 6.5]

위 그림에서 보듯이 S의 넓이는 $f(x)$의 그래프에 의해 만들어진 영역 S_1의 넓이에서 $g(x)$의 그래프에 의해 만들어진 영역 S_2의 넓이를 빼면 된다. 따라서

$$A=\int_a^b f(x)dx-\int_a^b g(x)dx=\int_a^b (f(x)-g(x))dx$$

이다.

(2) 폐구간 $[a,\ b]$에서 $f(x) \geq 0 \geq g(x)$인 경우

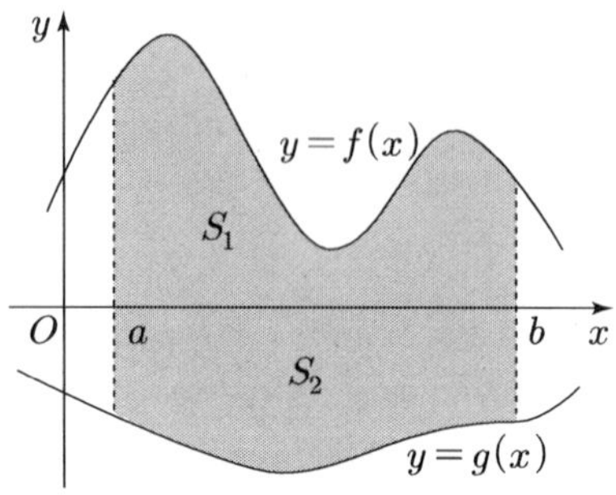

[그림 6.6]

두 함수의 그래프로 둘러싸인 영역은 S_1과 S_2이므로 각각의 넓이를 구해서 더하면 된다. $g(x)$가 구간에서 음수인 것에 주의하여 계산하면,

$$A = \int_a^b f(x)dx + \left[-\int_a^b g(x)dx\right] = \int_a^b (f(x) - g(x))dx$$

이다.

(3) 폐구간 $[a,\ b]$에서 $0 \geq f(x) \geq g(x)$인 경우

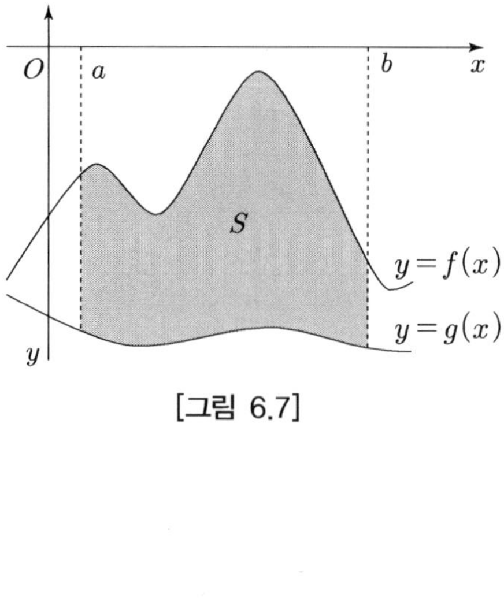

[그림 6.7]

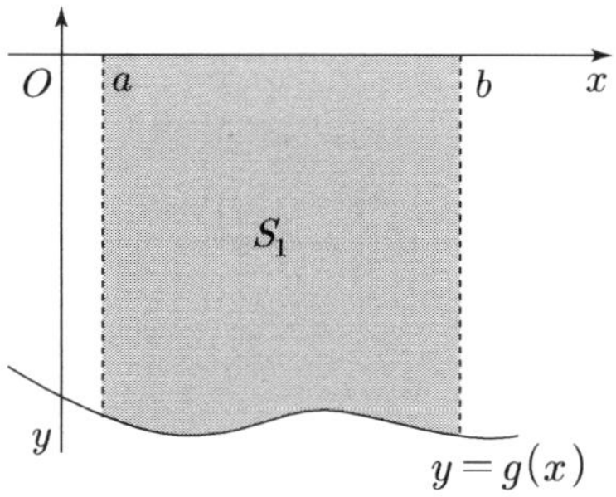

[그림 6.8]

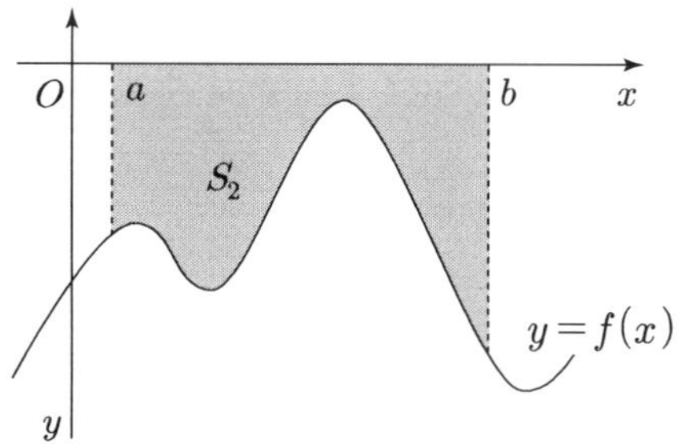

[그림 6.9]

영역 S의 넓이는 S_1의 넓이에서 S_2의 넓이를 빼면 된다. 두 함수가 모두 음수라는 점에 유의하여 계산하면

$$A = -\int_a^b g(x)dx - \left[-\int_a^b f(x)dx\right] = \int_a^b (f(x) - g(x))dx$$

이다. 따라서 어떠한 경우라도 그 결과는 다음과 같다.

정리 6.1.2

폐구간 $[a, b]$에서 f, g가 연속이고 부호에 관계없이 두 함수 사이의 대소 관계가 $f(x) \geq g(x)$이면 두 함수의 그래프와 직선 $x = a$, $x = b$로 둘러싸인 영역의 넓이는

$$A = \int_a^b (f(x) - g(x))dx$$

이다.

두 함수의 대소 관계가 반대가 되는 경우에는 위 적분에서 피적분함수가 음수가 되므로 정적분에 마이너스를 붙여주면 된다. 따라서 우리는 두 함수의 대소와 관계없이 다음 정리를 얻는다.

정리 6.1.3

폐구간 $[a, b]$에서 f, g가 연속일 때, $y=f(x)$, $y=g(x)$의 그래프와 직선 $x=a$, $x=b$로 둘러싸인 영역의 넓이는

$$A=\int_a^b |f(x)-g(x)|dx$$

이다.

예제 6.1.1 포물선 $y=x^2$과 직선 $y=x+6$으로 둘러싸인 영역의 넓이를 구하여라.

풀이 두 그래프의 교점의 x좌표는 방정식 $x^2=x+6$에서 $x=-2$, 3을 얻는다. 따라서 구하고자 하는 넓이는

$$A=\int_{-2}^{3}((x+6)-x^2)dx=\frac{125}{6}$$ □

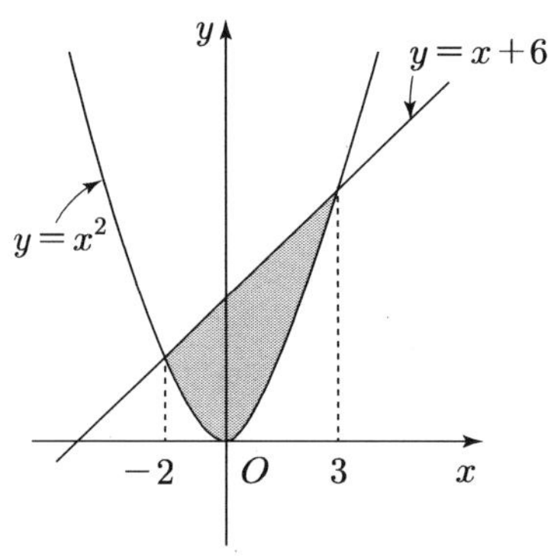

[그림 6.10]

예제 6.1.2 세 개의 함수 $y=\sqrt{x}$, $y=-x+6$, $y=1$로 둘러싸인 영역의 넓이를 구하여라.

풀이 [그림 6.11]로부터 교점의 x값을 구해보면 $x=1$, 4, 5를 얻는다. 구

하고자 하는 영역의 넓이는 영역 S_1의 넓이와 S_2의 넓이의 합이므로

$$A=\int_1^4(\sqrt{x}-1)dx+\int_4^5((-x+6)-1)dx=\frac{13}{6}$$

이다. □

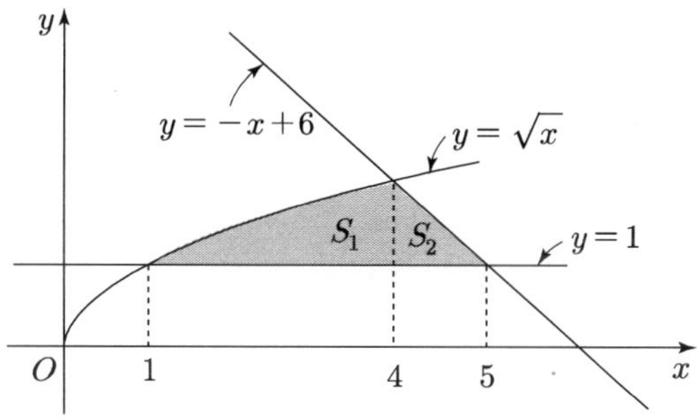

[그림 6.11]

같은 방법으로 y의 구간 $[c,\ d]$에서 $f(y)\geq g(y)$인 연속함수 $x=f(y),\ x=g(y)$의 그래프로 둘러싸인 영역의 넓이는

$$A=\int_c^d(f(y)-g(y))dy$$

이다. 예제 6.1.2에서 x에 관한 두 함수 $y=\sqrt{x}$와 $y=-x+6$을 y에 관한 함수 $x=y^2$과 $x=6-y$로 바꾸고, 두 함수의 교점의 y좌표 $y=1,\ 2$를 구해 위 식에 적용하면

$$A=\int_1^2((6-y)-y^2)dy=\frac{13}{6}$$

로 같은 값이 나온다.

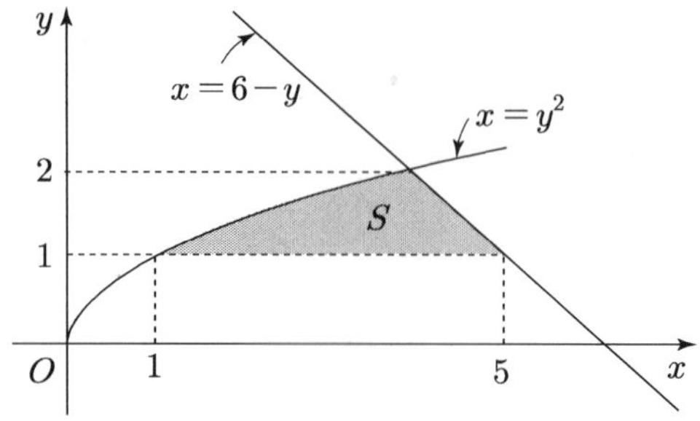

[그림 6.12]

예제 6.1.3 타원 $\dfrac{x^2}{a^2}+\dfrac{y^2}{b^2}=1\ \ (a>0,\ b>0)$의 내부의 넓이를 구하여라.

풀이 타원은 x축, y에 대해서 대칭이므로 타원의 넓이는 제1사분면에 있는 영역의 넓이의 4배이다. 제1사분면에서 타원의 방정식은 $y=\dfrac{b}{a}\sqrt{a^2-x^2}$ 이므로

$$A=4\int_0^a \frac{b}{a}\sqrt{a^2-x^2}\,dx=\frac{4b}{a}\int_0^a\sqrt{a^2-x^2}\,dx=\frac{4b}{a}\cdot\frac{\pi a^2}{4}=\pi ab$$

이다. 여기서 $\displaystyle\int_0^a\sqrt{a^2-x^2}\,dx$의 값은 반지름 a인 사분원의 넓이이다. □

연 · 습 · 문 · 제 6.1

EXERCISES

1. 다음 식으로 둘러싸인 영역의 넓이를 구하여라.

(1) $y=x^2,\ y=0,\ x=1,\ x=3$　　(2) $y=4x-x^2,\ y=0$

(3) $x=4-y^2,\ x=0$　　(4) $y=6x-x^2,\ y=x^2-2x$

6.2 부피

3차원 공간에 놓여 있는 입체 S의 부피를 구해보자.

구간 $[a,\ b]$를 동일한 길이를 갖는 n개의 부분구간으로 나누고 구간 내의 각 점 x에서 x축에 수직인 평면으로 (x축에 수직인 평면으로 식빵을 얇게 썬 것처럼) 입체를 자른 절단면의 넓이 $A(x)$가 x의 연속함수라고 하자.

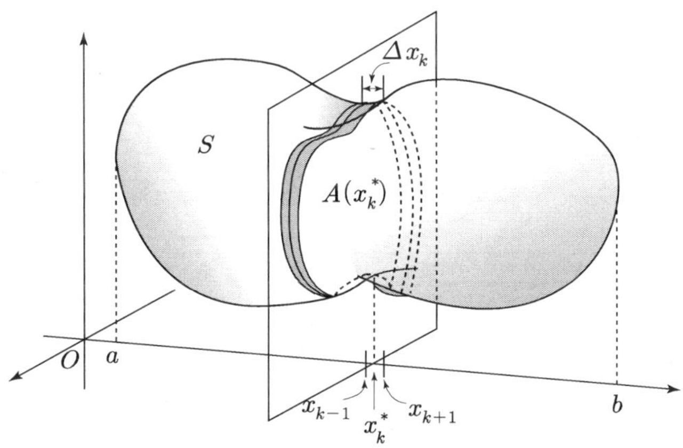

[그림 6.13]

k번째 구간의 표본점을 x_k^*라 하면 이 점을 지나는 절단면의 넓이는 $A(x_k^*)$이고 두께는 $\Delta x = \dfrac{b-a}{n}$이므로 그 조각의 근사적인 부피는 $A(x_k^*)\Delta x$이다. n개의 조각의 근사적인 부피를 합하면 $\sum_{k=1}^{n} A(x_k^*)\Delta x$이다. 이 식에서 n을 무한대로 보내는 극한을 취하면 다음 정의를 얻는다.

정의 6.2.1

S가 구간 $[a,\ b]$ 사이에 놓인 입체라 하자. 점 x를 지나고 x축에 수직인 평면으로 입체를 잘라 만들어진 절단면의 넓이 $A(x)$가 연속이면 S의 부피 V는

$$V = \lim_{n \to \infty} \sum_{k=1}^{n} A(x_k^*) \Delta x = \int_a^b A(x) dx$$

이다.

예제 6.2.1 구간 $[0, \pi]$에서 만들어진 입체가 밑면은 x축과 $y = \sin x$의 그래프로 둘러싸인 영역이고 x축에 수직인 단면은 정사각형인 입체의 부피를 구하여라.

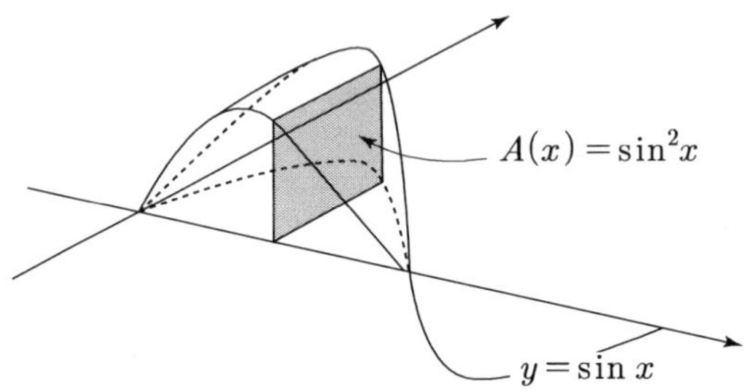

[그림 6.14]

풀이 x축에 수직인 평면으로 절단된 단면의 넓이는 $A(x) = \sin^2 x$이므로 부피는

$$V = \int_0^\pi \sin^2 x \, dx = \int_0^\pi \frac{1 - \cos 2x}{2} dx = \frac{\pi}{2}$$

이다. □

예제 6.2.2 한 변의 길이가 a인 정사각형이 밑면이고, 높이가 h인 각뿔의 부피를 구하여라.

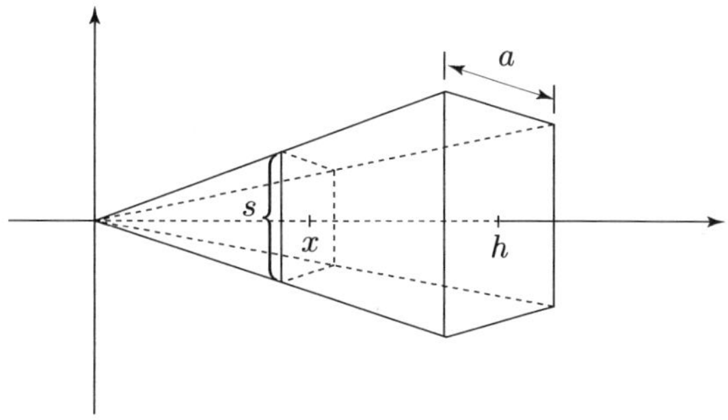

[그림 6.15]

풀이 점 x에서 y축에 평행한 평면으로 절단한 단면의 한 변의 길이를 s라 하면 삼각형의 비례식 $x:h=\frac{s}{2}:\frac{a}{2}$로부터 $s=\frac{ax}{h}$를 얻게 된다. 단면의 넓이는 $A(x)=s^2=\frac{a^2}{h^2}x^2$가 되므로 구하는 부피는

$$V=\int_0^h A(x)dx=\int_0^h \frac{a^2}{h^2}x^2\,dx=\frac{1}{3}a^2h$$

이다. 각뿔의 부피는 각기둥의 부피의 $\frac{1}{3}$이라는 공식을 확인할 수 있다. □

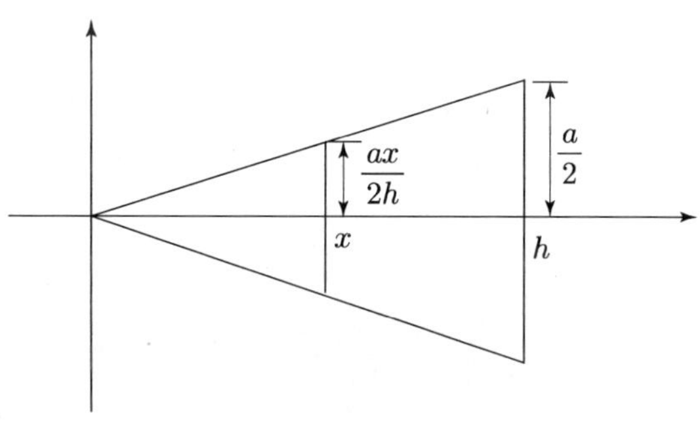

[그림 6.16]

회전체란 평면에 있는 영역을 x축이나 y축 또는 임의의 직선을 축으로 회전하여 생기는 입체를 말한다. 회전체의 절단면은 원판이므로 절단면의 넓이를 이용하여 회전체의 부피를 구할 수 있다.

함수 f가 구간 $[a, b]$에서 연속이라 하자. f의 그래프와 x축, 두 직선 $x=a$, $x=b$로 둘러싸인 영역을 x축으로 회전하여 만들어지는 회전체의 부피를 구해 보자.

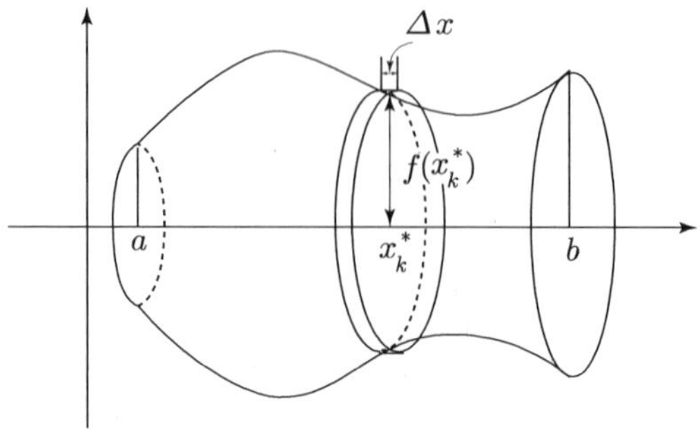

[그림 6.17]

구간 $[a, b]$를 n개의 동일한 크기를 갖는 부분구간으로 나누면 각 구간 $[x_{k-1}, x_k]$의 표본점 x_k^*에서 단면적이 $\pi(f(x_k^*))^2$이므로 정리에 의해

$$V=\lim_{n\to\infty}\sum_{k=1}^{n}\pi(f(x_k^*))^2\Delta x=\pi\int_a^b(f(x))^2\,dx$$

가 회전체의 부피이다.

정리 6.2.1

(1) 구간 $[a, b]$에서 연속인 함수 $y=f(x)$의 그래프와 두 직선 $x=a$, $x=b$와 x축으로 둘러싸인 영역을 x축으로 회전하여 만든 입체의 부피는

$$V=\pi\int_a^b(f(x))^2\,dx$$

이다.

(2) 구간 $[c, d]$에서 연속인 함수 $x=g(y)$의 그래프와 두 직선 $y=c$, $y=d$와 y축으로 둘러싸인 영역을 y축으로 회전하여 생기는 입체의 부피는

$$V=\pi\int_c^d(g(y))^2\,dy$$

이다.

예제 6.2.3 곡선 $y=\sqrt{x}$ 와 직선 $x=4$, x축으로 둘러싸인 영역을 x축으로 회전하여 만들어지는 회전체의 부피를 구하여라.

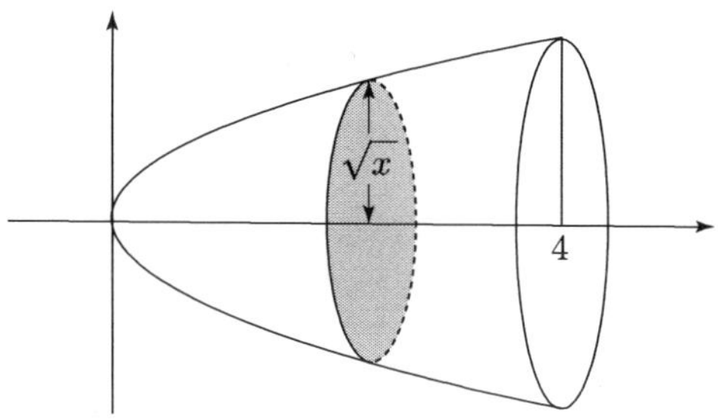

[그림 6.18]

풀이 적분 범위는 $[0,\ 4]$이고 x축 위의 임의의 점에서 만들어지는 수직 절단면은 반지름이 $\sqrt{x}$ 인 원판이므로

$$V=\pi\int_0^4(\sqrt{x})^2\,dx=8$$

이다. □

두 함수의 그래프 사이의 영역을 회전하여 만든 입체의 부피를 구하는 문제를 생각해보자.

정리 6.2.2

연속인 두 함수 $y=f(x)$와 $y=g(x)$가 구간 $[a,\ b]$에서 $f(x)\ge g(x)\ge 0$을 만족하면 구간 $[a,\ b]$에서 f와 g의 그래프 사이의 영역을 x축에 관해 회전하여 만든 입체의 부피는

$$V=\pi\int_a^b\left((f(x))^2-(g(x))^2\right)dx$$

이다.

(증명) 회전한 입체의 x축에 수직인 절단면의 넓이는 바깥쪽 반지름 r_{out}에 의해 만들어진 원판의 넓이에서 안쪽 반지름 r_{in}에 의해 만들어진 원판의 넓이를 빼서 얻어진다([그림 6.19] 참고). 따라서 단면의 넓이는

$$A(x) = \pi(r_{out}^2 - r_{in}^2) = \pi\big((f(x))^2 - (g(x))^2\big)$$

이고, 부피는

$$V = \int_a^b A(x)dx = \pi\int_a^b \big((f(x))^2 - (g(x))^2\big)\,dx$$

이다. ■

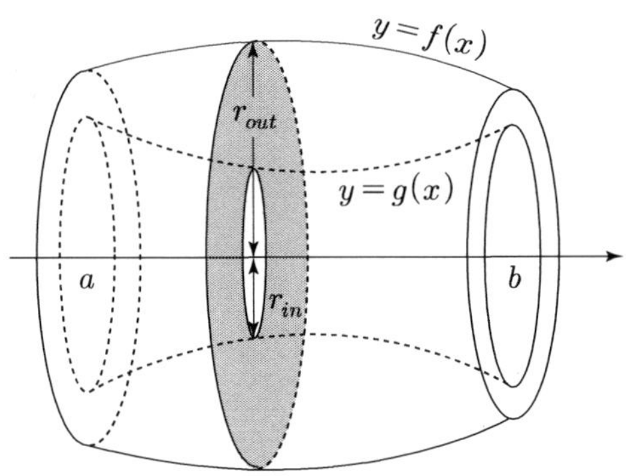

[그림 6.19]

예제 6.2.4 구간 $[0,\ 2]$에서 $f(x)=\dfrac{1}{2}+x^2$과 $g(x)=x$ 사이에 있는 영역을 x축으로 회전하여 만들어지는 입체의 부피를 구하여라.

풀이 주어진 구간에서는 $f(x) \geq g(x) \geq 0$이므로 부피는

$$V = \pi\int_0^2 \left(\left(\frac{1}{2}+x^2\right)^2 - x^2\right)dx = \pi\int_0^2 \left(\frac{1}{4}+x^4\right)dx$$

$$= \frac{69}{10}\pi$$

이다. □

연 · 습 · 문 · 제 6.2

EXERCISES

1. 주어진 함수의 그래프로 둘러싸인 영역을 회전하여 만들어지는 입체의 부피를 구하여라.

   (1) $y=\sqrt{x}$, $y=0$, $x=1$, x축 회전

   (2) $y=x^2$, $y=0$, $x=1$, x축 회전

   (3) $y=x^2$, $y=0$, $x=1$, y축 회전

   (4) $y=x^2$, $y=8-x^2$, y축 회전

6.3 속도, 거리와 적분

1. 직선 위의 운동

3.5절에서 위치함수가 $s(t)$인 물체가 직선운동을 할 때 그 물체의 속도는 $s'(t) = \mathrm{v}(t)$임을 배웠다. 따라서 $t=a$인 지점에서 $t=b$인 지점까지 P의 위치의 변화량은 미적분학의 기본정리에 의해 $\int_a^b \mathrm{v}(t)dt = s(b)-s(a)$가 된다. 이때 전체 이동거리는 $\int_a^b |\mathrm{v}(t)|dt$이다. 속도함수의 그래프를 이용해 생각해 보자.

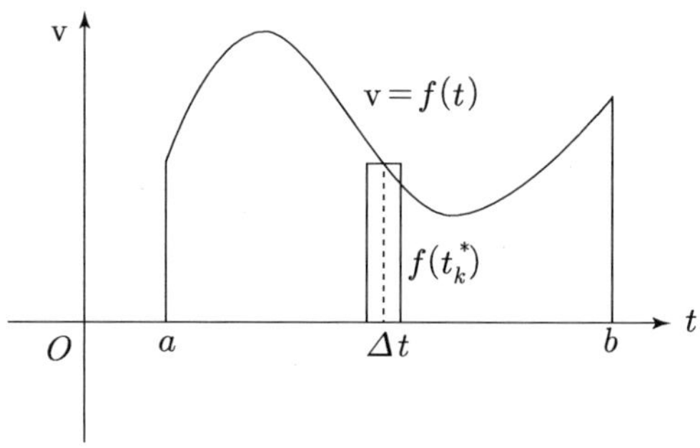

[그림 6.20]

일정한 속도로 움직인 경우 이동거리는 속도에 시간을 곱해주면 된다. 속도가 시간에 따라 변할 때 $\mathrm{v}=f(t) \ge 0$인 경우 속도함수의 그래프가 그려진 평면에서 시간 구간 $[a, b]$를 n개의 등분으로 나눈다. k번째 부분구간의 표본점 t_k^*일 때의 속도 $f(t_k^*)$에 부분구간의 크기 $\Delta t = \dfrac{b-a}{n}$를 곱하면 그 구간의 근사적인 이동거리이다([그림 6.20] 참고). 이런 부분구간의 거리의 합을 구한 다음 극한을 취하면 전체 이동거리 L이 얻어진다. 즉,

$$L = \lim_{n\to\infty}\sum_{k=1}^{n} f(t_k^*)\Delta t = \int_a^b f(t)\,dt$$

이다. 따라서 전체 이동거리는 속도함수의 그래프와 t축 사이의 영역의 넓이이다.

또 이 값은 속도가 양수일 때이므로 점 P의 위치의 변화량이기도 하다.

구간 내에서 속도 $f(t)$가 음수일 때에는 점의 운동이 반대방향이 되므로 위치의 변화량과 이동거리는 같지 않다. 그 구간에서는 속도함수의 그래프와 t축으로 둘러싸인 영역의 넓이와 정적분 값은 반대가 된다. 따라서 구간 전체에서 속도함수가 +−로 모두 변할 때 위치의 변화량은 그냥 적분해서 얻지만, 이동거리를 구할 때에는 함수에 절댓값을 붙여 양수로 만들어 적분하여 얻는다. 다음 예를 보자.

예제 6.3.1 직선 운동을 하는 점 P의 속도가 $\mathrm{v} = f(t) = 6 - t$일 때 구간 $0 \le t \le 10$에서 점 P의 위치의 변화량과 이동거리를 구하여라.

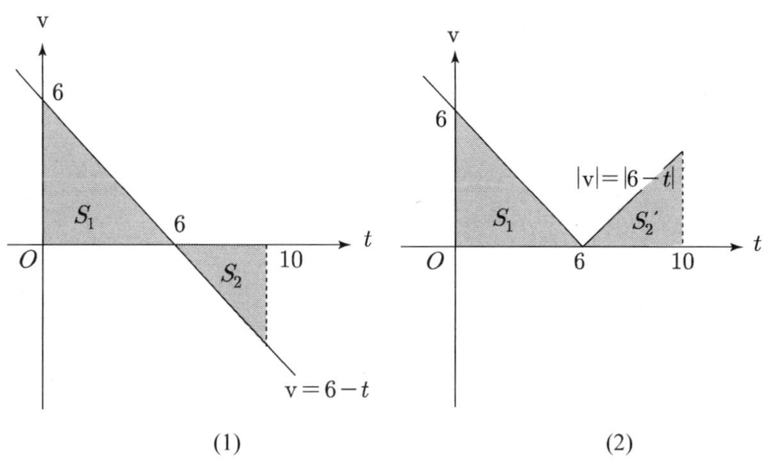

[그림 6.21]

풀이 $0 \le t \le 6$에서는 속도가 양수이므로 점의 위치는 그림 상의 S_1의 넓이만큼 이동한 거리이다. $6 \le t \le 10$에서는 속도가 음수이므로 직선 운동을 하던 점이 반대 방향으로 움직인다. 따라서 점의 위치의 변화량은 [그림 6.21] (1)에서 보듯이 S_2의 넓이만큼 빼야 하므로 v를 그냥 적분하고, 이동거리는 S_2의 넓이를 더해야 하므로 [그림 6.21] (2)에서 보듯이 |v|를 적분하여 S_2와 같은 넓이인 S_2'의 넓이를 더한다.

□

예제 6.3.2 x축 위를 움직이는 물체가 있다. 원점을 출발한 뒤 t초 후의 속도가 $\mathrm{v}=2t-t^2$일 때 t초 후의 위치를 구하여라. 또 3초 후의 위치와 3초 동안 움직인 거리를 구하여라.

풀이 t초 후의 위치는

$$x(t)=\int_0^t \mathrm{v}\,dt=\int_0^t (2t-t^2)dt=t^2-\frac{1}{3}t^3$$

이다. 따라서 3초 후의 위치는 위의 식에 $t=3$을 대입하면 된다.

$$x(3)=3^2-\frac{1}{3}\cdot 3^3=0$$

3초 동안 움직인 거리는

$$\int_0^3 |2t-t^2|dt=\int_0^2 (2t-t^2)dt+\int_2^3 (-(2t-t^2))dt=\frac{8}{3}$$

이다. □

2. 평면 위의 운동

평면 위를 움직이는 점 $P(x,\ y)$에 대해 $x=f(t),\ y=g(t),\ a\le t\le b$로 주어졌을 때 점의 이동거리는

$$L=\int_a^b |\mathrm{v}|dt=\int_a^b \sqrt{\left(\frac{dx}{dt}\right)^2+\left(\frac{dy}{dt}\right)^2}\ dt$$

로 주어진다. 여기서 $|\mathrm{v}|$는 속도 $\mathrm{v}=\left(\frac{dx}{dt},\ \frac{dy}{dt}\right)$의 크기이다.

연·습·문·제 6.3

EXERCISES

1. 지상 20m의 높이에서 수직으로 발사한 물체의 t초 후의 속도가 $v = 30 - 10t$ 일 때 최고점의 위치와 발사 후 5초 동안 움직인 거리를 구하여라.

6.4 호의 길이

폐구간 $[a,\ b]$에서 정의된 함수의 그래프의 길이 즉, 호의 길이를 구하는 문제를 생각해보자.

$[a,\ b]$를 동일한 크기의 부분구간으로 나누고 각 분할점에 대응하는 그래프 위의 점을 선분으로 연결하면 열린 다각형을 얻는다. 그래프의 길이는 이 열린 다각형의 길이로 근사시킬 수 있고 분할을 크게 잡을수록 그래프에 더 근접하는 열린 다각형이 된다. 따라서 호의 길이는 이 열린 다각형의 길이의 극한으로 정의한다.

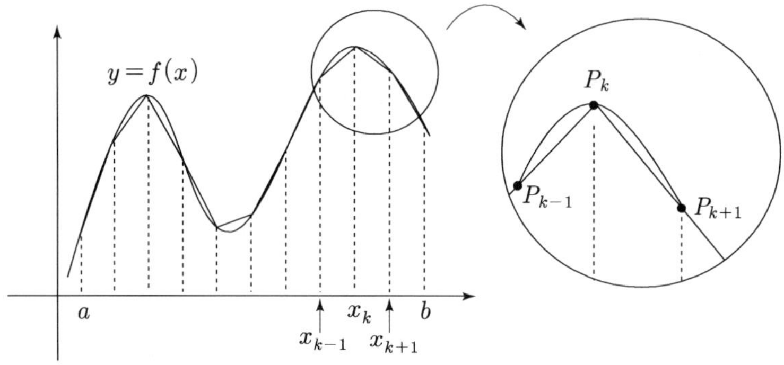

[그림 6.22]

구간 $[a,\ b]$를 n개의 동일한 크기의 부분구간으로 나누면, k번째 부분구간 $[x_{k-1},\ x_k]$에서 미분가능 함수 $y=f(x)$의 그래프 위의 두 점 $P_{k-1}(x_{k-1},\ f(x_{k-1}))$과 $P_k(x_k,\ f(x_k))$를 잇는 선분의 길이는

$$\overline{P_{k-1}P_k}=\sqrt{(x_k-x_{k-1})^2+(f(x_k)-f(x_{k-1}))^2}$$

이다. 구간 $[x_{k-1},\ x_k]$에 평균값 정리(정리 3.2.2)를 적용하면

$$f'(x_k^*)=\frac{f(x_k)-f(x_{k-1})}{x_k-x_{k-1}}$$

를 만족하는 점 x_k^*가 존재하고 이 점을 k번째 구간의 표본점으로 택한다.

$$f(x_k)-f(x_{k-1})=(x_k-x_{k-1})f'(x_k^*)$$

가 되고 $\Delta x=x_k-x_{k-1}>0$이므로

$$\overline{P_{k-1}P_k}=\sqrt{(x_k-x_{k-1})^2+((x_k-x_{k-1})f'(x_k^*))^2}=\sqrt{1+(f'(x_k^*))^2}\,\Delta x$$

이다. 각 부분구간에서 만들어진 선분의 길이를 모두 더하고 $n\to\infty$인 극한을 취하면 구간 $[a, b]$에서 함수의 그래프의 길이를 얻는다. 즉,

$$\lim_{n\to\infty}\sum_{k=1}^{n}\overline{P_{k-1}P_k}=\lim_{n\to\infty}\sum_{k=1}^{n}\sqrt{1+[f'(x_k^*)]^2}\,\Delta x=\int_a^b\sqrt{1+[f'(x)]^2}\,dx$$

이다. f가 연속인 도함수를 가질 경우 f를 **매끄럽다**(smooth)고 하는데 이런 함수의 경우 위의 극한이 존재하고 유일하므로 마지막 등호가 성립한다.

정의 6.4.1

[호의 길이 공식] 도함수 f'이 구간 $[a, b]$에서 연속이면, 함수 $y=f(x)$, $a\le x\le b$의 그래프의 길이는

$$L=\int_a^b\sqrt{1+[f'(x)]^2}\,dx$$

이다. 같은 방법으로 구간 $[c, d]$에서 g'이 연속인 함수 $x=g(y)$, $c\le y\le d$의 그래프의 길이는

$$L=\int_c^d\sqrt{1+\left(\frac{dx}{dy}\right)^2}\,dy=\int_c^d\sqrt{1+[g'(y)]^2}\,dy$$

이다.

예제 6.4.1 x의 구간이 $[1, 4]$일 때 곡선 $3y=2(x-1)^{3/2}$의 길이를 구하여라.

풀이 $y'=(x-1)^{1/2}$이므로 곡선의 길이는

$$L=\int_1^4\sqrt{1+(x-1)}\,dx=\int_1^4\sqrt{x}\,dx=\frac{14}{3}$$

□

함수의 그래프 위의 고정된 점에서 임의의 점까지의 호의 길이를 나타내는 함수를 구해보자.

매끄러운 곡선 C: $y = f(x)$, $a \le x \le b$ 위의 점 $P(a,\ f(a))$에서 $Q(x,\ f(x))$까지 C를 따라 잰 거리 s는 x의 함수가 되고 이 함수를 **호의 길이 함수**라고 부른다. 호의 길이 공식으로부터

$$s(x) = \int_a^x \sqrt{1+[f'(t)]^2}\, dt$$

이다. f가 매끄러운 곡선이므로 피적분함수 $\sqrt{1+[f'(t)]^2}$는 연속이 되고

$$\frac{ds}{dx} = \sqrt{1+[f'(x)]^2} = \sqrt{1+\left(\frac{dy}{dx}\right)^2}$$

이 된다. 따라서 호의 길이의 미분은

$$ds = \sqrt{1+\left(\frac{dy}{dx}\right)^2}\, dx$$

이다. 이 식은 $ds^2 = dx^2 + dy^2$으로 쓰기도 하고([그림 6.23] 참고)

$$ds = \sqrt{1+\left(\frac{dx}{dy}\right)^2}\, dy$$

로 나타내기도 한다.

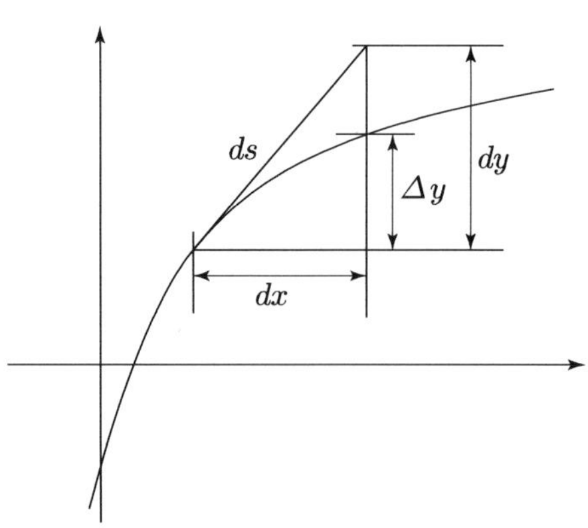

[그림 6.23]

호의 길이에 대한 미분(differential) ds를 사용하면 곡선의 길이를 구하는 공식에 도함수가 포함된 표현 대신에 다음과 같이

$$L=\int_a^b \sqrt{1+\left(\frac{dy}{dx}\right)^2}\, dx=\int_C ds$$

또는

$$L=\int_c^d \sqrt{1+\left(\frac{dx}{dy}\right)^2}\, dy=\int_C ds$$

의 간단한 공식을 얻을 수 있다.

예제 6.4.2 함수 $y=x^2-\frac{1}{8}\ln x$ 그래프 위의 점 $P_0(1,\ 1)$을 시점으로 호의 길이함수를 구하여라.

풀이 $y'=2x-\frac{1}{8x}$ 이므로

$$1+[f'(x)]^2=1+\left(2x-\frac{1}{8x}\right)^2=\left(2x+\frac{1}{8x}\right)^2$$

이고 따라서 $\sqrt{1+[f'(x)]^2}=2x+\frac{1}{8x}$ 이다. 그러므로 구하는 호의 길이 함수는

$$s(x)=\int_1^x \sqrt{1+[f'(t)]^2}\, dt\ =\int_1^x \left(2t+\frac{1}{8t}\right)dt=x^2+\frac{1}{8}\ln x-1$$

이다. □

위의 예에서 보듯이 시점은 호의 길이 함수에서 상수항만 결정하므로 출발점이 다른 호의 길이 함수는 상수차로 모두 같다.

연 · 습 · 문 · 제 6.4

EXERCISES

1. 주어진 곡선의 길이를 구하여라.

   (1) $y = \ln(\sec x)$, $0 \le x \le \dfrac{\pi}{4}$

   (2) $y^2 = x^3$, $1 \le x \le 4$

2. 시점을 $P_0\left(1,\ \dfrac{9}{16}\right)$로 하여 곡선 $y = \dfrac{x^4}{16} + \dfrac{1}{2x^2}$에 대한 호의 길이 함수를 구하여라.

제 7 장

매개변수방정식의 미적분

7.1 매개변수방정식의 미분 : 접선의 방정식과 곡선의 개형

x와 y가 매개변수라 불리는 제3의 변수 t의 연속함수로서 방정식 $x=f(t)$, $y=g(t)$로 주어졌을 때, 이 방정식을 **매개변수방정식**이라고 부른다. t가 변할 때, 점 $(x,\ y)=(f(t),\ g(t))$도 변하고 그 자취를 따라 곡선 C가 형성되는데, 우리는 이것을 매개변수곡선이라 부른다. 매개변수 t는 반드시 시간을 의미하는 것만은 아니다. 변수도 t 이외의 다른 문자를 써도 된다. 그러나 많은 매개변수곡선의 응용에 있어서 t는 시간을 나타낸다. 그러므로 $(x,\ y)=(f(t),\ g(t))$를 시간 t에 있어서 질점의 위치로 간주할 수 있다.

매개변수로 표시된 곡선의 그래프를 그리는 방법은 t값을 변화시킬 때마다 결정되는 x와 y의 값을 찾아 그것들을 연결하여 곡선을 그리는 방법과 매개변수 t를 소거하여 우리가 알고 있는 직교방정식으로 고쳐서 그리는 방법이 있다. 단, 이때 제한변역이 생기는가 확인한다.

예제 7.1.1 모든 t에 대하여 $x=1-2t$와 $y=-3+4t$에 의해 매개변수화된 곡선 C를 그리고 t가 증가함에 따라 움직이는 방향을 나타내어라.

풀이 1 t의 값이 증가할 때의 x, y 값을 구하여 곡선 C를 구해보면

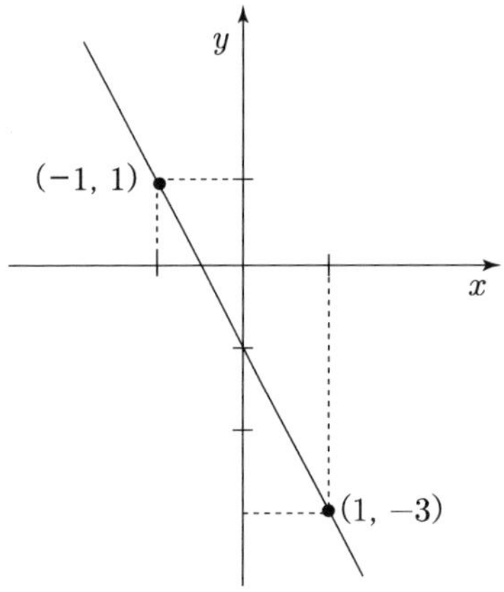

t	x	y
-2	5	-11
-1	3	-7
0	1	-3
1	-1	1
2	-3	5

앞의 그림과 같은 직선으로 방향은 위 왼쪽을 향한다.

풀이 2 t를 포함하지 않는 직교방정식으로 고치기 위해 첫 번째 매개변수방정식을 t에 대해 풀면 $t = \dfrac{1-x}{2}$을 얻는다. 두 번째 매개변수방정식에 t를 대입하여 $y = -3 + 4\left(\dfrac{1-x}{2}\right) = -1-2x$를 얻는다. 따라서 곡선 C는 기울기 -2, y절편 -1인 직선을 나타낸다. t가 증가하면 질점은 곡선 C 상의 위 왼쪽으로 움직인다. □

예제 7.1.2 $a > 0$이라 하자. $0 \le t \le 2\pi$에 대해 $x = a\cos t$, $y = a\sin t$인 매개변수방정식을 갖는 곡선 C는 무엇인가?

풀이 $x^2 + y^2 = a^2(\cos^2 t + \sin^2 t) = a^2$으로 t를 소거할 수 있다.

$t = 0$일 때 원 위의 점 $(a,\ 0)$, $t = \dfrac{\pi}{2}$일 때 $(0,\ a)$

$t = \pi$일 때 $(-a,\ 0)$, $t = \dfrac{3\pi}{2}$일 때 $(0,\ -a)$

$t = 2\pi$일 때 $(a,\ 0)$

이므로 곡선 C는 반지름이 a인 원을 시계 반대방향으로 한 바퀴 도는 곡선이다. □

예제 7.1.3 매개변수방정식 $x = \sin t$, $y = \sin^2 t$을 갖는 곡선을 그려라.

풀이 매개변수 t를 소거하면 $y = x^2$인 직교방정식을 얻는다. $-1 \le \sin t \le 1$이므로 $-1 \le x \le 1$이고 매개변수방정식은 $-1 \le x \le 1$에 대한 포물선 $y = x^2$의 일부분만을 나타낸다. $\sin t$는 주기적이므로 점 $(x,\ y) = (\sin t,\ \sin^2 t)$는 $(-1,\ 1)$에서 $(1,\ 1)$까지 포물선을 따라 앞뒤로 무한히 움직인다. □

매개변수방정식 $x = f(t)$, $y = g(t)$로 정의된 곡선은 매개변수를 소거하여 $y = F(x)$ 형으로 나타낼 수 있다. 방정식 $y = F(x)$에 $x = f(t)$와 $y = g(t)$를 대입하면, $g(t) = F(f(t))$가 되고, g, F, f가 미분가능하면, 연쇄법칙에 의하여

$$g'(t) = F'(f(t))f'(t) = F'(x)f'(t)$$

를 얻는다. $f'(t) \neq 0$이면 $F'(x)$에 대하여 풀 수 있다. 즉,

$$F'(x) = \frac{g'(t)}{f'(t)}$$

곡선 $y = F(x)$ 위의 점 $(x,\ F(x))$에서의 접선의 기울기가 $F'(x)$이기 때문에 위의 방정식은 매개변수를 제거하여 구체적인 $F(x)$를 구하지 않아도 매개변수곡선에 대한 접선을 구할 수 있다는 것을 뜻한다. 라이프니츠 표기법을 사용하여 쓰면, 다음과 같은 매개변수 미분법을 얻는다.

정리 7.1.1

$x = f(t)$, $y = g(t)$가 미분가능하고, $f'(t) \neq 0$이면

$$\frac{dy}{dx} = \frac{g'(t)}{f'(t)} = \frac{\frac{dy}{dt}}{\frac{dx}{dt}}$$

예제 7.1.4 매개변수방정식 $x = \dfrac{1-t}{1+t}$, $y = \dfrac{2t}{1+t}$에서 $\dfrac{dy}{dx}$을 t에 대한 식으로 나타내어라.

풀이 1 $x = \dfrac{1-t}{1+t}$에서 $\dfrac{dx}{dt} = \dfrac{-(1+t)-(1-t)}{(1+t)^2} = \dfrac{-2}{(1+t)^2}$

$y = \dfrac{2t}{1+t}$에서 $\dfrac{dy}{dt} = \dfrac{2(1+t)-2t}{(1+t)^2} = \dfrac{2}{(1+t)^2}$

그러므로 $\dfrac{dy}{dx} = \dfrac{\frac{dy}{dt}}{\frac{dx}{dt}} = \dfrac{\frac{2}{(1+t)^2}}{\frac{-2}{(1+t)^2}} = -1$이다.

풀이 2 $x = \dfrac{1-t}{1+t}$에서 $t = \dfrac{1-x}{1+x}$이므로

$$y=\frac{2\dfrac{1-x}{1+x}}{1+\dfrac{1-x}{1+x}}=\frac{\dfrac{2(1-x)}{1+x}}{\dfrac{2}{1+x}}=1-x$$

그러므로 $\dfrac{dy}{dx}=-1$이다. □

곡선의 오목, 볼록성을 판정하기 위해 $\dfrac{d^2y}{dx^2}$을 구해보는 것이 유용한데, 이것은 은 다음과 같이 주어진다.

정리 7.1.2

$$\frac{d^2y}{dx^2}=\frac{d}{dx}\left(\frac{dy}{dx}\right)=\frac{d}{dt}\left(\frac{dy}{dx}\right)\frac{dt}{dx}=\frac{\dfrac{d}{dt}\left(\dfrac{dy}{dx}\right)}{\dfrac{dx}{dt}}$$

위의 식에서 두 번째 등호에서는 연쇄법칙이, 세 번째 등호에서는 역함수 미분법이 각각 적용되었다.

예제 7.1.5 매개변수방정식 $x=\cos t,\ y=2\sin t\ \left(0<t<\dfrac{\pi}{2}\right)$에서 $\dfrac{dy}{dx},\ \dfrac{d^2y}{dx^2}$을 구하여라.

풀이 $\dfrac{dy}{dx}=\dfrac{\dfrac{dy}{dt}}{\dfrac{dx}{dt}}=\dfrac{2\cos t}{-\sin t}=-2\cot t$이고

$$\frac{d^2y}{dx^2}=\frac{d}{dx}\left(\frac{dy}{dx}\right)=\frac{\dfrac{d}{dt}\left(\dfrac{dy}{dx}\right)}{\dfrac{dx}{dt}}=\frac{2\csc^2 t}{-\sin t}=-2\csc^3 t$$

이다. □

연 · 습 · 문 · 제 7.1

EXERCISES

1. 다음의 매개변수방정식을 직교방정식으로 표현하고 곡선의 개형을 그려라.

   (1) $x = \sqrt{1-t^2},\ y = t \ (-1 \le t \le 1)$

   (2) $x = 2\sin t,\ y = 3\cos t \ \left(-\dfrac{\pi}{2} < t < \dfrac{\pi}{2}\right)$

   (3) $x = 4 + 3\cos t,\ y = 5 + 3\sin t \ (0 \le t \le 2\pi)$

2. 매개변수의 주어진 값에 대응하는 곡선 위의 점에서의 접선의 방정식을 구하여라.

   (1) $x = t^4 + 1,\ \ y = t^3 + t;\ \ t = -1$

   (2) $x = e^{\sqrt{t}},\ \ y = t - \ln t^2;\ \ t = 1$

   (3) $x = t - \dfrac{1}{t},\ \ y = t + \dfrac{1}{t};\ \ t = 2$

3. $\dfrac{dy}{dx},\ \dfrac{d^2y}{dx^2}$을 구하여라.

   (1) $x = t - e^t,\ \ y = t + e^t$

   (2) $x = 2\sin t,\ y = 3\cos t \ (0 < t < 2\pi)$

   (3) $x = \ln 3t,\ \ y = \sqrt{t^2+2}$

7.2 매개변수방정식의 적분: 곡선의 길이

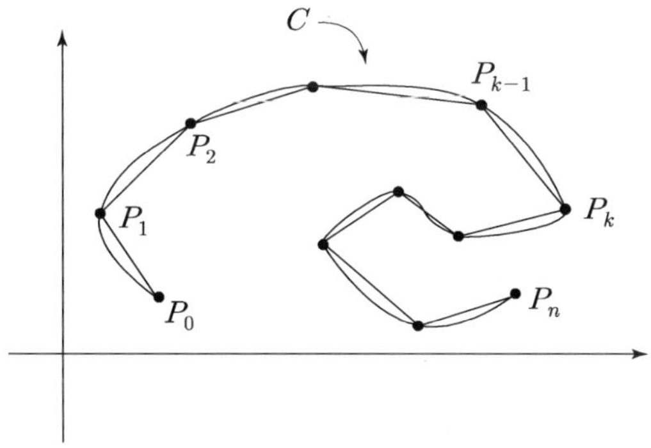

[그림 7.1]

곡선 C가 $x = f(t),\ y = g(t),\ a \le t \le b$와 같이 매개변수방정식으로 주어졌을 때는

$$\frac{dy}{dx} = \frac{\dfrac{dy}{dt}}{\dfrac{dx}{dt}} = \frac{g'(t)}{f'(t)}, \qquad dx = f'(t)dt$$

이므로 곡선의 길이 L은

$$\begin{aligned} L &= \int_a^b \sqrt{1 + \left(\frac{dy}{dx}\right)^2}\, dx = \int_a^b \sqrt{1 + \left(\frac{g'(t)}{f'(t)}\right)^2}\, |f'(t)|dt \\ &= \int_a^b \sqrt{f'(t)^2 + g'(t)^2}\, dt \end{aligned}$$

이다. 여기서 곡선 위의 점이 x축 음의 방향으로 이동하는 때도 있으므로 $dx = |f'(t)|dt$를 사용했다. 따라서

$$L = \int_a^b \sqrt{\left(\frac{dx}{dt}\right)^2 + \left(\frac{dy}{dt}\right)^2}\, dt$$

이 된다.

예제 7.2.1 구간 $[-1,\ 3]$에서 곡선 $x=2(2t+3)^{\frac{3}{2}},\ y=3(t+1)^2$의 길이를 구하여라.

풀이 $\dfrac{dx}{dt}=6(2t+3)^{\frac{1}{2}},\ \dfrac{dy}{dt}=6(t+1)$이므로

$$L=\int_{-1}^{3}\sqrt{36(2t+3)+36(t^2+2t+1)}\,dt=72$$

이다. □

연·습·문·제 7.2

EXERCISES

1. 매개변수방정식 $x=\cos t,\ y=\sin t,\ 0\le t\le 2\pi$로 주어지는 곡선의 길이를 구하여라.

2. 매개변수방정식 $x=a(t-\sin t),\ y=a(1-\cos t),\ 0\le t\le 2\pi$로 주어지는 곡선의 길이를 구하여라.

연습문제 해답 풀이

제1장 집합과 함수

연습문제 1.1

1. (1) $A \times B = \{(1,\ a),\ (2,\ a),\ (3,\ a),\ (1,\ b),\ (2,\ b),\ (3,\ b)\}$

   (2) $2^6 = 64$개

   (3) $\{(1,\ a),\ (2,\ a),\ (3,\ a)\},\ \{(1,\ a),\ (2,\ a),\ (3,\ b)\},$
   $\{(1,\ a),\ (2,\ b),\ (3,\ a)\},\ \{(1,\ b),\ (2,\ a),\ (3,\ a)\},$
   $\{(1,\ a),\ (2,\ b),\ (3,\ b)\},\ \{(1,\ b),\ (2,\ a),\ (3,\ b)\},$
   $\{(1,\ b),\ (2,\ b),\ (3,\ a)\},\ \{(1,\ b),\ (2,\ b),\ (3,\ b)\}$

2. (1) $\{x \mid -1 \le x \le 1\}$　　(2) $\{x \mid x$는 1 또는 -2가 아닌 실수$\}$

   (3) $\{x \mid 1 \le x \le 2$ 그리고 $x \ge 3\}$　　(4) $\{x \mid -1 \le x < 1,\ 1 < x \le 2\}$

3. (1)

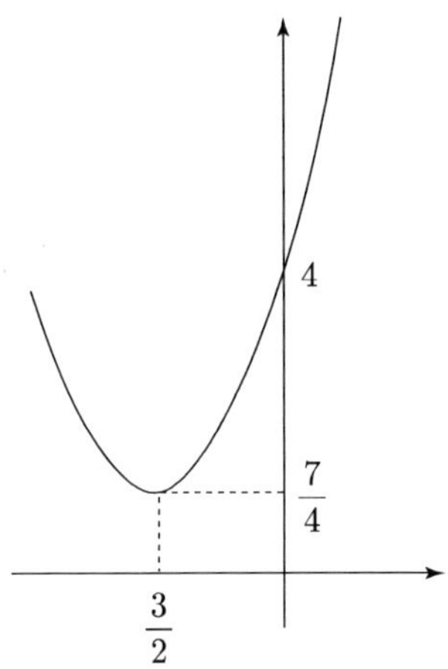

(2)

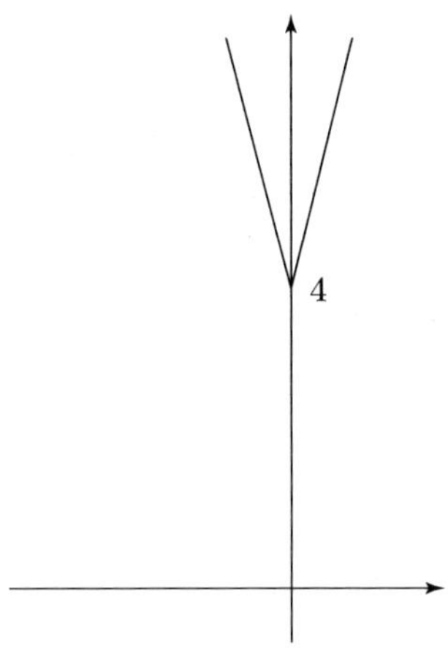

(3)

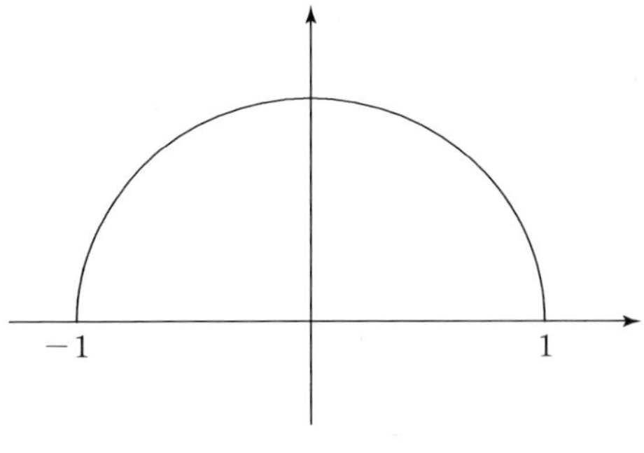

(4)

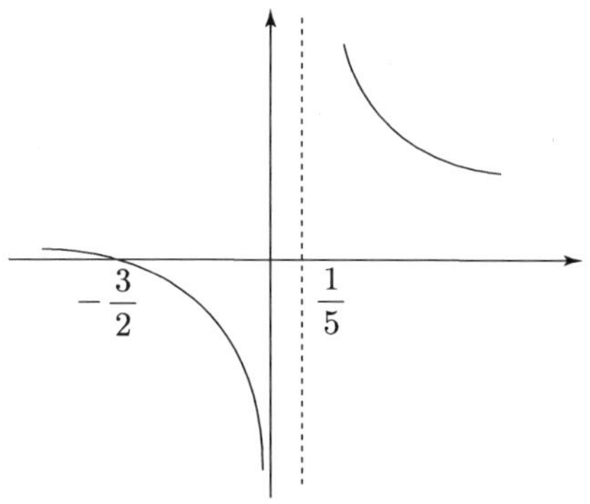

4. (1) $\{x \mid x$는 -1이 아닌 실수$\}$

(2) $\{x \mid x \le 1\}$

(3) $\{x \mid x \ge -3\}$

(4) $\{x \mid x$는 -1과 -2가 아닌 실수$\}$

5. (1) $y = \dfrac{x+1}{2x-1}$ (2) $y = 1-(x-2)^2$

(3) $y = (x-1)^2 - 3$ (4) $y = \dfrac{1}{x} - 2$

6. (1) $g(f(x_1)) = g(f(x_2))$라 하자. g가 일대일이므로 $f(x_1) = f(x_2)$이다. 그런데 f도 일대일이므로 $x_1 = x_2$이다. 그러므로 $g \circ f$도 일대일이다.

(2) f가 위로의 함수이므로 $g(f(X)) = g(Y)$이다. 그런데 g가 위로의 함수이므로 $g(Y) = Z$이다. 그러므로 $g(f(X)) = Z$이고 $g \circ f$ 또한 위로의 함수이다.

(3) 일대일이고 위로의 함수이므로 일대일 대응함수이며 그 역함수는 $f^{-1} \circ g^{-1}$이다.

(4) 아니다. $X = \{1, 2\}$, $Y = \{1, 2, 3\}$, $Z = \{1, 2\}$일 때 $f(1) = 1$, $f(2) = 2$라 하고 $g(1) = 1$, $g(2) = 2$, $g(3) = 2$라 하면 $g \circ f(1) = 1$이고 $g \circ f(2) = 2$이므로 $g \circ f$는 일대일이다. 그러나 g는 일대일이 아니다.

(5) 아니다. (4)와 같은 예를 생각해보자. $g \circ f$은 위로의 함수이지만 f는 위로의 함수가 아니다.

연습문제 1.2

1. (1) 1로 수렴 (2) $\dfrac{5}{3}$으로 수렴

(3) 0으로 수렴 (4) 발산

(5) 0으로 수렴

(6) 발산

(7) 0으로 수렴

(8) 0으로 수렴

(9) 0으로 수렴

(10) $\frac{1}{2}$로 수렴

2. 2

3. 3

연습문제 1.3

1. (1) 5

(2) $\frac{1}{2}$

(3) 27

(4) 32

(5) 8

(6) $-\frac{1}{4}$

(7) $-\frac{1}{2}$

(8) 1

2. $x > 0$일 경우 $-x^3 < x^3\cos\left(\frac{3}{2x}\right) < x^3$이므로 압축정리에 의해

$$\lim_{x \to 0^+} x^3\cos\left(\frac{3}{2x}\right) = 0$$

이다. $x < 0$일 경우 $x^3 < x^3\cos\left(\frac{3}{2x}\right) < -x^3$이고 압축정리에 의해

$$\lim_{x \to 0^-} x^3\cos\left(\frac{3}{2x}\right) = 0$$

이므로 원하는 결과를 얻을 수 있다.

3. (1) -6

(2) 0

4. $a = -\frac{3}{2}$일 때 $-\frac{1}{2}$로 수렴

연습문제 1.4

1. $\csc x = \dfrac{1}{\sin x}$이므로 정리 1.3.7의 (3)에 의해 $\sin x \neq 0$인 점에서 연속 $\sec x$와 $\cot x$도 같은 방법으로 증명할 수 있다.

2. (1) $\sin(x+h) = \sin x \cos h + \cos x \sin h$이므로 이를 대입하여 정리하면 다음을 얻는다.

$$\frac{1}{h}(\sin(x+h) - \sin x) = \sin x \frac{\cos h - 1}{h} + \cos x \frac{\sin h}{h}.$$

(2) (1)과 유사하게 $\cos(x+h) = \cos x \cos h - \sin x \sin h$를 사용하면 된다.

3. (1) $x = n\pi + (-1)^{n+1}\dfrac{\pi}{6}$ (2) $n\pi - \dfrac{\pi}{4},\ n\pi + \dfrac{\pi}{3}$

4. (1) $0 \leq x < \dfrac{\pi}{4},\ \dfrac{5\pi}{4} < x \leq 2\pi$ (2) $\dfrac{\pi}{6} \leq x \leq \dfrac{11\pi}{6}$

(3) $0 < x < \dfrac{\pi}{3}$

5. (1) 0 (2) 0

연습문제 1.5

1. (1)

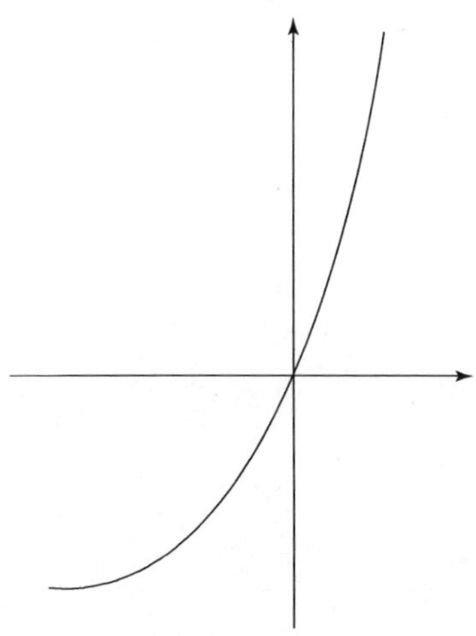

(2)

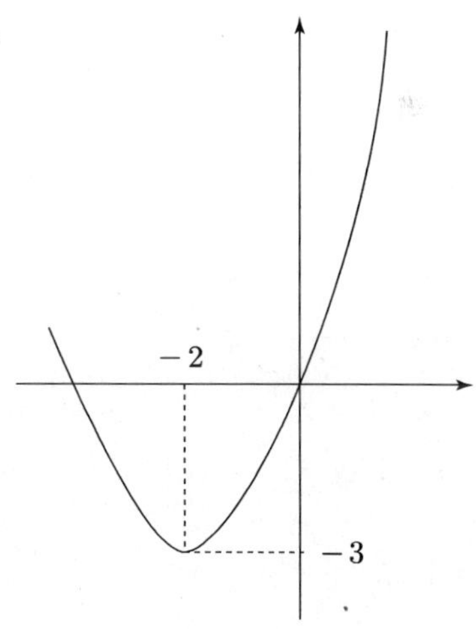

(3)

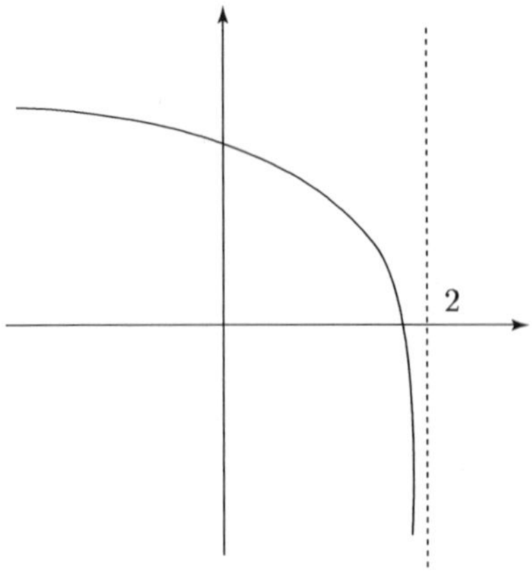

(4)

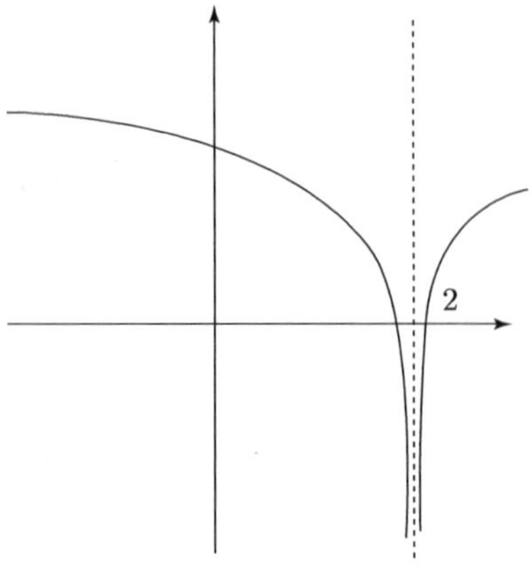

2. (1) e^e (2) e^{e^2}

3. (1) 발산 또는 ∞ (2) 0

(3) 1 (4) 1

(5) $\log_2 e$ (6) $\ln a$

4. (1) $\{x \mid x > -1\}$, $y = e^x - 1$ (2) 실수 전체, $y = \sqrt[3]{\log_a x}$

(3) 실수 전체, $y = \log_2\left(\frac{x}{1-x}\right)$ (4) 실수 전체, $y = \ln\left(x + \sqrt{x^2+1}\right)$

제2장 미분법

연습문제 2.1

1. $\frac{f(3)-f(1)}{3-1} = 14$

2. 접선의 방정식: $y = 7x - 12$, 법선의 방정식: $y = -\frac{1}{7}x + \frac{16}{7}$

3. (1) 13 (2) $-\frac{1}{16}$

(3) $-\frac{1}{4}$ (4) $\frac{1}{5}$

4. $f'(0) = \lim_{h\to 0} \frac{f(0+h)-f(0)}{h} = \lim_{h\to 0} \frac{h|h|}{h} = \lim_{h\to 0} |h| = 0$이므로 존재하고 $f'(0) = 0$이다.

5. 최대 정수함수는 모든 정수에서 연속이 아니므로 그곳에서 미분계수가 존재하지 않는다.

6. $f'(0) = \lim_{h\to 0} \frac{f(0+h)-f(0)}{h} = \lim_{h\to 0} \frac{(h^2-3|h|+2)-2}{h} = \lim_{h\to 0} \frac{h^2-3|h|}{h}$에서 $h\to 0^+$일 때의 극한값, 즉 우측 미분계수는 -3이고, $h\to 0^-$일 때의 극한값, 즉 좌측 미분계수는 3이므로 주어진 함수는 $x=0$에서 미분가능하지 않다.

7. (1) $f'(a)$ (2) $f(a)-af'(a)$

8. $f'(0) = \lim_{h\to 0} \frac{f(0+h)-f(0)}{h} = \lim_{h\to 0} \frac{h^2 \sin \frac{1}{h}}{h} = \lim_{h\to 0} h \sin \frac{1}{h} = 0$

(맨 마지막 등호는 압축정리를 이용한다.)

9. $x=1$에서 미분가능하면 연속이므로 $f(1) = a = \lim_{x\to 1^{-1}} \{(x-2)^2 + b\} = 1+b$가 성립한다. 한편 $f'(1)$이 존재하므로

$$\begin{aligned} f'(1) &= \lim_{h\to 0} \frac{f(1+h)-f(1)}{h} = \lim_{h\to 0^+} \frac{a(1+h)^2 - a}{h} \\ &= \lim_{h\to 0^-} \frac{\{(1+h-2)^2+b\} - \{1+b\}}{h} \end{aligned}$$

이어야 한다. 즉, $\lim_{h\to 0^+}(2a+ah) = \lim_{h\to 0^-}(h-2)$로 $2a = -2$가 성립하여야 한다. 그러므로 $a=-1$, $b=2$이다.

연습문제 2.2

1. (1) $y' = 2x(x+3)(5-x^2) + (x^2-1)(5-x^2) + (x^2-1)(x+3)(-2x)$

(2) $y' = -4x^{-5}$ (3) $y' = \frac{-3}{(2+x)^2}$

(4) $y' = \frac{x+1}{2x\sqrt{x}}$ (5) $y' = 2x - \frac{1}{\sqrt{x}}$

(6) $y' = \frac{4x}{(1-x^2)^2}$

2. $f'(x)=\dfrac{1}{2\sqrt{x}}g(x)+\sqrt{x}\,g'(x)$이므로 $f'(4)=\dfrac{g(4)}{4}+2g'(4)=16$이다.

3. $y'=\dfrac{-7}{(1+3x)^2}$, $y''=\dfrac{42}{(1+3x)^3}$

4. $y'=\dfrac{8}{x^3}$이므로 접선의 기울기는 -1이다.

   그러므로 접선의 방정식은 $y-4=-(x+2)$, 즉 $y=-x+2$이다.

5. 처음 몇 개의 고계도함수들을 구해보면 $f(x)=x^{-1}$에서

$$f'(x)=-x^{-2},\ f''(x)=2x^{-3},\ f'''(x)=-3\cdot 2x^{-4},\ \cdots$$

   이므로 규칙성을 찾아보면 $f^{(n)}(x)=(-1)^n n!\,x^{-(n+1)}=\dfrac{(-1)^n n!}{x^{n+1}}$이다.

6. $f'(0)=\displaystyle\lim_{h\to 0}\frac{f(0+h)-f(0)}{h}=\begin{cases}\displaystyle\lim_{h\to 0^+}\frac{h^2}{h}=0\\ \displaystyle\lim_{h\to 0^-}\frac{0-0}{h}=0\end{cases}$

   이므로 $f'(x)=\begin{cases}2x, & x>0\\ 0, & x\le 0\end{cases}$ 이다.

연습문제 2.3

1. (1) $y'=3x^2\cot x-x^3\csc^2 x$
   (2) $f'(x)=\dfrac{\sec x\tan x}{(1+\sec x)^2}$
   (3) $y'=\dfrac{x\cos x-2\sin x}{x^3}$
   (4) $f'(x)=\sec x(\tan^2 x+\sec^2 x)$
   (5) $y'=2x(\cos x-\csc x)+x^2(-\sin x+\csc x\cot x)$
   (6) $f'(x)=\sec x+x\sec x\tan x+\csc^2 x$

2. $y'=\cos x-x\sin x|_{x=\pi}=-1$이므로 접선의 방정식은 $y+\pi=-(x-\pi)$에서 $y=-x$이다. 비슷하게 법선의 방정식을 구해보면 $y=x-2\pi$이다.

3. $\dfrac{d}{dx}(\csc x)=\dfrac{d}{dx}\left(\dfrac{1}{\sin x}\right)=\dfrac{-\cos x}{\sin^2 x}=-\dfrac{\cos x}{\sin x}\dfrac{1}{\sin x}=-\csc x\cot x$

4. $\dfrac{d}{dx}(\cot x)=\dfrac{d}{dx}\left(\dfrac{1}{\tan x}\right)=\dfrac{-\sec^2 x}{\tan^2 x}=-\dfrac{1}{\cos^2 x}\dfrac{\cos^2 x}{\sin^2 x}$

$$=-\frac{1}{\sin^2 x}=-\csc^2 x$$

5. (1) 3 (2) ∞

(3) $\frac{1}{3}$ (4) 2

연습문제 2.4

1. (1) $y' = \frac{6\sin 3x \cos 3x}{(1-\cos 3x)^2} = \frac{3\sin 6x}{(1-\cos 3x)^2}$

(2) $y' = \cos(x+\cos x)(1-\sin x)$

(3) $y' = -2\csc 2x(-\csc 2x \cot 2x)(2) = 4\csc^2 2x \cot 2x$

(4) $y' = 2\cot(\sin x)(-\csc^2(\sin x))(\cos x)$

$= -2\cos x \cot(\sin x)\csc^2(\sin x)$

(5) $y' = \cos(\tan\sqrt{\cos x})(\sec^2\sqrt{\cos x}) \cdot \frac{-\sin x}{2\sqrt{\cos x}}$

(6) $y' = \sec\left(\frac{1}{x^2+2x}\right)\tan\left(\frac{1}{x^2+2x}\right)\frac{d}{dx}(x^2+2x)^{-1}$

$= \sec\left(\frac{1}{x^2+2x}\right)\tan\left(\frac{1}{x^2+2x}\right) \cdot -(x^2+2x)^{-2}(2x+2)$

$= -\frac{2x+2}{(x^2+2x)^2}\sec\left(\frac{1}{x^2+2x}\right)\tan\left(\frac{1}{x^2+2x}\right)$

(7) $y' = \frac{\sqrt{x+1}}{2\sqrt{x-1}}\frac{2}{(x+1)^2} = \frac{1}{2\sqrt{x-1}\,(x+1)^{\frac{3}{2}}} = \frac{1}{2\sqrt{(x-1)(x+1)^3}}$

(8) $y' = 3x^2\tan 2x + 2x^3\sec^2 2x$

(9) $y' = ((x^4+1)^{-3})' = -3(x^4+1)^{-4}(4x^3) = -\frac{12x^3}{(x^4+1)^4}$

(10) $y' = \cos\sqrt{x^2+1} \cdot \frac{2x}{2\sqrt{x^2+1}} = \frac{x\cos\sqrt{x^2+1}}{\sqrt{x^2+1}}$

2. $y' = \cos(\cos x)(-\sin x)|_{x=\frac{\pi}{2}} = -1$이므로 접선의 방정식은 $y-0 = -\left(x-\frac{\pi}{2}\right)$에서 $y = -x+\frac{\pi}{2}$이다.

3. $g'(x) = f'(x^2\sin x)(2x\sin x + x^2\cos x)$이므로 $g'(0) = f'(0) \cdot 0 = 0$이다.

4. (1) $f'(x) = 2x\,g'(x^2+g(2))$

(2) $f'(x) = 2x\,g(1)\,g'(x^2 g(1))$

(3) $f'(x) = g'(x^2 + g(x))(2x + g'(x))$

(4) $f'(x) = g'(x^2 g(x))(2x\,g(x) + x^2 g'(x))$

5. $x° = x \times 1° = x \times \dfrac{\pi}{180} = \dfrac{\pi x}{180}$ (라디안)이므로

$$\frac{d}{dx}(\sin x°) = \frac{d}{dx}\left(\sin \frac{\pi x}{180}\right) = \frac{\pi}{180}\cos\frac{\pi x}{180} = \frac{\pi}{180}\cos x°$$

연습문제 2.5

1. (1) $2yy' = 1$에서 $y' = \dfrac{1}{2y}$

(2) $y + 1 + xy' = 2y'$, $(2-x)y' = y+1$, $y' = \dfrac{y+1}{2-x}$

(3) $2x + 2yy' = 0$, $y' = -\dfrac{2x}{2y} = -\dfrac{x}{y}$

(4) $\dfrac{1}{2\sqrt{xy}}(y + xy') = 2xy + x^2 y'$, $\left(x^2 - \dfrac{\sqrt{x}}{2\sqrt{y}}\right)y' = \dfrac{\sqrt{y}}{2\sqrt{x}} - 2xy$

$y' = \dfrac{\sqrt{y}(\sqrt{y} - 2xy\sqrt{x})}{\sqrt{x}(x^2\sqrt{y} - \sqrt{x})}$

(5) $2xy^2 + 2x^2 yy' + \sin y + x\cos y\, y' = 0$,

$(2x^2 y + x\cos y)y' = -(2xy^2 + \sin y)$

$y' = -\dfrac{2xy^2 + \sin y}{2x^2 y + x\cos y}$

(6) $y + xy' = -\csc^2(xy)(y + xy')$, $(x + x\csc^2 xy)y' = -(y\csc^2 xy + y)$

$y' = -\dfrac{y(\csc^2 xy + 1)}{x(1 + \csc^2 xy)}$

(7) $-\dfrac{1}{x^2} - \dfrac{1}{y^2}y' = 0$, $y' = -\dfrac{y^2}{x^2}$

(8) $\sec^2\left(\dfrac{x}{y}\right)\left(\dfrac{1}{y} - x\dfrac{1}{y^2}y'\right) = 1 + y'$, $\left(1 + \dfrac{x\sec^2\left(\dfrac{x}{y}\right)}{y^2}\right)y' = \dfrac{\sec^2\left(\dfrac{x}{y}\right)}{y} - 1$

$y' = \dfrac{y\sec^2\left(\dfrac{x}{y}\right) - y^2}{y^2 + x\sec^2\left(\dfrac{x}{y}\right)}$

(9) $2(x^2+y^2)(2x+2yy')=2xy^2+2x^2yy,$

$(x^2y+2y^3)y' = -(xy^2+2x^3)$

$$y' = -\frac{xy^2+2x^3}{x^2y+2y^3} = -\frac{x(y^2+2x^2)}{y(x^2+2y^2)}$$

(10) $4(-\sin x \sin y + \cos x \cos y\, y') = 0,\ y' = \dfrac{\sin x \sin y}{\cos x \cos y} = \tan x \tan y$

2. 양변을 x에 대하여 미분하면, $6x^2 - 4\cos 4y\, y' = 2xy + x^2 y'$이다. 점 $(1,\ 0)$을 대입하여 y'을 구하면, $y' = \dfrac{6}{5}$이다. 그러므로 접선의 방정식은 $y = \dfrac{6}{5}(x-1) = \dfrac{6}{5}x - \dfrac{6}{5}$이다.

3. 양변을 x에 대하여 미분하면, $2x+2yy'=0$에서 $y' = \dfrac{-x}{y}$이다. 이계도함수를 구하기 위하여 다시 한 번 양변을 x에 대하여 미분하면 $y'' = \dfrac{-y+xy'}{y^2}$이고 $y' = \dfrac{-x}{y}$을 대입하면 $y'' = \dfrac{-y+x\left(\dfrac{-x}{y}\right)}{y^2} = \dfrac{\dfrac{-y^2-x^2}{y}}{y^2} = \dfrac{-(x^2+y^2)}{y^3}$을 얻는다. $x^2+y^2=9$이므로 대입하면 $y'' = -\dfrac{9}{y^3}$을 얻는다.

4. 음함수 미분법에 의하여 미분하면 $\dfrac{2x}{a^2} + \dfrac{2y}{b^2}y' = 0$, 즉 $y' = -\dfrac{2x/a^2}{2y/b^2}$이다.

점 $(x_0,\ y_0)$을 대입하면 접선의 기울기는 $-\dfrac{b^2x_0}{a^2y_0}$이므로 접선의 방정식은 $y-y_0 = -\dfrac{b^2x_0}{a^2y_0}(x-x_0)$이다. 통분하여 정리하면 $b^2x_0^2 + a^2y_0^2 = b^2x_0x + a^2y_0y$을 얻는다. 양변을 a^2b^2으로 나누면 $\dfrac{x_0^2}{a^2} + \dfrac{y_0^2}{b^2} = \dfrac{x_0x}{a^2} + \dfrac{y_oy}{b^2}$이다. $(x_0,\ y_0)$은 타원 위에 있는 점이므로 타원 방정식을 만족한다. 즉 $\dfrac{x_0^2}{a^2} + \dfrac{y_0^2}{b^2} = 1$이다. 그러므로 구하고자 하는 접선의 방정식은 $\dfrac{x_0x}{a^2} + \dfrac{y_oy}{b^2} = 1$이다.

연습문제 2.6

1. 그래프를 그려 수평선 판정을 하면 일대일 함수가 아니다.

2. $y=2x^2$에서 x를 y에 대하여 풀면 $x = \pm\sqrt{\dfrac{y}{2}}$이다. $x \ge 0$이어야 하므로

$x=\sqrt{\dfrac{y}{2}}$ 이고 x와 y를 바꾸면 역함수 $g(x)=\sqrt{\dfrac{x}{2}}=\dfrac{1}{\sqrt{2}}\sqrt{x}$ 을 얻는다.

3. (1) $f'(x)=3x^2$이고 $f(-1)=6$이므로 역함수 미분법에 의하여

$$(f^{-1})'(6)=\frac{1}{f'(-1)}=\frac{1}{3}$$

(2) $(f^{-1})'(0)=\dfrac{1}{f'(0)}=\dfrac{1}{2}$

(3) $(f^{-1})'(-2)=\dfrac{1}{f'(-1)}=\dfrac{1}{6}$

(4) $(f^{-1})'(2)=\dfrac{1}{f'(3)}=12$

4. (1) $\dfrac{dx}{dy}=\dfrac{1}{9x^8+7}$

(2) $y=f(x)=\sin x:\left(-\dfrac{\pi}{2},\ \dfrac{\pi}{2}\right)\to(-1,\ 1)$인 일대일 함수이므로 역함수 $x=f^{-1}(y):(-1,\ 1)\to\left(-\dfrac{\pi}{2},\ \dfrac{\pi}{2}\right)$가 존재한다. 역함수 미분법에 의하여 $\dfrac{dx}{dy}=\dfrac{1}{\dfrac{dy}{dx}}=\dfrac{1}{\cos x}$이고 $\cos x=\pm\sqrt{1-\sin^2 x}=\pm\sqrt{1-y^2}$ 이다.

x가 움직이는 범위가 $\left(-\dfrac{\pi}{2},\ \dfrac{\pi}{2}\right)$이므로 $\cos x$의 부호는 양수이다.

따라서 $\cos x=\sqrt{1-y^2}$ 이고 $\dfrac{dx}{dy}=\dfrac{1}{\cos x}=\dfrac{1}{\sqrt{1-y^2}}$이다.

연습문제 2.7

1. (1) $f'(x)=-\dfrac{1}{x^2}e^{\frac{1}{x}}$

(2) $f'(x)=2xe^x+x^2e^x$

(3) $y'=3e^{3x}\cos(e^{3x}+1)$

(4) $y'=\dfrac{\dfrac{1}{x}(1+\ln 3x)-\ln x\left(\dfrac{3}{3x}\right)}{(1+\ln 3x)^2}=\dfrac{1+\ln 3}{x(1+\ln 3x)^2}$

(5) $f'(x)=e^x\ln(\sin x)+e^x\dfrac{\cos x}{\sin x}=e^x(\ln(\sin x)+\cot x)$

(6) $y'=\dfrac{(e^x\cos x-e^x\sin x)(1+\sin x)-e^x\cos x(\cos x)}{(1+\sin x)^2}$

$$= \frac{e^x(\cos x + \sin x \cos x - \sin x - 1)}{(1+\sin x)^2}$$

(7) 로그 성질을 먼저 쓰면 $f(x) = 3\ln(2x+1) - \frac{1}{4}\ln(3x-1)$이다. 그러므로

$$f'(x) = 3\frac{2}{2x+1} - \frac{1}{4}\frac{3}{3x-1} = \frac{6}{2x+1} - \frac{3}{4(3x-1)}$$

(8) $f'(x) = \dfrac{-e^{-x} + e^{-x} - xe^{-x}}{e^{-x} + xe^{-x}} = \dfrac{-x}{1+x}$

(9) $f(x) = (\ln x)^{\frac{1}{3}}$이므로 $f'(x) = \dfrac{1}{3}(\ln x)^{-\frac{2}{3}}\dfrac{1}{x} = \dfrac{1}{3x\sqrt[3]{(\ln x)^2}}$

(10) $y' = e^{e^x}(e^x) = e^{e^x - x}$

2. $y' = 2e^{2x}$, $y'' = 2^2 e^{2x}$, $y''' = 2^3 e^{2x}$이므로 반복하면 $y^{(n)} = 2^n e^{2x}$

3. 음함수 미분법에 의하여 양변을 x에 대해 미분하면 $(e^{x^2 y}x^2 - 1)y' = 1 - 2xy\,e^{x^2 y}$ 에서 $y' = \dfrac{1 - 2xye^{x^2 y}}{x^2 e^{x^2 y} - 1}$이다.

4. $f'(x) = 1 + e^x$이고 $f(0) = 4$이므로 역함수 미분법에 의하여 $(f^{-1})'(4) = \dfrac{1}{f'(0)} = \dfrac{1}{2}$이다.

5. $y' = \dfrac{1}{\ln x} \cdot \dfrac{1}{x}\Big|_{x=e} = \dfrac{1}{e}$이므로 접선의 방정식은 $y = \dfrac{1}{e}(x-e) = \dfrac{1}{e}x - 1$이다.

6. 예제 2.2.5에 의하여

$$\begin{aligned} f^{(n)}(x) &= {}_nC_0 x^3 (e^x)^{(n)} + {}_nC_1 (x^3)'(e^x)^{(n-1)} + {}_nC_2 (x^3)''(e^x)^{(n-2)} \\ &\quad + {}_nC_3 (x^3)'''(e^x)^{(n-3)} + \cdots + {}_nC_n (x^3)^{(n)} e^x \\ &= x^3 e^x + n(3x^2)e^x + \frac{n(n-1)}{2}(6x)e^x + \frac{n(n-1)(n-2)}{3!}(6)e^x \\ &= \{x^3 + 3nx^2 + 3n(n-1)x + n(n-1)(n-2)\}e^x \end{aligned}$$

이다. 그러므로 $f^{(n)}(0) = n(n-1)(n-2)$이다.

연습문제 2.8

1. (1) $\lim_{x\to0}(1+3x)^{\frac{2}{x}} = \lim_{x\to0}\left[(1+3x)^{\frac{1}{3x}}\right]^{3x\cdot\frac{2}{x}} = e^6$

(2) $\lim_{n\to\infty}\left(1+\frac{2}{n}\right)^{3n} = \lim_{n\to\infty}\left[\left(1+\frac{2}{n}\right)^{\frac{n}{2}}\right]^{\frac{2}{n}\cdot3n} = e^6$

(3) $\lim_{n\to\infty}\left(\frac{n}{1+n}\right)^n = \lim_{n\to\infty}\left(\frac{n+1}{n}\right)^{-n} = \lim_{n\to\infty}\left[\left(1+\frac{1}{n}\right)^n\right]^{-1} = e^{-1} = \frac{1}{e}$

(4) $\lim_{x\to0}\frac{\ln(1+3x)}{2x} = \lim_{x\to0}\ln(1+3x)^{\frac{1}{2x}} = \lim_{x\to0}\ln\left[(1+3x)^{\frac{1}{3x}}\right]^{\frac{3x}{2x}}$

$= \ln\left[\lim_{x\to0}\left\{(1+3x)^{\frac{1}{3x}}\right\}^{\frac{3x}{2x}}\right] = \ln e^{\frac{3}{2}} = \frac{3}{2}$

(5) $\lim_{x\to0}(1-\tan x)^{\frac{1}{x}} = \lim_{x\to0}\left[(1+(-\tan x)^{-\frac{1}{\tan x}}\right]^{-\frac{\tan x}{x}} = e^{-1} = \frac{1}{e}$

2. (1) $y' = \ln 2\cdot 2^{-\frac{1}{x}}\left(\frac{1}{x^2}\right) = \frac{\ln 2}{x^2}2^{-\frac{1}{x}}$

(2) $y' = \frac{1}{\ln 10}\frac{1}{x}$

(3) $f'(x) = 5(3^x+3^{-x})^4(\ln 3\cdot3^x - \ln 3\cdot3^{-x})$

$= 5\ln 3(3^x+3^{-x})^4(3^x-3^{-x})$

(4) $f(x) = x^{\sin x} = e^{\ln x^{\sin x}} = e^{\sin x\ln x}$이므로

$$f'(x) = e^{\sin x\ln x}\left(\cos x\ln x + \frac{\sin x}{x}\right) = x^{\sin x}\left(\cos x\ln x + \frac{\sin x}{x}\right)$$

(5) $y = (\ln x)^x = e^{\ln(\ln x)^x} = e^{x\ln(\ln x)}$이므로

$$y' = e^{x\ln(\ln x)}\left(\ln(\ln x) + x\cdot\frac{1}{\ln x}\cdot\frac{1}{x}\right) = (\ln x)^x\left(\ln(\ln x) + \frac{1}{\ln x}\right)$$

(6) $y' = \frac{4^x - x\ln 4\cdot4^x}{4^{2x}} = \frac{1-x\ln 4}{4^x}$

(7) $y' = \ln a\cdot a^{x^2}(2x) = 2\ln a\cdot x\cdot a^{x^2}$

(8) $y' = \frac{1}{\ln a}\frac{\sec^2 x}{\tan x} = \frac{1}{\ln a}\frac{1}{\sin x \cos x}$

(9) $y' = \frac{\sec x \tan x + \sec^2 x}{\sec x + \tan x} = \frac{\sec x(\tan x + \sec x)}{\sec x + \tan x} = \sec x$

(10) $y' = 2x\log_2 x + x^2 \frac{1}{\ln 2}\frac{1}{x} = 2x\log_2 x + \frac{x}{\ln 2}$

(11) $y' = \frac{2x-2}{\ln 5(x^2-2x)} = \frac{2(x-1)}{x\ln 5(x-2)}$

(12) $y' = \ln 3 \cdot 3^{\sin x} \cdot \cos x$

3. $y' = \ln 10 \cdot 10^x |_{x=1} = 10 \ln 10$이므로 접선의 방정식은 $y - 10 = 10\ln 10(x-1)$, $y = 10\ln 10 x - 10\ln 10 + 10$이다.

4. $y = \frac{10^x}{10^x+1}$에서 x를 y에 대하여 풀면, $(10^x+1)y = 10^x$, $10^x(1-y) = y$, $10^x = \frac{y}{1-y}$, $x = \log_{10}\left(\frac{y}{1-y}\right)$이다. x와 y를 바꾸면 역함수는 $y = \log_{10}\left(\frac{x}{1-x}\right)$이다.

5. $(f^{-1}(g(x)))' = (f^{-1})'(g(x))g'(x)$이다. $f(x) = \ln x$의 역함수는 $f^{-1}(x) = e^x$이므로 $f^{-1}(g(x)) = f^{-1}(\sqrt{x^2+1}) = e^{\sqrt{x^2+1}}$이다.
그러므로 $\frac{d}{dx}(f^{-1} \circ g)(x) = e^{\sqrt{x^2+1}} \frac{2x}{2\sqrt{x^2+1}} \frac{2x}{2\sqrt{x^2+1}} = \frac{x^2 e^{\sqrt{x^2+1}}}{x^2+1}$이다.

6. 역함수 미분법에 의하여 $(f^{-1})'(e) = \frac{1}{f'(1)} = \frac{1}{e + \frac{1}{2}} = \frac{2}{2e+1}$이다.

연습문제 2.9

1. (1) $\ln y = 4\ln(3x+1) + 6\ln(x^4-2)$이고 양변을 x에 대하여 미분하면
$\frac{y'}{y} = 4\frac{3}{3x+1} + 6\frac{4x^3}{x^4-2} = \frac{12}{3x+1} + \frac{24x^3}{x^4-2}$이다.
그러므로 $y' = (3x+1)^4(x^4-2)^6\left\{\frac{12}{3x+1} + \frac{24x^3}{x^4-2}\right\}$이다.

(2) $\ln y = 2\ln(\sin x) + \ln(\cot x) - 2\ln(x^3-2)$
$\frac{y'}{y} = 2\frac{\cos x}{\sin x} - \frac{\csc^2 x}{\cot x} - 2\frac{3x^2}{x^3-2}$,

$$y' = \frac{\sin^2 x \cot x}{(x^3-2)^2}\left\{2\cot x - \frac{1}{\sin x \cos x} - \frac{6x^2}{x^3-2}\right\}$$

(3) $y' = \dfrac{(x+1)^2(x+2)^3}{(x-1)^4}\left\{\dfrac{2}{x+1} + \dfrac{3}{x+2} - \dfrac{4}{x-1}\right\}$

(4) $y' = \sqrt[3]{\dfrac{3+x^2}{3-x^2}}\,\dfrac{1}{3}\left\{\dfrac{2x}{3+x^2} + \dfrac{2x}{3-x^2}\right\} = \sqrt[3]{\dfrac{3+x^2}{3-x^2}} \cdot \dfrac{4x}{(3+x^2)(3-x^2)}$

(5) $y' = (1+x)^x\left\{\ln(1+x) + \dfrac{x}{1+x}\right\}$

(6) $y' = (\cos x)^{\cos x}\{-\sin x \ln(\cos x) - \sin x\}$

(7) $\ln y = \cot x \ln(\ln x)$이므로 양변을 x에 대하여 미분하면

$\dfrac{y'}{y} = -\csc^2 x \ln(\ln x) + \cot x \dfrac{1}{\ln x}\dfrac{1}{x}$이므로

$y' = (\ln x)^{\cot x}\left\{-\csc^2 x \ln(\ln x) + \dfrac{\cot x}{x \ln x}\right\}$이다.

(8) $y' = x^{e^x}\left\{e^x \ln x + \dfrac{e^x}{x}\right\}$

2. $\ln y = \sin y \ln x$. 양변을 x에 대하여 미분하면

$\dfrac{y'}{y} = \cos y \cdot y' \cdot \ln x + \sin y \cdot \dfrac{1}{x}$이고 $x = \dfrac{\pi}{2}$, $y = \dfrac{\pi}{2}$을 대입하면

$y' = \dfrac{\pi}{2}\left(0 + \dfrac{2}{\pi}\right) = 1$이다.

따라서 접선의 방정식은 $y - \dfrac{\pi}{2} = \left(x - \dfrac{\pi}{2}\right)$, 즉 $y = x$이다.

3. $\dfrac{1}{2} - \ln 2$

제3장 도함수의 응용

연습문제 3.1

1. (1) $x = -1, \dfrac{2}{3}$

(2) $x = -\dfrac{7}{6}$

(3) $x = -\dfrac{3}{2}$

(4) $x = 0, \dfrac{1}{3}, 2$

2. (1) 최댓값: $f(-1)=8$, 최솟값: $f(2)=-19$

(2) 최댓값: $f(-3)=10$, 최솟값: $f(2)=-15=f(-2)$

(3) 최댓값: $f\left(\frac{\pi}{6}\right)=\frac{\pi}{6}+\sqrt{3}$, 최솟값: $f\left(\frac{\pi}{2}\right)=\frac{\pi}{2}$

(4) 최댓값: $f\left(\frac{3}{\sqrt{2}}\right)=4.5$, 최솟값: $f(-1)=-2\sqrt{2}$

3. 최댓값: $x=b$에서, 최솟값: $x=e$에서,

극댓값: $x=b$, $x=f$에서, 극솟값: $x=c$, $x=e$에서

4. $a=-4.5$, $b=6$

연습문제 3.2

1. f는 다항함수이므로 모든 실수에서 미분가능하고 연속이다.
그리고 $f(0)=1=f(4)$이므로 롤의 정리에 의하여 $f'(c)=2c-4=0$인 $c=2$가 구간 $(0,\ 4)$ 안에 존재한다.

2. (1) $\dfrac{\ln e-\ln 1}{e-1}=\dfrac{1}{e-1}=f'(c)=\dfrac{1}{c}$. 따라서 $c=e-1$이다.

(2) $\dfrac{\sqrt{2}-0}{2-0}=\dfrac{1}{2\sqrt{c}}$. 따라서 $c=\dfrac{1}{2}$이다.

(3) $\dfrac{2^3-1}{2-1}=3c^2$. 따라서 $c=\sqrt{\dfrac{7}{3}}$ 이다.

(4) $\dfrac{(1+3-1)-((-3)^2+3(-3)-1)}{1-(-3)}=1=2c+3$. 따라서 $c=-1$이다.

3. (1) f가 $[6,\ 11]$에서 미분가능하고 연속이므로 평균값 정리에 의하여

$\dfrac{\sqrt{11-2}-\sqrt{6-2}}{11-6}=\dfrac{1}{2\sqrt{c-2}}$인 c가 구간 $(6,\ 11)$ 안에 존재한다.

즉 $\dfrac{1}{5}=\dfrac{1}{2\sqrt{c-2}}$로부터 $c=\dfrac{33}{4}$이다.

(2) f가 $x=2$에서 불연속, 즉 f가 구간 $[0,\ 3]$에서 연속이 아니므로 평균값 정리를 적용할 수 없다.

4. 중간값 정리를 이용하여 근의 존재성을 보이고, 평균값을 이용해 유일성을 보인다.

5. f가 $x=3$에서 미분이 불가능하기 때문이다.

6. 함수 $f(x)=1+\dfrac{1}{2}x-\sqrt{1+x}$와 구간 $[0,\ b]$, $b>0$에 대해 평균값 정리를 적용하여 보일 수 있다.

7. $-1 < x \le 0$일 때, $f(x) = \ln(1+x)$라 하자. $[x, 0]$에서 f는 연속이고, $(x, 0)$에서 미분가능하므로 평균값 정리에 의해

$$\frac{f(0)-f(x)}{0-x} = \frac{\ln 1 - \ln(1+x)}{-x} = \frac{1}{1+c}$$

가 성립하는 c가 $(x, 0)$ 안에 존재한다. 한편, $\frac{1}{1+c} \ge 1$이므로 $\frac{\ln(1+x)}{x} \ge 1$이 되고 $x < 0$이므로 $\ln(1+x) \ge x$가 성립하게 된다.

연습문제 3.3

1. (1) $x < -1$, $0 < x < 1$에서 감소, $-1 < x < 0$, $1 < x$에서 증가한다.
   (2) $0 < x < \frac{\pi}{3}$, $\frac{5}{\pi} < x < 2\pi$에서 감소, $\frac{\pi}{3} < x < \frac{5\pi}{3}$에서 증가한다.
2. (1) $x = 1$에서 극댓값 2를 갖는다. $x = 5$에서 극솟값 -30을 갖는다.
   (2) $x = -1$에서 극댓값 -2를 갖는다. $x = 1$에서 극솟값 2를 갖는다.
   (3) 극댓값 없다. $x = -\frac{1}{6}$에서 극솟값 $-5(6)^{-6/5}$을 갖는다.
   (4) $x = -2$에서 극댓값 $4e^{-2}$를 갖는다. $x = 0$에서 극솟값 0을 갖는다.
3. (1) $1 < x < 5$에서 증가, $0 < x < 1$, $5 < x < 6$에서 감소한다.
   (2) $x = 5$에서 극댓값을, $x = 1$에서 극솟값을 갖는다.
4. $f'(2) = 0$으로부터 $a = 24$이다.
5. 식 $2a + b = 12$, $V = a^2 b$으로부터 $a = 4\text{cm}$일 때 최대 부피를 갖는다.

연습문제 3.4

1. (1) 구간 $\left(-\infty, \frac{1}{2}\right)$에서 아래로 오목, 구간 $\left(\frac{1}{2}, \infty\right)$에서 위로 오목하다.
   (2) 구간 $(0, 2)$에서 아래로 오목, 구간 $(-\infty, 0)$, $(2, \infty)$에서 위로 오목하다.
   (3) 구간 $(-2, 2)$에서 아래로 오목, 구간 $(-\infty, -2)$, $(2, \infty)$에서 위로 오목하다.
   (4) 구간 $(0, 1)$에서 아래로 오목, 구간 $(-\infty, 0)$, $(1, \infty)$에서 위로 오목하다.
2. (1) $f''(1) = 20 > 0$이므로 $f(1) = -1$이 극솟값이고, $f''(-1) = -20 < 0$이므로 $f(-1) = 7$이 극댓값이다.
   (2) $f''\left(\frac{3}{4}\right) < 0$이므로 $f\left(\frac{3}{4}\right) = \frac{5}{4}$가 극댓값이다. 극솟값은 없다.

(3) $f''(0)=2>0$이므로 $f(0)=1$이 극솟값이다. 극댓값은 없다.

3. (1) $x=3$에서 변곡점

(2) $x=0,\ x=\frac{3}{2}\sqrt{6},\ x=-\frac{3}{2}\sqrt{6}$ 이 변곡점

(3) $x=-1$에서 변곡점

(4) $x=0,\ -2^{-1/3},\ 2^{-1/3}$에서 변곡점

4. (1) 수직점근선: $x=-4$, 수평점근선: $y=1$

(2) 수직점근선: $x=0,\ x=-1,\ 1$, 수평점근선: $y=-1$

5. (1) (i) f의 정의역은 실수 전체집합

(ii) $f(0)=0,\ f(-3)=0$의 절편을 가지며

(iii) $f'(x)=2(x+3)^2(4x+3)=0$으로부터 임계수는 $x=-3,\ -\frac{3}{4}$이다.

(iv) $x>-\frac{3}{4}$에서 f는 증가함수이고, $x<-3,\ -3<x<-\frac{3}{4}$에서 감소이다. 극솟값 $f\left(-\frac{3}{4}\right)=-\frac{2187}{128}$을 갖는다.

(v) $f''(x)=12(x+3)(2x+3)=0$으로부터 변곡점 $(-3,\ 0)$, $\left(-\frac{3}{2},\ -\frac{81}{8}\right)$을 가지며

(vi) $(-\infty.\ -3)\cup\left(-\frac{3}{2},\ \infty\right)$에서 위로 오목하고, $\left(-3,\ -\frac{3}{2}\right)$에서 아래로 오목하다.

(vii) 그래프는 다음과 같다.

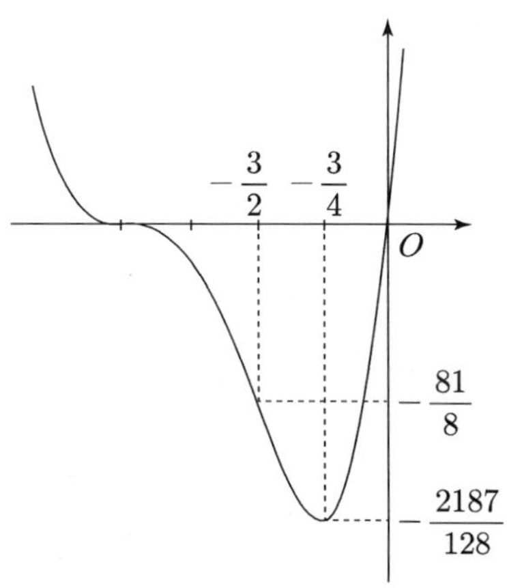

(2) (i) f의 정의역은 실수 전체집합

(ii) $f(0)=0,\ f(5)=0$의 절편을 가지며 점근선은 없다.

(iii) $f'(x) = \frac{5}{3}x^{2/3} - \frac{10}{3}x^{-1/3} = \frac{5}{3}x^{-1/3}(x-2) = 0$으로부터 임계수는 $x = 0,\ 2$이다.

(iv) $(-\infty,\ 0) \cup (2,\ \infty)$에서 f는 증가함수이고, $(0,\ 2)$에서 감소이다. 극댓값 $f(0) = 0$와 극솟값 $f(2) = -3\sqrt[3]{4}$을 갖는다.

(v) $f''(x) = \frac{10}{9}x^{-1/3} + \frac{10}{9}x^{-4/3} = \frac{10}{9}x^{-4/3}(x+1) = 0$, 변곡점 $(-1,\ -6)$을 가지며

(vi) $(-1,\ 0) \cup (0,\ \infty)$에서 위로 오목하고, $(-\infty,\ -1)$에서 아래로 오목하다.

(vii) 그래프는 다음과 같다.

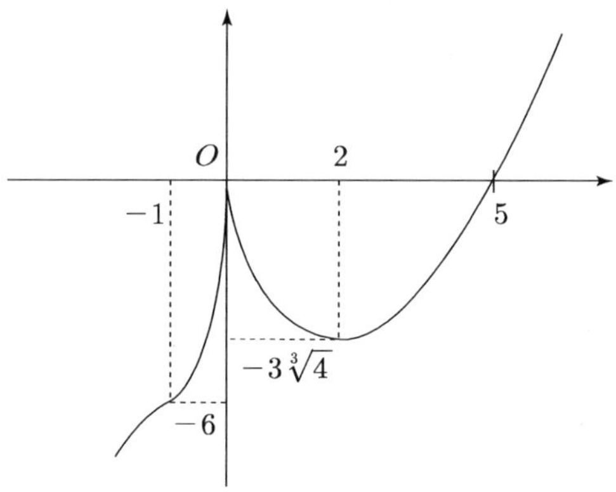

(3) (i) f의 정의역은 $x \neq 1$인 실수 전체집합

(ii) $f(0) = 0$의 절편을 가지며 $y = 0$: 수평점근선, $x = 1$: 수직점근선을 갖는다.

(iii) $f'(x) = \frac{-(x+1)}{(x-1)^3} = 0$으로부터 임계수는 $x = -1$이다.

(iv) $(-1,\ 1)$에서 f는 증가함수이고, $(-\infty,\ -1) \cup (1,\ \infty)$에서 감소이다. 극댓값은 없고, 극솟값 $f(-1) = -\frac{1}{4}$을 갖는다.

(v) $f''(x) = \frac{2(x+2)}{(x-1)^4} = 0$, 변곡점 $\left(-2,\ -\frac{2}{9}\right)$을 가지며

(vi) $(-2,\ 1) \cup (1,\ \infty)$에서 위로 오목하고, $(-\infty,\ -2)$에서 아래로 오목하다.

(vii) 그래프는 다음과 같다.

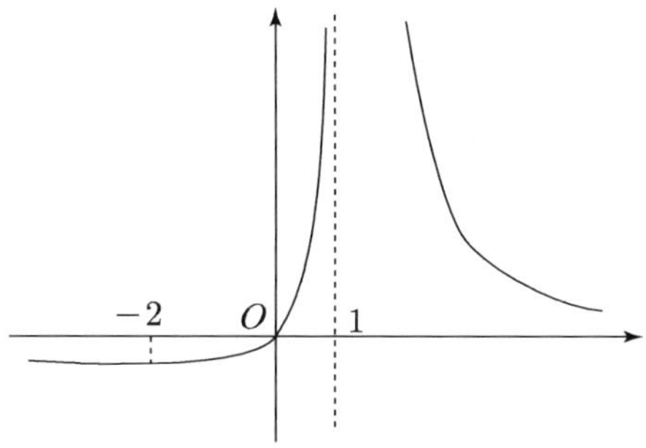

(4) (i) f의 정의역은 $-1 \le x \le 1$인 실수 집합

(ii) $f(0)=0$, $f(\pm 1)=0$의 절편을 가지며 점근선은 없다.

(iii) $f'(x)=\dfrac{2(1-2x^2)}{\sqrt{1-x^2}}=0$으로부터 임계수는 $x=\pm 1$, $\pm\dfrac{\sqrt{2}}{2}$이다.

(iv) $\left(-\dfrac{\sqrt{2}}{2}, \dfrac{\sqrt{2}}{2}\right)$에서 f는 증가함수이고, $\left(-1, -\dfrac{\sqrt{2}}{2}\right)\cup\left(\dfrac{\sqrt{2}}{2}, 1\right)$ 에서 감소이다.

극댓값은 $f\left(\dfrac{\sqrt{2}}{2}\right)=1$ 극솟값 $f\left(-\dfrac{\sqrt{2}}{2}\right)=-1$을 갖는다.

(v) $f''(x)=\dfrac{2x(x+1)(x-1)}{(1-x^2)(\sqrt{1-x^2})}=0$, 변곡점 $(0, 0)$을 가지며

(vi) $(-1, 0)$에서 위로 오목하고, $(0, 1)$에서 아래로 오목하다.

(vii) 그래프는 다음과 같다.

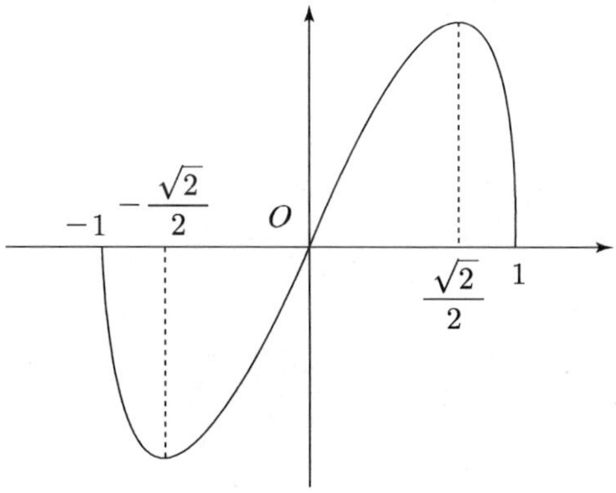

연습문제 3.5

1. (1) $v(t)=14t+7,\ v(3)=49,\ a(t)=14,\ a(3)=14$

   (2) $v(t)=64-24t,\ v(3)=-8,\ a(t)=-24,\ a(3)=-24$

   (3) $v(t)=2(3t^2-4t+1)(6t-4),\ v(3)=448,$

   $a(t)=24(6t-4)^2(3t^2-4t+1),\ a(3)=75264$

   (4) $v(t)=-8t+12t^3,\ v(3)=300,\ a(t)=-8+36t^2,\ a(3)=316$

2. 벽면의 높이를 y라 하면, $\dfrac{dy}{dt}=-\dfrac{5}{16}\ (\mathrm{m/s})$

3. $a(t)=\dfrac{d^2x}{dt^2}=6t-2,\ a\left(\dfrac{2}{3}\right)=2$

4. $v(t)=\left\langle \dfrac{dx}{dt},\ \dfrac{dy}{dt}\right\rangle=\langle 3t^2+3,\ -4t-3\rangle,$

   $a(t)=\left\langle \dfrac{d^2x}{dt^2},\ \dfrac{d^2y}{dt^2}\right\rangle=\langle 6t,\ -4\rangle$

연습문제 3.6

1. (1) -2 (2) $-\infty$

   (3) $\dfrac{1}{2}$ (4) 2

   (5) 0 (6) 0

   (7) $-\dfrac{1}{2}$ (8) 1

2. (1) 0 (2) ∞

   (3) $\dfrac{1}{2}$ (4) $\dfrac{1}{2}$

   (5) e^{-2} (6) 1

   (7) e^{1} (8) 1

3. (1) 0 (2) 1

   (3) $-\infty$ (4) 0

   (5) e^2 (6) $\dfrac{1}{2}$

4. (1) $\displaystyle\lim_{n\to\infty}\left(1+\frac{x}{n}\right)^n=e^{\lim_{n\to\infty} n\ln(1+x/n)}=e^{\lim_{n\to\infty}\frac{\ln(1+x/n)}{1/n}}=e^x$

(2) $\lim_{h\to 0}(1+hx)^{1/h} = e^{\lim_{h\to 0}\frac{\ln(1+hx)}{h}} = e^{x}$

5. 로피탈 법칙을 이용하여 보일 수 있다.

$$\begin{aligned}\lim_{x\to 0^+} f(x) &= \lim_{x\to 0^+} x(\ln x)^2 = \lim_{x\to 0^+}\frac{(\ln x)^2}{1/x} \\ &= \lim_{x\to 0^+}\frac{2\ln x}{-1/x} = \lim_{x\to 0^+}\frac{2/x}{1/x^2} = 0 \\ &= f(0)\end{aligned}$$

연습문제 3.7

1. (1) $dy = (2x+5)dx$ (2) $dy = \dfrac{5}{2\sqrt{4+5x}}dx$

   (3) $dy = \sec^2 x\, dx$ (4) $dy = \dfrac{1}{x+1}dx$

2. (1) $dy = 5.5$ (2) $dy = 0.05$

   (3) $dy = -0.2$ (4) $dy = \dfrac{0.2}{3}$

3. (1) $f(x) = x^5$, $f'(x) = 5x^4$, $dx = 0.001$로 두자.

   그러면 근삿값은 $(3.001)^5 = (3+0.001)^5 \approx 3^5 + 5 \cdot 3^4(0.001) = 243.405$ 이다.

   (2) $f(x) = \tan x$, $f'(x) = \sec^2 x$, $dx = -\dfrac{\pi}{180}$라 두자.

   그러면 근삿값은 $\tan 29° = \tan\left(\dfrac{\pi}{6} - \dfrac{\pi}{180}\right) \approx \tan\left(\dfrac{\pi}{6}\right) + \sec^2\left(\dfrac{\pi}{6}\right)\left(-\dfrac{\pi}{180}\right)$ $= 0.55409$이다.

   (3) $f(x) = \sqrt{x}$, $f'(x) = \dfrac{1}{2\sqrt{x}}$, $dx = 0.02$라 두자.

   그러면 근삿값은 $(9.02)^{0.5} = (9+0.02)^{0.5} \approx 9^{0.5} + \dfrac{1}{2\sqrt{9}}(0.02) = 3.0033$ 이다.

   (4) $f(x) = x^{1/4}$, $f'(x) = \dfrac{1}{4}x^{-\frac{3}{4}}$, $dx = 2.7$이라 두자.

   그러면 근삿값은 $(83.7)^{1/4} = (81+2.7)^{1/4} \approx 81^{1/4} + \dfrac{1}{4}81^{-\frac{3}{4}}(2.7) = 3.025$

이다.

4. 공의 겉넓이 $S=4\pi r^2$이고 겉넓이의 차 $\triangle S \approx dS = S'\,dr$이다. $r=4,\ dr=0.05$ 이므로 두 공의 겉넓이의 차의 근삿값은 $\triangle S \approx dS = S'\,dr = 8\pi 4(0.05) = 1.6\pi$ 이다.

연습문제 3.8

1. (1) $F(x) = \frac{2}{3}x^{3/2} - \frac{5}{6}x^{6/5} + C$

(2) $F(x) = \frac{4}{3}x^{3/2} + \frac{1}{4}x^4 + x^2 - 7x + C$

(3) $F(x) = -\frac{5}{6}x^{-6} + C$

(4) $F(x) = \frac{1}{8}x^8 + \frac{1}{3}x^3 + \frac{3}{x} + C$

(5) $F(x) = 2\sin\left(\frac{x}{2}\right) - 3\cot^2 x + C$

(6) $7e^x - \frac{1}{2}e^{2x} + x + C$

(7) $F(x) = \frac{5}{4}x^{4/5} + C$

(8) $F(x) = \frac{6}{5}x^{5/2} + \frac{16}{3}x^{3/2} + C$

(9) $F(x) = \frac{1}{3}x^3 - \frac{1}{2}\cos^2 x + C$

(10) $F(x) = \ln|x^3+1| + C$

2. (1) $f(x) = x^5 + x^4 + 2x^2 - 7x + 8$ (2) $f(t) = \frac{9}{10}t^{5/3} - t - \frac{29}{5}$

3. $f(x) = \frac{1}{3}x^3 + x + C,\ f(3) = 12,\ C = 0$. 따라서 $f(x) = \frac{1}{3}x^3 + x$이다.

4. $f(x) = \frac{1}{4}x^4 + \frac{3}{4}$

제4장 적분법

연습문제 4.1

1. (1) 리만합 $\sum_{i=1}^{n}\left(a+\frac{b-a}{n}i\right)\frac{b-a}{n}$ 을 사용하여 계산하면 된다. 답: $\frac{1}{2}(b^2-a^2)$.

별해: 그래프를 그리고 사다리꼴의 넓이를 사용하여 구해도 된다.

(2) 리만합 $\sum_{i=1}^{n}\left(a+\frac{b-a}{n}i\right)^2\frac{b-a}{n}$ 을 사용하여 계산하면 된다. 답: $\frac{1}{3}(b^3-a^3)$.

2. (1) $\int_0^1 \sqrt{x}\,dx$

(2) $\int_0^1 e^x\,dx$

(3) $\int_0^1 \frac{1}{(1+x)^2}\,dx=\int_1^2 \frac{1}{x^2}\,dx$

(4) $\int_0^1 \pi x\sin \pi x\,dx=\frac{1}{\pi}\int_0^{\pi} x\sin x\,dx$

3. (1) $\lim_{n\to\infty}\sum_{i=1}^{n}\left(1+\frac{i}{n}\right)^3\frac{1}{n}$ (2) $\lim_{n\to\infty}\sum_{i=1}^{n}3\left(-1+\frac{2i}{n}\right)\frac{2}{n}$

(3) $\lim_{n\to\infty}\sum_{i=1}^{n}3^{-\frac{i}{n}}\frac{1}{n}$ (4) $\lim_{n\to\infty}\sum_{i=1}^{n}\tan\left(\frac{i\pi}{4n}\right)\frac{\pi}{4n}$

4. (1) π (2) $\frac{195}{4}+\pi$

(3) 5 (4) $\frac{17}{12}+\frac{5\pi}{4}$

5. 구간 $[-1,\ 1]$에서 함수 $f(x)=\sqrt{1+x^2}$ 의 최댓값은 $f(\pm 1)=\sqrt{2}$ 이고 최솟값은 $f(0)=1$이므로 $1\le f(x)\le\sqrt{2}$ 이다. 이를 사용하면 주어진 부등식을 쉽게 증명할 수 있다.

연습문제 4.2

1. 2

2. (1) $3x^2\sin x^9$ (2) $-2\dfrac{4x^2+1}{4x^2-1}$

(3) $2x\sec x^4-\dfrac{1}{2\sqrt{x}}\sec x$ (4) $\dfrac{e^{9x^2}}{x}-\dfrac{e^x}{2x}$

연습문제 4.3

1. 미분공식을 사용하여 우변을 미분하면 된다.
2. 미분공식을 사용하여 우변을 미분하면 된다.
3. (1) $-\dfrac{4}{3}$ (2) $\ln 3+2$

(3) $2\ln 2+\dfrac{3}{2}$ (4) $\dfrac{1}{3}(10\sqrt{2}-14)$

4. (1) $\dfrac{x^3}{3}-\dfrac{1}{3x^3}-\dfrac{1}{x}+\ln|x|+C$ (2) $2\sqrt{x}-\dfrac{5}{2x^2}+C$

(3) $\dfrac{1}{2}x^2-3\cos x+C$ (4) $-\cot x-\sec x+C$

(5) $\dfrac{10^x}{\ln 10}+C$ (6) $e^x-e^{-x}+C$

연습문제 4.4

1. (1) $\dfrac{2}{9}(2+3x)\sqrt{2+3x}+C$ (2) $\dfrac{1}{30}(x^3+5)^{10}+C$

(3) $\dfrac{1}{3}(\sin 3x+\tan 3x)+C$ (4) $-\dfrac{1}{2}\csc x^2+C$

(5) $\ln(1+\sin x)+C$ (6) $-2\cos\sqrt{x}+C$

(7) $\dfrac{2}{3\ln^2}(2^x+1)\sqrt{2^x+1}+C$ (8) $\dfrac{1}{2}(\ln t)^2+C$

2. (1) $-\dfrac{x+1}{e^x}+C$ (2) $-x\cos x+\sin x+C$

(3) $x^2\sin x-\sin x+2x\cos x+C$ (4) $\dfrac{1}{9}x^3(3\ln x-1)+C$

3. (1) $-\dfrac{136}{3}$ (2) $\dfrac{1}{2}\sin 1$

(3) $\ln\frac{11}{5}$ (4) 2

4. (1) $\frac{1}{4}(e^2+1)$ (2) -2π

(3) $3-\frac{6}{e}$

연습문제 4.5

1. (1) $\frac{2}{3}$ (2) 5

(3) $\frac{2}{\pi}$ (4) $\frac{2}{\pi}$

2. (1) -8 (2) 2, 4

3. 함수 $F(x)$는 미적분학의 기본정리에 의해 주어진 구간에서 미분가능하기 때문에 평균값 정리를 쓸 수 있다. 즉,

$$\frac{F(b)-F(a)}{b-a}=F'(c)=f(c)$$

를 만족하는 c가 $[a, b]$에 있다. 그런데 $\frac{F(b)-F(a)}{b-a}=\frac{1}{b-a}\int_a^b f(t)\,dt$이므로 적분에서의 평균값 정리가 증명되었다. 즉

$$\frac{1}{b-a}\int_a^b f(t)\,dt=f(c)$$

를 만족하는 c가 $[a, b]$에 있다.

연습문제 5.1

1. $\int \cos^n x\, dx = \int \cos x \cos^{n-1} x\, dx$

$$= \sin x \cos^{n-1} x + (n-1)\int \sin^2 x \cos^{n-2} x\, dx$$

$$= \sin x \cos^{n-1} x + (n-1)\int (1-\cos^2 x)\cos^{n-2} x\, dx$$

$$= \sin x \cos^{n-1} x + (n-1)\int \cos^{n-2} x\, dx - (n-1)\int \cos^n x\, dx$$

마지막 항을 좌변으로 이항하고 정리하면 원하는 결과를 얻을 수 있다.

2. 부정적분의 경우 적분 기법에 따라 답의 형태가 달라질 수 있으니 주의하길 바란다.

(1) $-\dfrac{\cos^7 x}{7} + \dfrac{2\cos^5 x}{5} - \dfrac{\cos^3 x}{3} + C$

(2) $\dfrac{1}{120}(7\sqrt{2} - 16)$

(3) $\dfrac{1}{96}(36\theta - 8\sin 6\theta + \sin 12\theta) + C$

(4) $\dfrac{8}{21}$

(5) $\dfrac{1}{192}(12x - 3\sin 4x + 4\sin^3 2x) + C$

(6) $\dfrac{12}{35}$

(7) $\dfrac{\csc^5 x}{5} - \dfrac{\csc^7 x}{7} + C$

(8) $\dfrac{\tan^2 x}{2} + \ln|\cos x| + C$

(9) $-\cot x - \dfrac{2}{3}\cot^3 x - \dfrac{\cot^5 x}{5} + C$

(10) $\dfrac{\cos^7 x}{7} - \dfrac{\cos^5 x}{5} + C$

(11) $\frac{1}{8}(2x^2 - 2x\sin 2x - \cos 2x) + C$

(12) $\frac{\sin x}{2} - \frac{\sin 7x}{14} + C$

3. $\int_{-\pi}^{\pi} \sin mx \sin nx\, dx = \frac{1}{2}\int_{-\pi}^{\pi} \cos(m-n)x - \cos(m+n)x\, dx$이다.

$m = n$일 경우는

$$\frac{1}{2}\int_{-\pi}^{\pi} (\cos(m-n)x - \cos(m+n)x)dx = \frac{1}{2}\int_{-\pi}^{\pi} (1 - \cos 2\,mx)dx = \pi$$

이다.

$m \neq n$일 경우는

$$\frac{1}{2}\int_{-\pi}^{\pi} \cos(m-n)x - \cos(m+n)x\, dx$$
$$= \frac{1}{2}\left[\frac{\cos(m-n)x}{m-n} - \frac{\cos(m+n)x}{m+n}\right]_{-\pi}^{\pi}$$

이므로 0이다.

4. 0

연습문제 5.2

1. (1) $\frac{16}{3}$ (2) $2\sqrt{3}$

(3) $\frac{25}{12}\pi$ (4) $\frac{2\sqrt{3}}{3} - 1$

(5) $\frac{\sqrt{2}}{8}$ (6) $\frac{\sqrt{5}}{25}$

(7) $1 - \frac{\sqrt{3}}{6}\pi$ (8) $\pi - 3\sqrt{3}$

2. $x = a\tan t$라 두고 주어진 식을 변형하면

$$\int \frac{1}{\sqrt{x^2+a^2}}\,dx = \int \sec t\,dt = \ln|\sec t + \tan t| + C$$

이다. 그런데 $\tan t = \dfrac{x}{a}$ 이므로 $\sec t = \dfrac{\sqrt{x^2+a^2}}{a}$ 이고 이를 대입하면

$$\int \frac{1}{\sqrt{x^2+a^2}}\,dx = \ln\left|\frac{x}{a} + \frac{\sqrt{x^2+a^2}}{a}\right| + C$$

이다 그런데 우변은 $\ln|x+\sqrt{x^2+a^2}| - \ln a + C\ (a>0)$ 이고 $\ln a$는 상수이므로 부정적분에서 따로 쓸 필요가 없다. 이로부터 원하는 결과를 얻을 수 있다.

3. $\sqrt{3} - \dfrac{\pi}{3}$

연습문제 5.3

1. 부분분수 형태를 통분한 후 분자를 정리하면

$$(A+B_1)x^4 + C_1x^3 + (2A+B_1+B_2)x^2 + (C_1+C_2)x + A$$

이다. 이를 $1+2x^2-x^3$과 계수비교하면, $A=1$, $B_1=-1$, $C_1=-1$, $B_2=1$, $C_2=1$을 얻는다.

2. (1) $\ln\left|\dfrac{x-3}{x-2}\right| + C$

(2) $\dfrac{1}{12}\ln\left|\dfrac{2x-3}{2x+3}\right| + C$

(3) $\dfrac{1}{3(x+1)} + \dfrac{1}{9}\ln\left|\dfrac{x-2}{x+1}\right| + C$

(4) $2\ln|x| - 3\ln|x-1| + 4\ln|x+1| + C$

(5) $\dfrac{1}{2}x^2 - x + \ln|x^2+x-2| + C$

(6) $\ln\left|\dfrac{x}{x-3}\right| + \dfrac{1}{2}\ln|x^2+4| + C$

3. (1) $\frac{\pi}{2}$

(2) $\frac{\sin^2 x}{2} - \sin x + \ln(1+\sin x) + C$

제6장 적분의 응용

연습문제 6.1

1. (1) $A = \int_1^3 x^2 dx = \frac{26}{3}$

(2) $A = \int_0^4 (4x - x^2) dx = \frac{32}{3}$

(3) $A = \int_{-2}^2 (4 - y^2) dy = \frac{32}{3}$

(4) $y = 6x - x^2$, $y = x^2 - 2x$의 교점이 $x = 0$, 4이므로

$$A = \int_0^4 (6x - x^2 - (x^2 - 2x)) dx = \frac{64}{3}$$

연습문제 6.2

1. (1) $V = \pi \int_0^1 (\sqrt{x})^2 dx = \frac{\pi}{2}$

(2) $V = \pi \int_0^1 (x^2)^2 dx = \frac{\pi}{5}$

(3) $r_{out} = 1$, $r_{in} = \sqrt{y}$ 이므로 $V = \pi \int_0^1 (1 - (\sqrt{y})^2) dy = \frac{\pi}{2}$

(4) $y = x^2$, $y = 8 - x^2$의 교점이 $y = 4$이므로

$$V=\pi\int_0^4 y\,dy+\pi\int_4^8 (8-y)dy=16\pi$$

연습문제 6.3

1. 지상 20m의 높이에서 수직으로 발사한 물체의 t초 후의 속도가 v$=30-10t$일 때 최고점의 위치와 발사 후 5초 동안 움직인 거리를 구하여라.

   최고점에서는 $v=0$이므로 $t=3$이다. 따라서 위치는 $x=\int_0^3 (30-10t)dt=45$

   5초 동안 움직인 거리는 $l=\int_0^5 |30-10t|\,dt=65$.

연습문제 6.4

1. (1) $y'=\tan x$이므로 $\sqrt{1+(y')^2}=\sec x$.

   따라서 $L=\int_0^{\pi/4}\sec x\,dx=\ln|\sec x+\tan x|\Big|_0^{\pi/4}=\ln(1+\sqrt{2})$

   (2) $y=x^{3/2}$이므로 $y'=\frac{3}{2}x^{1/2}$.

   따라서 $L=\int_0^4\sqrt{1+\frac{9}{4}x}\,dx=\frac{4}{9}\int_1^{10}\sqrt{t}\,dt=\frac{8}{27}(10\sqrt{10}-1)$

2. $y=\frac{x^4}{16}+\frac{1}{2x^2}$이므로 $y'=4x^3-2x^{-3}$.

   따라서 $s(x)=\int_1^x\sqrt{1+\left(\frac{t^3}{4}-\frac{1}{t^3}\right)^2}\,dt=\int_1^x\sqrt{\left(\frac{t^3}{4}+\frac{1}{t^3}\right)^2}\,dt$

   $$=\frac{x^4}{16}-\frac{1}{2x^2}+\frac{7}{16}$$

제7장 매개변수방정식의 미적분 풀이

연습문제 7.1

1. (1) 직교방정식으로 고치면, $x = \sqrt{1-y^2}$ 으로 이는 원점이 중심이고 반지름이 1인 원의 오른쪽 반원 부분이다.

(2) $\sin t = \dfrac{x}{2}$, $\cos t = \dfrac{y}{3}$이고 $\sin^2 t + \cos^2 t = 1$이므로 $\dfrac{x^2}{2^2} + \dfrac{y^2}{3^2} = 1$인 타원으로 $t = -\dfrac{\pi}{2}$일 때 점 $(-2,\ 0)$, $t = 0$일 때 점 $(0,\ 3)$, $t = \dfrac{\pi}{2}$일 때 점 $(2,\ 0)$에 대응되므로 x축 위쪽에 그려지는 타원 부분이다.

(3) 제곱공식 $\sin^2 t + \cos^2 t = 1$을 이용하여 t를 소거하면 $\left(\dfrac{x-4}{3}\right)^2 + \left(\dfrac{y-5}{3}\right)^2 = 1$이고 이는 중심이 $(4,\ 5)$이고 반지름이 3인 원을 나타낸다. $t = 0$일 때 점 $(7,\ 5)$, $t = \dfrac{\pi}{2}$일 때 점 $(4,\ 8)$, $t = \pi$일 때 점 $(1,\ 5)$, $t = \dfrac{3\pi}{2}$일 때, 점 $(4,\ 2)$, $t = 2\pi$일 때, 점 $(7,\ 5)$에 대응되므로 점 $(7,\ 5)$을 시작으로 주어진 원을 반시계 방향으로 한 바퀴 도는 원을 나타낸다.

2. (1) $\dfrac{dy}{dx} = \dfrac{\frac{dy}{dt}}{\frac{dx}{dt}} = \dfrac{3t^2+1}{4t^3}\Big|_{t=-1} = -1$이고 $t = -1$에 대응되는 점은 $(2,\ -2)$이므로 접선의 방정식은 $y-(-2) = -(x-2)$, 즉 $y = -x$이다.

(2) $\dfrac{dy}{dx} = \dfrac{1-\frac{2}{t}}{\frac{e^{\sqrt{t}}}{2\sqrt{t}}}\Big|_{t=1} = -\dfrac{2}{e}$이고 접점의 좌표는 $(e,\ 1)$이다. 그러므로 접선의 방정식은 $y = -\dfrac{2}{e}x + 3$이다.

(3) 접선의 방정식은 $y = \dfrac{3}{5}x + \dfrac{8}{5}$이다.

3. (1) $\dfrac{dy}{dx} = \dfrac{\frac{dy}{dt}}{\frac{dx}{dt}} = \dfrac{1+e^t}{1-e^t}$이고 $\dfrac{d^2y}{dx^2} = \dfrac{\frac{d}{dt}\left(\frac{dy}{dt}\right)}{\frac{dx}{dt}} = \dfrac{\frac{2e^t}{(1-e^t)^2}}{1-e^t} = \dfrac{2e^t}{(1-e^t)^3}$이다.

(2) $\dfrac{dy}{dx}=\dfrac{-3\sin t}{2\cos t}=-\dfrac{3}{2}\tan t,\ \dfrac{d^2y}{dx^2}=\dfrac{-\dfrac{3}{2}\sec^2 t}{2\cos t}=-\dfrac{3}{4}\sec^3 t$

(3) $\dfrac{dy}{dx}=\dfrac{\dfrac{2t}{2\sqrt{t^2+2}}}{\dfrac{1}{t}}=\dfrac{t^2}{\sqrt{t^2+2}},$

$$\frac{d^2y}{dx^2}=\frac{\dfrac{2t\sqrt{t^2+2}-t^2\dfrac{2t}{2\sqrt{t^2+2}}}{t^2+2}}{\dfrac{1}{t}}=\frac{4t^2}{(t^2+2)^2}$$

연습문제 7.2

1. $\sqrt{\left(\dfrac{dx}{dt}\right)^2+\left(\dfrac{dy}{dt}\right)^2}=1$이므로 $L=\displaystyle\int_0^{2\pi}1dt=2\pi$

2. $\sqrt{\left(\dfrac{dx}{dt}\right)^2+\left(\dfrac{dy}{dt}\right)^2}=\sqrt{a^2(1-\cos t)^2+r^2\sin^2 t}=a\sqrt{2(1-\cos t)}$

$=2a\left|\sin\left(\dfrac{t}{2}\right)\right|$이고 $0\le t\le 2\pi$

이므로 $\sin\left(\dfrac{t}{2}\right)>0.$

따라서 $L=2a\displaystyle\int_0^{2\pi}\sin\left(\dfrac{t}{2}\right)dt=8a$

찾아보기

본 결과물은 교육과학기술부의 지원으로 수행한
공학교육혁신센터지원사업의 수행결과입니다.

This work is financially supported by the **Ministry of Education, Science and Technology(MEST)** through the fostering project of the **Innovation Center for Engineering Education(ICEE)**

공학도를 위한

기초미적분학

지은이 박정준 · 신현혜 · 이혜경 · 정계선 · 최건돈
펴낸이 박문규
펴낸곳 경문사
펴낸날 2011년 12월 15일 1판 1쇄
2014년 3월 5일 1판 2쇄
등 록 1979년 11월 9일 제313-1979-23호
주 소 121-818, 서울특별시 마포구 와우산로 174
전 화 (02)332-2004 팩스 (02)336-5193
이메일 kyungmoon@kyungmoon.com

값 18,000원

ISBN 978-89-6105-524-6